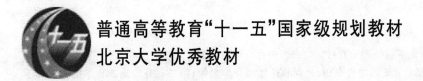

普通高等教育"十一五"国家级规划教材

北京大学优秀教材

普通地球化学

郑海飞　郝瑞霞　编著

北京大学出版社

PEKING UNIVERSITY PRESS

内 容 简 介

本书是一部地球化学基础理论教材。全书按内容可分为四个部分共十一章。第一部分为地球化学基本理论,其中包括:元素的结合规律、元素的迁移和分异规律;第二部分为地球化学的方法和手段,其中包括:同位素地球化学、微量元素地球化学、地球化学热力学、地球化学的思维和研究方法;第三部分为地球各圈层的地球化学,其中包括:宇宙化学、地幔与地壳地球化学、海洋与大气圈地球化学、生物圈地球化学;第四部分为地球化学的一些分支学科若干问题及研究实例。

本书可以作为高等院校本科生和研究生的教材,也适用于在资源、能源、生态环境和灾害领域从事地球化学的教学和科研人员作为参考。

图书在版编目(CIP)数据

普通地球化学/郑海飞,郝瑞霞编著. —北京:北京大学出版社,2007.9
(普通高等教育"十一五"国家级规划教材)
ISBN 978-7-301-12791-9

Ⅰ. 普… Ⅱ. ①郑…②郝… Ⅲ. 地球化学—高等学校—教材 Ⅳ. P59

中国版本图书馆 CIP 数据核字(2007)第 149515 号

书　　　　名:普通地球化学
著作责任者:郑海飞　郝瑞霞　编著
责 任 编 辑:郑月娥
封 面 设 计:张　虹
标 准 书 号:ISBN 978-7-301-12791-9/P・0065
出 版 发 行:北京大学出版社
地　　　　址:北京市海淀区成府路 205 号　　100871
网　　　　址:http://www.pup.cn　　新浪官方微博:@北京大学出版社
电 子 信 箱:zye@pup.pku.edu.cn
电　　　　话:邮购部 62752015　发行部 62750672　编辑部 62767347　出版部 62754962
印 刷 者:三河市博文印刷有限公司
经 销 者:新华书店
　　　　　　787 毫米×960 毫米　16 开本　16.75 印张　340 千字
　　　　　　2007 年 9 月第 1 版　2022 年 8 月第 4 次印刷
定　　　　价:39.00 元

前　言

　　地球化学是一门从地质学中脱胎出来的新兴学科。目前,随着地球化学的理论、方法和手段的不断发展和完善及其与各个学科领域的相互渗透,地球化学这门学科已经发挥了重大的作用。因此,编写一本适用于各相关学科领域学习的地球化学教材已经成为日益迫切的任务。

　　本教材在以下方面仍保留着我国一些经典地球化学教材的内容:元素的结合规律、元素的迁移规律、同位素地球化学、微量元素地球化学。而在以下几方面有一些重大的修改:

　　1. 在元素的迁移规律中专门增加了元素分异规律的介绍。这是因为元素迁移的本质是元素分异,只有发生了元素的分异才产生各种地质地球化学作用的结果,同时也留下了可以研究其过程或曾经发生事件的印记。

　　2. 在地球化学热力学中取消了化学热力学等基础知识方面的内容,增加了以下内容:① 地质温度计和压力计的设计原理;② 地质氧逸度计的原理;③ 相图的理论计算;④ 矿物等物质的热力学参数估算。

　　3. 完善了地球化学大系统,包括宇宙、地幔、地壳、海洋、大气圈、生物圈等系统的元素丰度特征、分异作用、演化以及各圈层之间的物质交换等方面的介绍。其目的是可以系统地认识地球上元素的分异和演化。

　　4. 增加了地球化学的思维和研究方法内容。

　　上述内容的调整使得本教材具有以下系统的地球化学内容:① 地球化学基本理论,包括元素的结合规律、元素的迁移和分异规律;② 地球化学研究方法和手段,包括同位素地球化学、微量元素地球化学、地球化学热力学、地球化学的思维和研究方法;③ 基本完整的地球化学系统,包括宇宙、地壳、地幔、海洋、大气和生物各圈层的元素分布特征、分异和演化以及物质交换等。一些章节的最后给出了进一步学习的书籍,以供需要获得更多知识的读者学习。

　　本书第八和第九章由郝瑞霞编写,其余各章由郑海飞编写,最后由郑海飞统一完成定稿。

　　本书在筹备编写及其编写过程等中均得到了北京大学教务部教材办公室、地球与空间科学学院以及北京大学出版社的支持,陈衍景教授和周力平教授审阅了全书,侯贵廷审阅了第九章的内容,朱永峰教授提供了第十章的一些资料,杨玉萍、李敏和刘俊杰等参与了书中的部分工作,在此一并表示感谢。

    由于我们的水平和时间有限,增加的内容还很不完善,书中也难免存在错误和欠妥之处,敬请各位专家批评指正。

编　者

2007 年 6 月 20 日

目　　录

绪　　论

一、地球化学的定义和研究内容

地球化学是研究地球的化学成分及元素在其中的分布、分配、集中、分散、共生组合与迁移规律、演化历史的科学。

上述地球化学定义已经概括了地球化学的基本研究内容和任务。下面我们进行详细说明。

首先，需要说明的是地球化学这门学科为什么要研究元素的分布和分配。我们知道，自然体系是一个由100多种元素组成的复杂多相多组分体系。当我们了解所研究体系总体组成的情况下，才能够正确认识各种地质和地球化学作用过程与最终产物之间的关系。另外，地球化学的研究对象是地球，而地球上的物质包括矿物、岩石、大气、水体、地壳、地幔、地核等等，因此元素分布和分配的研究对于认识它们之间的成因联系具有重要意义。例如，对于相当于玄武岩成分的体系，当它熔融后喷出地表形成的产物是玄武岩，侵入到地壳中的产物是辉长岩，而其处于较高压力下的产物则是榴辉岩。又例如，华南的地壳具有富含钨、锡的特征，因而在华南形成了较之其他地区更丰富的钨和锡矿床。另一方面，由于地球是宇宙、太阳系中的一份子，它们在成因上具有密切的联系，因此要真正认识地球还必须了解和研究太阳系甚至宇宙的相关问题。事实上，现今人类对地球的认识有相当部分的资料是来自对宇宙和太阳系的研究。

从学科特点上看，化学这门学科并不一定需要研究诸如元素在地壳中的分布这类问题。因为化学研究中的体系可以人为确定，即大多数情况下所研究的对象都是已知化学组成的体系。然而地球化学却与之不同，地球化学所研究的体系是由自然界及其自然作用决定的。由于地球物质组成的不均一性，地球各不同地区、不同岩石和矿物的组成都可能存在着明显的差异。显然，物质组成上的差异将增加自然过程化学作用及其产物的复杂性，同时也增大了认识自然界物质及其状态的难度。因此，在地球化学的研究中，元素的分布和分配是重要的基础研究内容之一。

我们再看看元素的集中分散、共生组合和迁移规律。与化学这门学科需要研究化学反应及其变化类似，自然体系中元素之间的反应及其变化也是地球化学研究的重要内容之一。但是，地球化学更需要研究自然体系中元素的结合和迁移规律。即地球化学要研究：在复杂的多组分多相体系中，为何有些元素之间可以共生，有些则不能共生？为何在某种条件下某些元素可以发生富集，而另一些元素则呈分散状态？

最后，关于地球的演化历史。已有的地球化学研究表明，地球自形成以来，无论其内部的物质或是水圈、大气圈的组成都一直随着时间而发生变化。因此了解地球的过去、现在并预测地球的将来在地球化学研究中均具有重要意义。地球化学需要通过各种地质和地球化学作用造成的元素变化所提供的信息来研究过去发生的各种地质和地球化学事件;要解决如何利用这些资料获得过去发生的地质和地球化学事件,如何建立地质和地球化学模型以预测将来人类所关心的资源、环境以及灾害等问题。

二、地球化学学科特点及与其他学科的关系

1．地球化学的学科特点

（1）地球化学的研究对象：包括地球、地壳、地幔的地质作用以及与人类生存密切相关的环境。因此,地球化学属于地球科学的一部分。简单说来,地球化学就是用化学的理论和方法,结合地质学的理论和方法去认识自然作用形成的产物、过程及其演化。

（2）地球化学的研究方法和手段：地球化学主要是用化学的基本理论和方法研究地球科学及其相关学科的问题。例如,地球化学在研究岩浆岩的成因时,可以用元素在固相和熔体相之间的分配系数进行定量模拟;在研究变质矿物的形成条件时,可以进行热力学计算以确定反应进行的方向;在研究成矿物质来源时,可以用同位素和微量元素示踪方法,等等。

2．地球化学与其他学科的关系

地球化学是从地质学中脱胎出来的一门新兴学科,目前已经渗透到各个学科领域。与地质学中的其他学科相比,地球化学的一个显著特点是已经从原来的定性描述转变为能够进行定量化研究。但是,由于地球化学的研究对象仍然是地球科学问题,因此它仍然不能脱离地质学的基础研究工作。例如,在研究岩浆岩时同样也要进行系统的岩相和接触关系的观察以及样品的采集等。

三、地球化学发展简史

（一）地球化学的发展

1．资料积累阶段（萌芽时期）

19～20 世纪初,随着人类生产活动的需要（找矿、采矿、选冶实践）,瑞士化学家许拜恩（C. F. Schönbein）就预见到这门学科的必要性和可能性,他说："……在使描述地质学过渡到地质学以前,必须创立一门新学科,这就是地球化学。"

2．独立成型时期

此时期亦是形成系统理论和独立方法时期。这一时期地球化学的发展很大程度上与下列地球化学家的贡献分不开：

（1）克拉克（F. W. Clarke, 1847～1931）：克拉克曾经是美国地质调查所的主任化学师。他系统地采集和分析了世界各地的岩石、土壤、水和气体等样品,研究了岩石圈、

水圈和大气圈的平均化学成分。1908 年,克拉克编写的《地球化学资料》(*Data of Geochemistry*)一书出版。该书首次发表了地壳中 50 种元素的平均含量,为区域地球化学研究提供了重要的参考数据。其 1924 年的最后版本至今仍具有重要的参考价值。

(2) 戈尔德施密特(V. M. Goldschmidt,1888~1947):戈尔德施密特在挪威奥斯陆大学获得博士学位。在 1922~1933 年间,他进行了大量的矿物晶体结构的测定以及通过光谱定量分析研究矿物中化学元素的分布,总结并提出矿物中元素分布法则的晶体化学第一定律。戈尔德施密特对地球化学的另一个贡献是提出了"戈尔德施密特的元素地球化学分类"。他于 1947 年去世时年仅 59 岁,其部分研究成果由缪尔(A. Muir)于 1954 年编辑成《地球化学》专著。该书是地球化学经典著作之一。

(3) 维尔纳斯基(В. И. Вернадский,1863~1945)和费尔斯曼(А. Е. Ферсман,1883~1945):维尔纳斯基于 1924 年出版了专著《地球化学概论》,将地球化学分成四个分支:岩石地球化学、水地球化学、大气地球化学和生物地球化学。费尔斯曼于 1912 年在前苏联莫斯科沙尼亚夫斯基人民大学设立了地球化学课程。他在 20 世纪 30 年代对大量地球化学资料进行了系统的理论总结,创立了地球化学能量分析的原理和方法,并于 1934~1939 年完成了《地球化学》四卷集,于 1940 年完成了专著《地球化学及矿物学找矿方法》。

3. 蓬勃发展时期

20 世纪 50 年代以后,和平时代和科学技术革命使人类对矿产资源的需求提出了新的要求,同时也由于人类生产活动导致的环境污染对人类生存造成威胁,地球化学学科开始得到迅速的发展。地球化学通过与海洋科学、环境科学、天文学、物理学以及生物学等相互渗透和结合产生了以下一些重要的分支学科:宇宙化学、同位素地球化学、元素地球化学、环境地球化学、有机地球化学、矿床地球化学、实验地球化学、生物地球化学、海洋地球化学、地震地球化学、大气化学、包裹体地球化学等。

随着地球化学学科的发展,学术交流也显得越来越重要。以下一些国际一流的学术刊物在地球化学的研究和交流中发挥了非常重要的作用:*Geochimica et Cosmochimica Acta*、*Organic Geochemistry*、*Journal of Geochemical Exploration*、*Applied Geochemistry*、*Geochemistry International*、*Chemical Geology*。

(二) 我国的地球化学

自从 20 世纪 50 年代,侯德封、叶连俊等将地球化学方法和概念等引入我国的地质和找矿实践工作中,我国才逐渐开展地球化学方面的工作。在地球化学的人才培养方面,1950 年涂光炽在清华大学首次为该校地质系的学生讲授地球化学课程。1956 年,北京大学地质地理系和南京大学地质系创设了国内第一个地球化学专业。1958 年中国科学技术大学设立了地球化学系。20 世纪 60 年代初,南京大学出版了我国第一本《地球化学》教材。在实验室建设方面,李璞(1911~1968)建立了我国第一个可以开展

K-Ar 法、U-Pb 法和硫同位素的实验室;1968 年司幼东在中国科学院建立了中国第一个高温高压成矿实验室。

　　20 世纪 70 年代后期,我国在北京大学、南京大学、中国科学技术大学等院校和中国科学院地球化学研究所、地质研究所等科研单位恢复招生,培养地球化学专业研究生。至 80 年代,我国的地球化学专业人才的培养工作得到进一步的加强。1984 年国家教育委员会先后批准中国科学院地球化学研究所、中国地质大学和南京大学为地球化学学科博士授予点,不久又批准中国科学院地球化学研究所成立了第一个地球化学博士后流动站。至 20 世纪 90 年代初,全国从事地球化学科研、生产和教学的科技人员约有 5000 人,其中从事地球化学基础研究(包括高校教师)的科技人员估计约有 3000 人;全国已经有 50 多个同位素实验室,拥有同位素质谱仪 70 多台,形成了一批可进行地球化学研究的重点实验室和开放实验室。该时期以下一些地球化学教材的出版,反映了人才培养达到了一个新的水平:《地球化学》(刘英俊,1979)、《地球化学》(武汉地质学院,1979)、《元素地球化学》(刘英俊,1984)、《地球化学》(魏菊英,1986)、《勘察地球化学》(刘英俊,1986)、《钨的地球化学》(刘英俊,1987)、《实验地球化学》(曾贻善,2003)等。

　　20 世纪 70~80 年代,以下一系列学术刊物的创刊为我国的地球化学学术交流提供了一个重要的平台:《地球化学》(1972)、《地质地球化学》(1973)、《矿物学报》(1981)、《中国地球化学学报》(*Chinese Journal of Geochemistry*,英文版,1982)、《沉积学报》(1983)、《岩石学报》(1985)。

　　我国的地球化学学科很大程度上是在解决资源、环境和生产实践中的实际问题的基础上发展起来的。20 世纪 50~80 年代,我国在锰矿、磷矿、铀矿、铁矿、金矿、稀有金属矿、稀土①矿、钨矿、锡矿及石油、天然气等矿产方面,在克山病、大骨节病等地方病病因研究和防治,以及环境污染和评价方面,地球化学的研究发挥了重要的作用,并取得了令人瞩目的成就。

---

　　①　稀土元素(rare-earth element, REE;或 terres reres, TR),指元素周期表中 57~71 号的镧系元素和 39 号元素钇。

第一章　元素的结合规律

元素在地球上的分布存在着明显的不均匀性。其主要表现是,地球在空间上可以划分为地核、地幔和大气圈等不同的圈层。其中地核的主要成分是 Fe、Ni、Co、S、P、Pt 族等元素,地幔主要是 O、Si、Al、Mg、Ca、Na、K 等,地球外圈的成分则主要是 H、N、He、Ne、Ar、Kr、Xe、Rn 等。从地球的硅酸盐圈层看,元素同样也存在着明显的不均匀性。这表现为地幔的上部存在一个组成与其具有明显差异的地壳。而在横向上地壳中存在的各种类型岩石以及矿床均在元素的分布上具有明显的不均匀现象。对于这些现象及其相关问题,本章将主要从元素自身的性质以及所形成的化合物性质进行分析和介绍。

第一节　元素的基本性质

1869 年,俄国化学家门捷列夫在前人的基础上,发现了元素周期律。元素性质随相对原子质量的递增而呈现出周期性变化有助于理解元素性质的规律变化,如原子半径、电离能和电负性等变化规律。而这些性质与元素的地球化学行为密切相关。

1. 原子和离子半径的变化规律(图 1-1)

(1) 横向上,同一周期中原子或离子半径随着原子序数的增加而减小。

(2) 纵向上,同一族中原子或离子半径随着原子序数的增加而增大。

(3) 沿周期表对角线的方向,自左上方至右下方原子及离子半径相似。

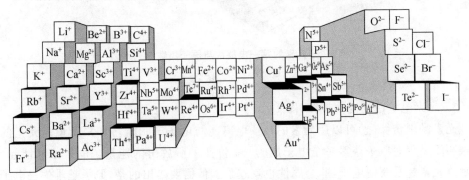

图 1-1　元素的离子半径与原子序数的关系

(据 White W M, 2005)

（4）第六周期中由于镧系收缩之故，使镧系以后元素的原子和离子半径也相应地缩小，因而出现了同上一周期相应元素的原子及离子半径大小相似的现象。

（5）同一元素的原子可以形成不同价态的离子，其正电价越高半径越小，负电价越高半径越大。

2. 元素电离能的变化规律（图1-2）

元素的气态原子失去电子变成一价气态正离子所需消耗的能量称为第一电离能（I_1，通常称电离能）。一价气态正离子再失去一个电子所需消耗的能量称为第二电离能（I_2）。元素的第一电离能是元素金属性的一种衡量尺度。

一般来说，同一主族的元素，自上而下电离能减小，元素的金属性递增；同一周期的元素，自左至右总的来说是电离能增加，但也有例外，如由Be到B和由Mg到Al电离能减小。

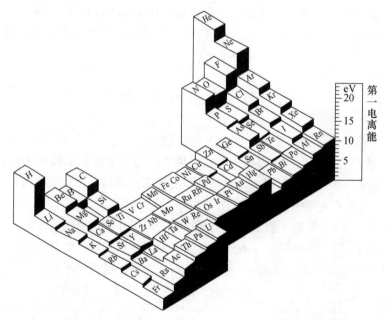

图1-2　元素的第一电离能与原子序数的关系

（据White W M，2005）

3. 元素电负性的变化规律（图1-3）

元素的电负性（χ）可以用元素的第一电离能与电子亲和能之和来衡量。元素的电子亲和能是气态原子获得一个电子成为 -1 价离子所放出的能量。电子亲和能越大，表示该元素越易获得电子，非金属性也就越强。但需要指出的是，原子越难失去电子并不一定就越易获得电子，例如惰性气体原子具有稳定的电子层结构，其既不易失去电子也不易获得电子。

元素电负性的物理意义可以视为原子在化合物中吸引价电子的能力。元素的电负性是相对值,没有单位。通常规定氟的电负性值为 4.0(或锂为 1.0),由此计算出其他元素的电负性值。电负性值越大,原子吸引价电子的能力越强,形成阴离子的倾向越大;反之,原子吸引价电子的能力越弱,形成阳离子的倾向越大。

元素的电负性具有如下规律:

(1)元素电负性随金属性增强而减小,随非金属性增强而增大。一般来说,电负性等于 2 时,是非金属与金属元素的分界点,即大于 2 者为非金属,小于 2 者为金属。

(2)同一周期内各元素的电负性随原子序数的增加而增大,周期表右上方元素的电负性为最高,左下方电负性最低。

(3)同一族内除各主族元素 Li、Be、B、C、N、O、F 外,同族其他各元素的电负性相近似。其中各主族元素的电负性有自上而下减小的趋势。

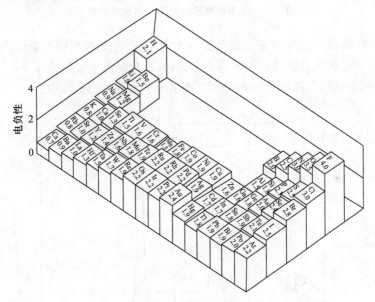

图 1-3　元素的电负性与原子序数的关系

(据 White W M, 2005)

第二节　元素的地球化学亲和性

一、元素的地球化学分类

在元素周期表的基础上结合元素的地球化学行为所进行的分类称为元素的地球化学分类。目前,已经有很多元素的地球化学分类,如戈尔德施密特、维尔纳斯基、费尔斯曼、查瓦里茨基等都曾提出地球化学分类。其中最常用的是戈尔德施密特的地球化学分类。

戈尔德施密特通过对陨石的三个相：自然铁、硫化物、硅酸盐中元素分配的研究，对比化合物的热力学数据，以原子的外电子层结构、原子容积以及对不同元素的亲和力为依据，将元素划分为四个地球化学组（图1-4）。

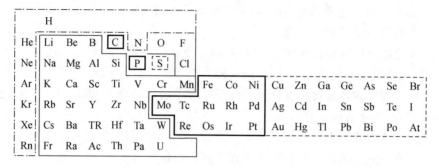

图1-4　戈尔德施密特元素地球化学分类

（1）亲氧（亲石）元素：离子的最外层为8电子（$s^2 p^6$）稀有气体稳定结构，具有较低的电负性，所形成的化合物键性主要为离子键，其氧化物的生成热大于FeO的生成热，位于原子容积曲线的下降部分（图1-5），主要集中于地球的岩石圈中。

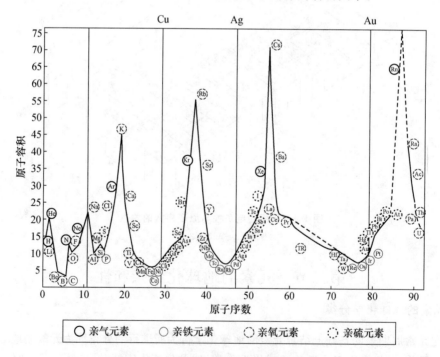

图1-5　原子容积与原子序数的关系图

（据戈尔德施密特；转引自戚长谋等，1987）

（2）亲硫（亲铜）元素：离子的最外层为 18 电子（$s^2 p^6 d^{10}$）结构，元素的电负性较大，其所形成的化合物键性主要为共价键，氧化物的生成热小于 FeO 的生成热，位于原子容积曲线的上升部分（图 1-5），主要集中于地球的硫化物-氧化物过渡圈。

（3）亲铁元素：离子最外层电子具有 8~18 电子的过渡结构，其相互结合的键性主要是金属键，氧化物的生成热小于亲氧元素，硫化物的生成热小于亲硫元素，位于原子容积曲线的最低部分（图 1-5），主要集中于地球的铁-镍核。

（4）亲气元素：原子的最外层具有 8 电子的稳定结构，其惰性气体之间具有极弱的范德华力，其化合物之间的键属于分子键，原子容积较大，具有易挥发性，主要集中于地球的外圈。

二、元素地球化学亲和性的理论分析

（一）元素地球化学亲和性的微观分析

在自然体系中，由于元素自身化学行为的差异以及体系组分的多样性，元素总是有选择地进行相互结合。元素结合的这种倾向性称为元素的地球化学亲和性。

1. 元素的亲氧（石）性和亲硫（铜）性

元素的亲氧性和亲硫性取决于其在化合物中的化学键键性。即亲氧元素总是倾向于在化合物中形成离子键或具有较多的离子键特征，亲硫元素总是倾向于在化合物中形成共价键或具有较多的共价键特征。由于化合物中的键性取决于元素的电负性差别，因此其既与氧和硫的性质有关，又与金属元素的性质有关。对于氧和硫，它们同为ⅥA 族元素，外电子层结构相似，化合价相同（表 1-1）。但与氧相比较，硫的电负性较小，因而其与阳离子形成共价键的倾向较大。对于金属阳离子，其较高的电负性倾向于形成共价键，即具有亲硫性。

表 1-2 列出了第四周期部分元素与氧和硫之间的电负性差值。这些变化反映了元素亲氧和亲硫倾向的渐变规律。

表 1-1　氧和硫的基本性质

元　素	第一电离能 I_1/eV	第二电离能 I_2/eV	电负性 χ	离子半径 /Å	原子半径 /Å
O	13.62	34.93	3.5	1.40	0.66
S	10.36	23.3	2.5	1.84	1.04

注：1 Å＝0.1 nm＝10^{-10} m。

表 1-2　元素的电负性及其地球化学亲和性

元　素	K⁺	Ca	Sc	Ti	V³⁺	Cr³⁺	Mn²⁺	Fe²⁺	Co	Ni	Cu²⁺	Zn
电负性 χ	0.8	1.0	1.3	1.6	1.4	1.4	1.4	1.7	1.7	1.8	2.0	1.5
$\Delta\chi_{金属与氧}$	2.7	2.5	2.2	1.9	2.1	2.1	2.1	1.8	1.8	1.7	1.5	2.0
$\Delta\chi_{金属与硫}$	1.7	1.5	1.2	0.9	1.1	1.1	1.1	0.8	0.8	0.7	0.5	1.0

地球化学亲和性　　亲氧倾向性 ◄———————————————————► 亲硫倾向性

2. 元素的亲铁性

亲铁元素具有倾向于以自然金属元素状态存在的性质,如 Cu、Ag、Au。它们具有较高的第一电离能(表 1-3),一般不易丢失价电子形成氧化物、硫化物或其他化合物。

表 1-3　一些元素的第一电离能

外层电子为 8 的元素	I_1/eV	外层电子为 18 的元素	I_1/eV
Li	5.3	Cu	7.7
Na	5.1	Ag	7.5
K	4.3	Au	9.2
Rb	4.1		
Cs	3.9		

3. 元素的亲气性

亲气元素可以分为两类,一类是惰性气体元素,另一类是易于形成气体分子等(如 H_2、N_2)的元素。前一类不形成化合物,因此其原子之间为原子键。后一类元素所构成的化合物之间主要是分子键。由于分子键是很弱的键,因此它们具有很低的沸点和熔点,易于在地球演化过程中向水圈、大气圈甚至太空迁移。

(二)元素地球化学亲和性的热力学分析

自然体系中,元素之间的结合服从体系总能量最低原理。因此各种元素不同的地球化学亲和性可以通过热力学的计算来进行分析。以下是关于元素亲铁性与亲硫性和元素的亲硫性与亲氧性比较的两个例子:

例 1

$$PtS+Fe \Longrightarrow FeS+Pt$$

$$\Delta G^0 = (\Delta G^0_{FeS} + \Delta G^0_{Pt}) - (\Delta G^0_{PtS} + \Delta G^0_{Fe})$$

$$= [(-23.32+0)-(-21.6+0)] \times 4186.8 \, J \cdot mol^{-1}$$

$$= -7201.3 \, J \cdot mol^{-1}$$

计算结果其反应的吉布斯自由能小于零。这表明铁的亲硫性比铂强,而铂的亲铁性强于铁。

例 2

$$FeS + Cu_2O \Longrightarrow FeO + Cu_2S$$

$$\Delta G^0 = (\Delta G^0_{FeO} + \Delta G^0_{Cu_2S}) - (\Delta G^0_{FeS} + \Delta G^0_{Cu_2O})$$

$$= [(-58.6 - 20.60) - (-24.0 - 35.4)] \times 4186.8 \, J \cdot mol^{-1}$$

$$= -78.71 \, kJ \cdot mol^{-1}$$

计算结果其反应的吉布斯自由能小于零。这说明铜的亲硫性比铁强,铁的亲氧性比铜强。

根据类似的热力学计算可以将元素的亲氧性由强减弱(或亲硫性由弱增强)排出以下顺序：Ca、Mg、Al、Zr、U、Ti、Si、V、Na、Mn、Cr、K、Zn、W、Sn、Mo、Fe、Co、Ni、Pb、Cu、Bi、Pd、Hg、Ag。这与按电负性的排列顺序大致相同。

（三）元素地球化学亲和性的丰度因素

以上从微观和热力学两个方面分析了元素亲氧性、亲硫性和亲铁性的原因。需要强调指出,元素的亲和性是指其具有相对优先结合的能力。也就是说,元素亲氧并非其不与硫结合,元素亲硫也非其不与氧结合。同样亲铁元素也并非不与氧或硫结合。地球化学分类中之所以划分出亲氧元素、亲硫元素和亲铁元素,一方面是其与地球上氧和硫的相对数量有关,另一方面还与地球上阴离子的总量相对于阳离子的总量不足有关(表1-4),或者与作为阴离子的元素主要存在于地球的外圈而在地球内部极为缺乏有关。即元素的地球化学亲和性不仅决定于元素的性质,还受整个地球及不同圈层元素的丰度及其分布的影响。

表 1-4　地球元素中阴离子和阳离子的原子数关系

阴离子	氧	硫					总　数
丰度/wt%	29	3.8					32.8
相对原子数	1.81	0.12					1.93
阴离子电荷总数	3.63	0.24					3.86
阳离子	铁	镍	硅	镁	铝	钙	总　数
丰度/wt%	32	1.6	13	16	0.91	0.92	64.43
相对原子数	0.57	0.03	0.46	0.66	0.03	0.03	1.79
阳离子电荷总数	1.15	0.05	1.85	1.32	0.10	0.10	4.57

注：据黎彤(1976)的数据计算。

第三节　元素的结合规律

一、主要元素的结合规律

自然界中不同元素的丰度存在着明显差别。其中丰度较高的主要元素可以形成独立矿物,它们的结合服从以下规律。

1. 键性对应结合规律

键性对应结合规律是指具有相同化学键的元素之间易于结合。即在多元素多相体系中,键性相同的元素易于结合,键性不同的元素之间结合或类质同像置换较难或根本不能进行。由于元素的电负性直接决定了化学键性的不同,因此可以通过元素电负性的差别来考察元素之间结合的难易。

例如,Na^+(0.98 Å)与 Cu^+(0.96 Å)虽然半径相近,电价相同,但 Na^+ 与 Cu^+ 的电负性分别为 0.9 和 1.8,差别较大,因此它们之间不易发生类质同像置换。

2. 电价对应结合规律

电价对应结合规律指当体系中存在多种价态的离子时,高价阳离子与高价阴离子结合,低价阳离子与低价阴离子结合。电价差别越大,这种规律越明显。

例如,在含有 Si^{4+}、Ca^{2+}、F^-、O^{2-} 的体系中,常见石英(SiO_2)与萤石(CaF_2)共生,却未见 SiF_4 与 CaO 共生。这也可以通过以下自由能计算结果得到进一步证明:

$$SiF_4 + 2CaO \Longrightarrow SiO_2 + 2CaF_2$$

$$\Delta G = (\Delta G^0_{SiO_2} + 2\Delta G^0_{CaF_2}) - (\Delta G^0_{SiF_4} + 2\Delta G^0_{CaO})$$

$$= [-856.4 + 2 \times (-1175.6)] kJ \cdot mol^{-1} - [-1572.7 + 2 \times (-603.3)] kJ \cdot mol^{-1}$$

$$= -428.3 kJ \cdot mol^{-1}$$

上述计算结果表明,电价对应结合规律符合能量最低原理。

二、微量元素的结合规律

主要元素结合的一般规律揭示了能够形成独立化合物(矿物)的那些元素的结合规律。然而,自然界中除了那些能够形成独立矿物的主要元素外,大多数元素都属于微量元素(在岩石或矿物中的含量一般小于 0.1%)。这些元素一般不能形成自己的独立矿物,而是以类质同像的形式存在于主要元素构成的矿物晶格中。因此,矿物中的类质同像是控制微量元素行为的主要因素。

(一)类质同像的类型

所谓类质同像,是指以原子、离子、络离子或分子为单位取代矿物晶格构造位置中的相应质点。其结果只引起晶格常数的微小改变,晶格构造类型、化学键类型、离子正负电荷的平衡保持不变或相近。

1. 等价类质同像和异价类质同像

晶体中性质相似、电价相同的元素彼此置换称为等价类质同像,异价离子的置换称为异价类质同像。

晶格中等价类质同像的例子很多。例如,碱性长石($KAlSi_3O_8$)中的阳离子 K-Rb-Cs,钙长石($CaAl_2Si_2O_8$)中的 Ca-Sr-Ba-Ra,橄榄石(Mg_2SiO_4)中的 Mg-Fe-Mn,黄铜矿($CuFeS_2$)中的 Cu-Ag,雌黄(As_2O_3)中的 As-Sb-Bi;阴离子如钾盐(KCl)中的 Cl-Br-I,方铅矿(PbS)中的 S-Se 等。

晶格中若发生异价离子的置换需要电价补偿,一般服从周期表中的对角线规则(图1-6)。如辉石、角闪石中的 Na^+ 和 Fe^{3+} 置换 Ca^{2+} 和 Mg^{2+},磷灰石中的 Ce^{3+} 和 O^{2-} 置换 Ca^{2+} 和 F^-。

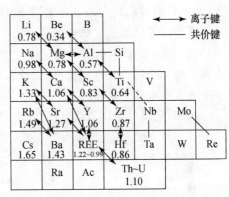

图 1-6　元素的对角线类质同像置换规则
元素符号下方的数值为其离子的半径(Å)

2. 完全类质同像和不完全类质同像

端员组分能够以任意比例形成连续固溶体的称为完全类质同像,如$(Mg,Fe)_2SiO_4$(橄榄石)中的 Mg 与 Fe,$NaAlSi_3O_8$-$CaAl_2Si_2O_8$(斜长石)中的 Na 与 Ca。

若端员组分不能以任意比例形成连续固溶体的则为不完全类质同像,如歪长石($KAlSi_3O_8$-$NaAlSi_3O_8$),在高温时可以呈类质同像,在低温时常常发生出溶作用而形成具有出溶条纹的长石。

3. 极性类质同像

指端员组分之间发生类质同像的程度差别很大,即 A 可以置换 B,但 B 很少甚至不可以置换 A。例如,一般情况下 Ba^{2+} 只能单向地置换 K^+,Ce^{3+} 单向地置换 Ca^{2+} 等。极性类质同像可以解释为当 A 置换 B 时,体系的能量降低,反之则是能量增高。

(二) 类质同像置换的条件和限度

元素之间类质同像的置换并不是任意的,主要取决于其晶体化学条件和物理化学条件。

1. 晶体化学条件

(1) 原子或离子半径:元素发生类质同像的程度取决于其原子或离子半径的差别。若设 r_1、r_2 分别代表较大的离子和较小的离子,则一般是:$(r_1-r_2)/r_2$ 为 10%~15% 时,两元素可以任意取代,形成完全类质同像;$(r_1-r_2)/r_2$ 为 20%~40% 时,两元素在高温时可以发生完全类质同像,低温时为不完全类质同像;$(r_1-r_2)/r_2>40\%$ 时,高温条件下可以发生完全类质同像,低温条件下不能发生类质同像。

(2)化学键类型:类质同像置换的离子受化学键类型控制。例如,Hg^{2+}(1.12 Å)与 Ca^{2+}(1.06 Å)半径相近,但由于 Hg^{2+} 易形成共价键而 Ca^{2+} 易形成离子键,因此 Ca^{2+} 不能置换辰砂(HgS)中的 Hg^{2+}。然而,Al^{3+}(0.57 Å)与 Si^{4+}(0.39 Å)半径相差较大(47%),但它们同为亲氧元素,易形成离子键,因此在自然界中常见 Al^{3+} 与 Si^{4+} 的置换广泛存在于硅酸盐矿物中。

(3)离子正负电荷的平衡:当发生异价离子类质同像置换时,需要通过几个低价态离子与一个高价态离子置换,低价态和高价态离子与中间离子置换或者存在附加离子等方式使电荷平衡。

例如,云母($KAl_2[AlSi_3O_{10}](OH,F)$)中,$Al^{3+}$ 和 Mg^{2+} 存在如下置换:

$$2Al^{3+} = 3Mg^{2+}$$

在钾长石($KAlSi_3O_8$)中,则有

$$Ba^{2+} + Al^{3+} = K^+ + Si^{4+}$$

在斜长石($CaAl_2Si_2O_8$)中有

$$Na^+ + Si^{4+} = Ca^{2+} + Al^{3+}$$

在磷灰石($Ca_5[PO_4]_3(F,Cl,OH)$)中有

$$Ce^{3+} + Na^+ = 2Ca^{2+}$$

或

$$Ce^{3+} + O^{2-} = Ca^{2+} + F^-$$

其中,Na^+ 和 F^- 为附加离子。

2. 物理化学条件

(1)温度和压力:自然界中元素间的类质同像还受其所处的物理化学条件控制。一般来说,高温使各离子的有效半径趋于一致,有利于类质同像;温度降低则会抑制类质同像的置换,如低温会使固溶体发生分解。压力的作用则与温度的作用相反。

(2)组分浓度:在晶体生长的时候,熔体或溶液中离子的浓度(或该离子的化学位)与晶体-液体间的平衡有关。若在熔体或溶液中缺乏某种组分,当结晶出含有此组分的矿物时,熔体或溶液中地球化学性质与之相似的其他元素就会以类质同像置换的方式进入晶格。如:在岩浆中 Mg 的含量降低时,Fe 将以一定数量进入橄榄石中。

(3)氧化还原电位:氧化还原电位只影响变价元素的行为。当环境的氧化还原电位变化时,元素的价态发生变化,离子半径也随之变化。如过渡元素的价态变化:$Fe^{2+} \rightarrow Fe^{3+}$,$Mn^{2+} \rightarrow Mn^{4+}$,$Cr^{3+} \rightarrow Cr^{6+}$,$V^{3+} \rightarrow V^{5+}$ 将直接影响元素的占位和置换。

(三)微量元素的结合规律

在矿物结晶过程中,微量元素的结合遵守以下规律:

(1)两种阳离子电价相同而半径不同时,半径较小的阳离子较早进入矿物晶格中,

半径较大的阳离子则较晚进入矿物晶格中。

（2）两种阳离子半径相似而电价不同时，较高价的阳离子优先进入较早结晶的矿物晶格中，低价阳离子则进入晚期的矿物中。

（3）当两种阳离子的电价和半径相似时，具有较低电负性的阳离子将优先进入晶格。这是因为它们可以形成较强的、离子键成分较多的化学键。

这里需要强调的是，某元素优先进入晶格是指其较多地进入晶格，别的元素进入晶格相对少些（其定量关系由化学位控制）。

其典型实例如下：在基性、超基性岩浆的结晶过程中，Mg^{2+}（0.78 Å）与 Fe^{2+}（0.83 Å）二者具有相同的电价，但 Mg^{2+} 的半径小于 Fe^{2+}，因此，Mg^{2+} 相对于 Fe^{2+} 较多地进入橄榄石等早期的矿物中；在中酸性岩浆的结晶过程中，Na^+（0.97 Å）、K^+（1.33 Å）、Rb^+（1.45 Å）三者的电价均相同，但半径不同，其中半径较大的 Rb^+ 总是在岩浆演化晚期结晶的含钾矿物中较富集。

三、过渡元素的结合规律

微量元素的结合规律基本上可以描述大多数微量元素的行为，但也有一些偏离该规律的现象。例如，Zn^{2+} 和 Fe^{2+} 的离子半径都是 0.83 Å，Mg^{2+} 和 Ni^{2+} 的离子半径都为 0.78 Å，但它们并不完全符合上述微量元素的结合规律，尤其是在一定条件下 Ni^{2+} 具有较 Mg^{2+} 更优先进入硅酸盐矿物的趋势。这些现象需要运用晶体场理论来解释。

（一）过渡元素的电子层结构及晶体场理论概要

1. 过渡元素的电子层结构

过渡元素是元素周期表中第四至七周期ⅢB族至ⅡB族之间的元素。这些元素具有未充满的 d 电子层。例如，第四周期过渡元素 Sc、Ti、V、Cr、Mn、Fe、Co、Ni 和 Cu 的电子层结构为 $1s^2 2s^2 2p^6 3d^{1\sim10} 4s^{2或1}$，d 电子层共有 5 个轨道，$d_{xy}$，$d_{yz}$，$d_{xz}$，$d_{x^2-y^2}$，$d_{z^2}$，它们各自沿不同的坐标轴方向伸展（图1-7）。

2. 正八面体中过渡元素的电子轨道能级变化

（1）五重简并：对于一个孤立的过渡金属离子中的 5 个 d 电子轨道，它们的能级都是相同的，其电子在 5 个轨道上的分布概率相同，称为五重简并。

（2）晶体场中电子轨道能级的分裂：当过渡金属离子处于八面体配位体的中心位置时，有 6 个配位体位于 3 个

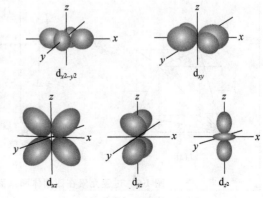

图 1-7　d 电子轨道电子云图

主轴方向上[图 1-8(a)]。此时,5 个 d 轨道的电子都会受到配位体负电荷的排斥而使 d 电子轨道的能级升高,但相对于 dε 轨道,沿坐标轴方向的 dγ 轨道电子云更靠近配位体,使 dγ 轨道的电子云比 dε 轨道的电子云受配位体负电荷的排斥力更大,因此它们的能级升高更多。其各能级升高的情况见图 1-8(b)。

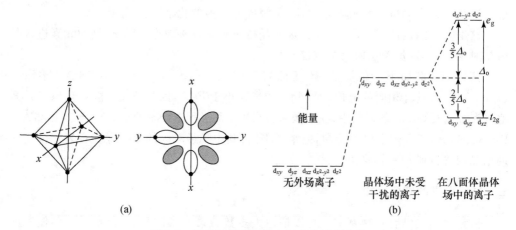

图 1-8 过渡元素在各种电场中的能级变化

(a) 为八面体场中元素的部分 d 电子轨道与配位离子的关系;其中阴影区为 d_{xy} 轨道,非阴影区为 $d_{x^2-y^2}$ 轨道。(b) 为无外电场、有均匀外电场和八面体场中各 d 电子轨道能级的变化示意图

当过渡金属离子处于四面体配位或立方体配位中心时,过渡金属离子的 d 电子轨道也会升高,但 d 轨道的能级分裂与八面体配位中的情况相反(图 1-9)。

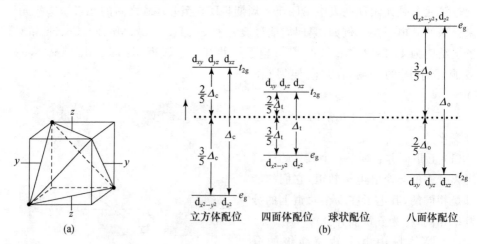

图 1-9 过渡元素在四面体和八面体晶体场中的能级变化对比

(a) 为四面体场中元素的部分 d 电子轨道与配位离子的关系。(b) 为立方体、四面体、球状和八面体配位中的 d 电子轨道能级的分裂情况

　　(3) d电子的高自旋和低自旋状态：在晶体场中，离子的电子成对排布在 d 电子轨道上称为电子的低自旋状态，而电子趋向于成单个电子排布在 d 电子轨道上称为电子的高自旋状态。电子以何种状态排布取决于两个因素：电子成对能和晶体场稳定能(CFSE)。亦即它们取决于以哪种排布方式可以使体系的能量最小。当离子处于弱电场或其无晶体场稳定能时，电子将尽可能成单地排布在各个电子轨道上，使电子呈高自旋状态。当离子处于强场或其晶体场稳定能大于电子成对能时，则电子将尽可能排布在低能轨道上，使电子呈低自旋状态。

　　3. 八面体晶体场稳定能

　　d 电子轨道能级分裂后的 d 电子能量之和相对于未分裂前的电子能量和之差，称为晶体场稳定能。该能量差可以通过理论计算，亦可以通过实验测定。表 1-5 给出了过渡元素各离子的自旋状态和晶体场稳定能数值。

表 1-5　氧化物结构的八面体和四面体配位位置中过渡元素的晶体场稳定能

3d 电子数	离　子	3d 电子排布	八面体 CFSE(E_o) /(kcal·mol^{-1})	四面体 CFSE(E_t) /(kcal·mol^{-1})	八面体择位能 OSPW /(kcal·mol^{-1})	n_o/n_t^a
0	Ca^{2+}, Sc^{3+}, Ti^{4+}	$(d\varepsilon)^0$	0	0	0	0
1	Ti^{3+}	$(d\varepsilon)^1$	20.9	14.0	6.9	20
2	V^{3+}	$(d\varepsilon)^2$	38.3	25.5	12.8	157
3	Cr^{3+}	$(d\varepsilon)^3$	53.7	16.0	37.7	2.9×10^5
4	Cr^{2+}	$(d\varepsilon)^3(d\tau)^1$	24.0	7.0	17.0	532
4	Mn^{3+}	$(d\varepsilon)^3(d\tau)^0$	32.4	9.5	23.8	8300
5	Mn^{2+}, Fe^{3+}	$(d\varepsilon)^3(d\tau)^2$	0	0	0	1
6	Fe^{2+}	$(d\varepsilon)^4(d\tau)^2$	11.9	7.9	4.0	—
6	Co^{3+}	$(d\varepsilon)^6$	45.0	26.0	19.0	1820
7	Co^{2+}	$(d\varepsilon)^5(d\tau)^2$	22.2	14.8	7.4	18.5
8	Ni^{2+}	$(d\varepsilon)^6(d\tau)^2$	29.2	8.6	20.6	3450

a. 由 $n_o/n_t = \exp[-(E_o - E_t)RT]$，令 $T = 1000\ ℃$ 计算得。

　　(二) 晶体场理论的地球化学应用

　　晶体场理论有助于我们认识过渡元素进入矿物后对体系状态的影响以及元素的分布和分配。以下是两个应用的实例。

　　1. 岩浆过程 Ni 的行为

　　按照二元固溶体系 Mg_2SiO_4-Ni_2SiO_4 的熔融相关系，含 Ni 的橄榄石比含 Mg 的橄榄石熔点低。但当有其他组分存在时，如存在玄武岩浆与 Mg_2SiO_4-Ni_2SiO_4 体系共存时所观察到的情况却刚好相反。由图 1-10 可以看出，不仅橄榄石的熔点降低，同时两端员的熔点关系也发生倒转。这是由于与橄榄石共存的玄武岩浆中存在着更多的四面体位置,从而使镍橄榄石与镁橄榄石之间的相关系发生了倒转。这种倒转可以由晶体场稳定能得到理解。即在橄榄石与玄武岩浆共存的体系中,由于橄榄石相对于玄武岩浆具有较多的八面体位置,因此,相对于 Mg^{2+} 离子,具有附加八面体稳定能的 Ni^{2+} 离子将优先进入橄榄石晶体中。

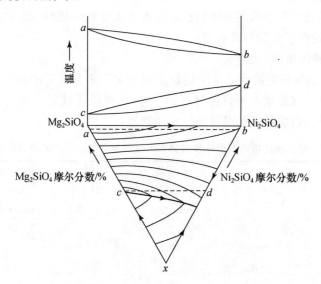

图 1-10　Ni_2SiO_4-Mg_2SiO_4-玄武岩浆体系的相图

(据伯恩斯 R G,1977)

组分 x 是具有较多四面体位置的相,即玄武岩浆。a—b 为近于纯二元体系,c—d 为有第三组分共存的体系。正是由于体系中出现四面体的位置造成熔融相图的关系发生了倒转

2. 锰结核中 Ni 与 Co 的分离

大洋中锰结核是重要的锰矿资源,且伴生有 Fe、Co、Cu、Ni 等金属。其中伴生的金属含量各有差异。例如,一般 Co 总是富集于强氧化的锰结核中,而 Ni 在氧化性弱的结核中相对较富集。这种现象可由以下晶体场稳定能的差别解释:

$$Co^{2+}(d\varepsilon)^5(d\gamma)^2 \longrightarrow Co^{3+}(d\varepsilon)^6$$

$$CFSE:\frac{4}{5}\Delta_o^{II} \longrightarrow \frac{12}{5}\Delta_o^{III}$$

$$Ni^{2+}(d\varepsilon)^6(d\gamma)^2 \longrightarrow Ni^{3+}(d\varepsilon)^6(d\gamma)^1$$

$$CFSE:\frac{6}{5}\Delta_o^{II} \longrightarrow \frac{9}{5}\Delta_o^{III}$$

由以上 Co 和 Ni 氧化反应的晶体场稳定能变化可以看出:Co 和 Ni 由+2 价氧化为+3价时,前者具有较高的晶体场稳定能增量。

四、微量元素结合规律的地球化学意义

自然界中类质同像是非常普遍的现象,通过类质同像研究不仅可以了解元素的地球化学行为,同时也可以获得地球化学作用的条件及其演化等主要信息。

1. 研究微量元素的集中和分散

在地球化学作用过程中,微量元素的行为有两种倾向,一是以类质同像的形式存在于造岩矿物中,呈分散状态;二是不以类质同像形式进入造岩矿物中,而是在地球化学作用的晚期富集,形成独立矿物。

例如,铍在花岗岩浆的演化过程中能够集中成矿,而在碱性花岗岩浆过程中却呈分散状态存在于造岩矿物中。这是因为铍具有较高的离子电位,属于两性元素。若岩浆中存在足够的碱性元素(K 和 Na)以及高电价的阳离子(Ti^{4+}、Zr^{4+}、Nb^{5+}、Ta^{5+}、La^{3+} 等稀土元素)时,则 Be^{2+} 可以按以下形式取代硅酸盐中的硅氧四面体 $[SiO_4]^{4-}$:

$$[BeO_4]^{6-} + La^{3+} \rightleftharpoons [SiO_4]^{4-} + (Na,K)^{+}$$

结果造成了铍的分散。反之则可以随着岩浆的演化而使铍富集成矿。

2. 判断地质体之间的关系

由于元素性质等的差异导致微量元素进入晶格的先后不同,因此可以用它们来判断地质体形成的先后顺序。例如:有着同源但又是不同期次侵入到不同空间的花岗岩体,它们的 K、Rb、Cs 含量有着一定的差别,由此可以确定它们形成的先后顺序。

拓 展 阅 读

[1] 韩吟文,马振东.地球化学[M].北京:地质出版社,2003.
[2] 陈俊,王鹤年.地球化学[M].北京:科学出版社,2004.

复 习 思 考

1. 亲氧元素、亲硫元素、亲铁元素和亲气元素各自具有怎样的性质?
2. 主要元素的结合有哪些规律?
3. 微量元素的结合有哪些规律?
4. 晶体场如何影响过渡元素的行为?

第二章 元素的迁移和分异规律

　　自然界的物质是不断运动的。这种运动始于岩石的熔融作用，矿物在水溶液中的溶解或形成胶体等，止于矿物在岩浆中的结晶作用或在水溶液中的沉淀等作用。从元素的整个历史来看，这些过程只是暂时的片断。它是在某个地球化学条件下，元素相对稳定、相对静止的一个暂时形式。随着其所处环境的物理化学条件的变化，这种相对的稳定性将遭到破坏，元素将以各种方式发生活化转移，并以一种新的形式再一次相对稳定下来。元素在自然界的这种作用和过程就称为元素的地球化学迁移。

　　元素在迁移过程中必然伴随着分异作用。正是这种分异作用造成了地球各个圈层中元素分布的不均一性以及各种金属和非金属矿床的形成。另一方面，各种分异作用所留下的痕迹也为研究地质、地球化学作用及其演化历史提供了重要的物质基础。本章将主要介绍元素的各种迁移形式、影响因素和由此引起的元素分异作用及其原因。

第一节 元素迁移和分异的影响因素

　　元素的迁移方式大致可以有如下几种：固态物质形式迁移、水溶液形式迁移、胶体形式迁移、岩浆形式迁移。上述各种迁移形式中，除固态物质形式迁移主要是物理过程外，其余三种形式均伴随着化学作用。以下分别从内因和外因来分析元素迁移的影响因素。

一、影响元素迁移的内因

　　影响元素迁移的内因包括元素自身所具有的性质，如原子或离子的质量、电价、半径，元素的地球化学亲和性以及化合物的性质等。

　　（一）原子的性质

　　对于不形成化合物的元素，如惰性气体元素氦、氖、氩、氪、氙、氡以及亲铁元素，其原子的质量和半径是决定其迁移能力的重要因素。例如，尽管惰性气体元素都是挥发性的，但不同的惰性元素具有不同的质量，这使得它们各具有不同的运动速度和逃离地球引力场作用的速度。

　　（二）化合物的性质

　　地球上大部分物质以化合物的形式存在，因此化合物的性质是决定物质是否易于迁移的主要因素。这些因素包括：化学键、离子的电价和半径、电负性等。

1. 化学键

化学键的不同使化合物具有不同的熔点、沸点以及在流体中的溶解能力。

(1) 分子化合物(CO_2、HCl、H_2O、H_2S 等):分子化合物的分子之间具有最弱的键,其熔点、沸点等均较低,因此它们最易成为液体或气体状态而发生迁移。

(2) 离子化合物($NaCl$ 等):离子化合物具有较强的化学键,因此具有较高的熔点和沸点。但其在水溶液中具有较大的溶解度,因此在有水条件下易于发生迁移。

(3) 共价化合物(NiS、ZnS 等):共价化合物具有较强的化学键,因此也具有较高的熔点和沸点。在较高温度下可以在热液中溶解或发生熔融而迁移。在较低温度和压力下,只有在有水和氧化环境中,其中的硫被氧化后,该化合物中的元素才易于发生迁移。

2. 离子的电价和半径

在水溶液中,离子的电价和半径将决定元素的溶解能力。例如,+1 价阳离子的化合物常常是易溶的,如 $NaCl$、Na_2SO_4 等。+2 价阳离子的化合物常常是较难溶解的,如 $CaSO_4$ 等。+3 价阳离子的化合物常常是极难溶解的,如 $Al(OH)_3$ 等。

离子的半径也决定了其化合物是否易于被熔融、溶解或在胶体中被吸附而发生迁移。这将在后续的章节中进行详细介绍。

3. 离子电位

离子电位(π)是离子电价(W)与离子半径(R)的比值,即

$$\pi = W/R \tag{2-1}$$

从静电观点来看,离子电位是离子表面正电荷的一个度量。对于水溶液体系,其实质是阳离子与 H^+ 对氧(O^{2-})争夺能力的不同。按离子电位的大小,离子将具有不同的行为(图 2-1):

(1) 电价低、半径大的离子($\pi < 2.5$):其离子电位较小,如碱金属、碱土金属元素,它们与水争夺 O^{2-} 的能力弱,在水中常呈离子或水合离子形式存在。如

$$CaO + H_2O = Ca^{2+} + 2OH^-$$

(2) 离子电位居中的阳离子($\pi = 2.5 \sim 8.0$):它们往往是两性元素的离子(Be^{2+}、Ti^{4+}、U^{4+}、Al^{3+}、Fe^{3+} 等),在水中的形式随溶液中酸碱度不同而变化。对于 Be^{2+},在碱性溶液中,OH^- 浓度大,H^+ 浓度小,才能与 O^{2-} 结合形成含氧酸根 $[BeO_4]^{6-}$;在酸性溶液中,H^+ 浓度大大高于 OH^- 浓度,则呈氢氧化物分子 $Be(OH)_2$ 或阳离子 Be^{2+} 形式。

(3) 电价高、半径小的离子($\pi > 8.0$):其离子电位较大,如 B^{3+}、C^{4+}、Si^{4+}、N^{5+}、P^{5+}、S^{6+} 等,它们与水争夺 O^{2-} 的能力强,因此可以形成含氧酸根,如 BO_3^{3-}、CO_3^{2-}、PO_4^{3-}、SO_4^{2-} 等。

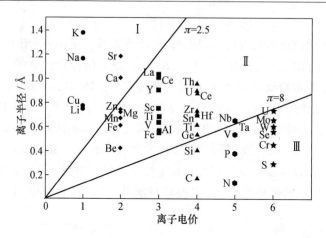

图 2-1　元素的离子电位图

Ⅰ. 碱性阳离子；Ⅱ. 两性离子；Ⅲ. 高价阳离子

二、影响元素迁移的外因

影响元素迁移的外因包括：温度、压力、pH、Eh、组分浓度等。

1. 温度(熔融,溶解)

温度的影响主要表现在物质发生从固定状态向能够发生迁移状态的转变过程。例如,不同的矿物或岩石具有不同的熔点,当温度一定时,熔点低于该温度的矿物便发生熔融,并与较高熔点的矿物发生分离。温度对矿物在水溶液中的溶解度随矿物的不同而异。例如,石英随温度升高,溶解度增大(图 2-2);而石膏则是随温度升高,溶解度下降(图 2-3)。温度对矿物溶解度产生的不同影响可归因于温度改变反应进行的方向。即降低温度,有利于化学平衡向放热方向移动,而升高温度,有利于化学平衡向吸热方向移动。

由于温度对矿物在水溶液中的溶解度会产生影响,因此温度会影响不同元素的沉淀,从而造成它们之间的分离。

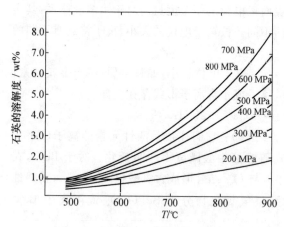

图 2-2　石英的溶解度与温度的关系

(据 Fyfe W S et al. ,1978)

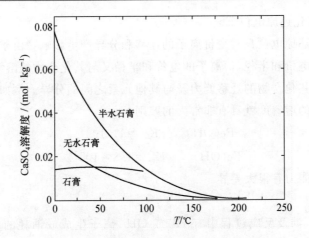

图 2-3　石膏、半水石膏和无水石膏的溶解度与温度的关系

(据 Daniela Freyer et al.，2003 修改)

2. 压力

压力的影响主要表现在改变矿物或岩石的熔点、矿物在热液中的溶解度等。例如，透辉石的熔点随压力从 1 GPa 降低到常压，可以使熔点降低 130 ℃（表 2-1）。另外，压力的增加使体系的化学反应向体积减小方向进行，因此当热液中有挥发组分作为成矿物质的络合剂时，压力的降低可以使络合剂逃逸而引起络合物的破坏，从而发生成矿物质的沉淀。

表 2-1　几种矿物的熔点与压力的关系

矿　　物	熔点/℃				熔点对压力的变化率
	$P=0\,GPa$	$P=1\,GPa$	$P=2\,GPa$	$P=3\,GPa$	/(℃·GPa^{-1})(0~1 GPa)
透辉石	1390	1520	1630	1710	130
钠长石	1120	1240	1320	1400	120
顽火辉石	1557	1670	1760	1840	110
镁橄榄石	1900	1950	1990	2040	50

据 Broecker et al.，1971。

3. 浓度

在水溶液中，除了元素自身的浓度直接影响元素的迁移能力外，作为络合剂的离子（如 Cl^-、F^- 等）浓度在元素的迁移中也起了决定性的作用。例如，当水溶液中的氯浓度较高时，银将以氯的络合物形式发生迁移。反之，则引起沉淀。

$$AgCl(s)+Cl^- \Longrightarrow [AgCl_2]^-$$

4. 环境的氧化还原电位 Eh

环境的氧化还原电位只对变价离子的迁移和分异产生影响。由于氧化还原电位将同时影响离子的电价和半径,而离子的电价和半径又与其化合物的溶解度密切相关,因此这将直接影响其化合物的迁移能力及与其他元素之间的分异。例如铁的二价和三价氢氧化物在水中的溶解度就具有非常大的差别:

$$Fe(OH)_3, \quad K_{sp} = 4 \times 10^{-38}$$
$$Fe(OH)_2, \quad K_{sp} = 4.8 \times 10^{-16}$$

因此它们的迁移能力有很大差异。

5. pH

pH 的影响只涉及反应过程中有 H^+ 或 OH^- 离子生成或消耗的反应。例如下述反应

$$3KAlSi_3O_8 + 2H^+ \rightleftharpoons KAl_2[AlSi_3O_{10}](OH)_2 + 2K^+ + 6SiO_2$$

是钾长石与酸性溶液的反应,反应的产物生成白云母和石英,并消耗掉溶液中的 H^+ 离子。因此该反应只有在酸性条件下才能向右进行,即只有在酸性条件下才能使钾转移到水溶液中而发生迁移。

第二节 水溶液中元素的迁移和分异作用

水在元素的迁移中扮演了重要的角色,这与水具有与众不同的性质有关。本节将从水的性质、元素在水中的溶解度等进行介绍。

一、水的性质

(一)水的结构

水分子由一个氧原子和两个氢原子组成。由于氧的电负性(3.5)明显大于氢的电负性(2.1),因此水分子中的电子强烈地偏向氧原子。这使水分子具有较强的不均匀电荷分布,因此水分子是较强的偶极分子,使水分子之间存在着较强的氢键(图 2-4)。根据已有的研究资料,液态水中的水分子并不以单个分子的形式存在,而是存在着由几个水分子组成的较大水分子簇(图 2-5)。在常温常压下,一般是 5 个水分子组成的水分子簇占主导地位,3 个和 4 个或 6 个和 7 个水分子组成的水分子簇较少。水分子簇中的水分子数量一般随温度的增高而减少,随压力的增大而增多。

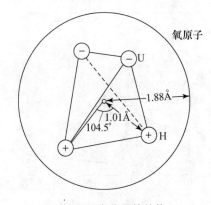

图 2-4　水分子的结构

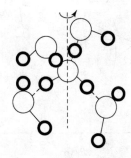

图 2-5　水分子簇的结构图

其中大球为氧,小球为氢,实线为共价键,虚线为氢键

（二）水的基本性质

液态水在 4 ℃时具有最大密度,在 46.5 ℃时具有最小的等温压缩系数,在 35 ℃时具有最小的等压热容;在临界温度(374.15 ℃)和临界压力(22.1 MPa)下,水的热容具有极大值(图 2-6);水在约200 MPa压力下存在着性质上的不连续性(图 2-7)。

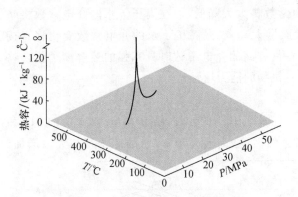

图 2-6　水在临界点的热容接近无穷大

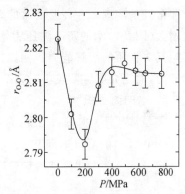

图 2-7　高压下水分子的氧-氧间距变化

（据 Okhulkov et al. ,1994）

由图 2-7 可以看到,压力从 0 至 200 MPa,氧-氧间距降低。但从 200 MPa 至 400 MPa,氧-氧间距反而增大。

1. 水的相关系

图 2-8 是水的相图。由图可以看出,水在 200 MPa 以下的压力时,其熔点随压力的增加而降低。在 200 MPa 以上压力下,熔点随压力增加而增高。水的这一性质对冰川的移动具有重要意义。因为冰川的底部压力较大,使其熔点降低而存在着液态水,从而起到润滑的作用。另外,一些研究资料表明,水的这种性质可能还与较低压力下含饱和水的花岗岩随压力增高而熔点降低有关。

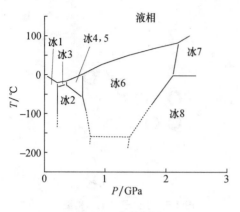

图 2-8 水的相图

图 2-9 水的相对介电常数 ε_r 与温度和压力的关系

（据 Uematsu,1980;转引自曾贻善,2003）

密度越大,表示压力越高

2. 水的介电常数

水分子具有较高的介电常数。常温常压下水的介电常数为 81,因此它是离子化合物非常好的溶剂。在高温下水的介电常数将大大降低,而在高压下水的介电常数将略有增大(图 2-9,水的密度随压力增大而增大)。高温高压下水的介电常数变化将直接影响其对物质的溶解能力。例如,水在具有高的介电常数时具有强的溶解离子化合物的能力,而当介电常数较小时则溶解有机物的能力增强。

3. 水的离子积

常温常压下,水的离子积为 10^{-14},因此中性的水中有 $10^{-7}\,mol \cdot L^{-1}$ 的 H^+ 和 $10^{-7}\,mol \cdot L^{-1}$ 的 OH^-,即其 pH 为 7。然而,在高温高压下,水的离子积却大大增加。

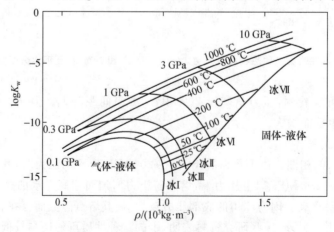

图 2-10 水的离子积 K_w 与温度和压力的关系

（据 Todheide,1982）

图 2-10 是水的离子积与温度和压力的关系。由图可以看出,当温度和压力分别达到 200 ℃和0.4 GPa时,水的离子积为 10^{-10} ,这意味着,在该温度和压力下中性水的 pH 为 5。高温高压下水的离子积变化也将极大地影响其与物质(矿物)之间的平衡。

　　4. 水的传输性质

　　水的传输性质与水的黏度有关,因此可以从水的黏度了解其传输性质。图2-11 给出了水的黏度与温度和压力的关系。由图可以看出,水的黏度随温度升高而降低,随压力增高而略有增加。因此,高温下水具有非常强的迁移能力。这对于金属物质的迁移及油气的运移等具有重要意义。

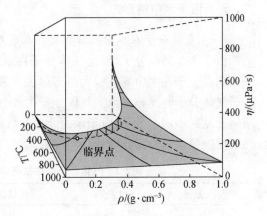

图 2-11　水的黏度 η 与压力和温度的关系

(据 Franck, 1982;转引自曾贻善,2003)

　　5. 高温高压下水性质的不连续性及其意义

　　关于水在高温高压下的性质,目前的认识是,水在临界温度(374.15 ℃)和临界压力(22.1 MPa)以及200 MPa压力下存在着性质上的不连续性。水的这些不连续性质将直接影响着水-岩石(或矿物)之间的相互作用。这些作用将可能在相应温度和压力的地壳内产生一些溶解-沉淀的界面。

　　图 2-12 示出了高温高压下石英在水中的溶解度与温度和压力的关系。由图可以

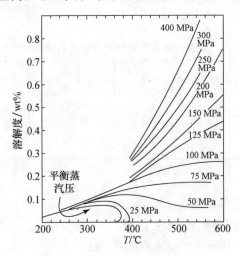

图 2-12　高温高压下石英的溶解度与温度和压力的关系

(据 Fyfe et al.,1978)

看出,在临界温度以下的温度范围,石英的溶解度随温度升高而增大。但在临界温度以上和50 MPa以下的压力下,石英的溶解度反而随温度的增高而降低。这反映出水的不连续性质对石英溶解行为的直接影响。

二、元素溶于水中的形式

(一)气体分子在水中的溶解及存在形式

由于水是偶极分子,因此气体分子在水中的溶解度决定于气体分子的偶极性质。一般偶极分子在水中具有较大的溶解度。表2-2列出了部分单原子气体分子、同核双原子气体分子和异核多原子气体分子在水中的溶解度,可以看出非偶极分子在水中的溶解度是很小的。另外,由于水的介电常数随温度升高而降低,因此气体分子在水中的溶解度随温度的升高而降低(表2-3)。

表2-2   气体分子的性质与溶解度的关系($20\,^\circ\!C$,10^5 Pa)

气体分子	键角/(°)	偶极矩/D	分子的性质	溶解度/(L/L$_水$)
He			非偶极分子	0.0088
H$_2$			非偶极分子	0.01819
N$_2$			非偶极分子	0.01570
O$_2$			非偶极分子	0.03103
CO$_2$	180		非偶极分子	0.878
SO$_2$	120		偶极分子	40
H$_2$S	92.2	0.94	偶极分子	2.582
NH$_3$	107.8	1.47	偶极分子	702

表2-3   温度对水中气体分子溶解度的影响(10^5 Pa)

气体分子	0 ℃	20 ℃	60 ℃	100 ℃
H$_2$	0.02148	0.01819	0.0160	0.0160
O$_2$	0.04889	0.03103	0.0195	0.0172
CO$_2$	1.713	0.878	0.359	—
NH$_3$	1176	702	—	—

注:单位为L/L$_水$。

(二)元素在水中的溶解及存在形式

1. 强电离化合物(简单离子/水合离子)

强电离化合物在水中具有较大的溶解度,如:

$$NaCl \Longrightarrow Na^+ + Cl^-$$
$$KCl \Longrightarrow K^+ + Cl^-$$

$$Na_2SO_4 \Longrightarrow 2Na^+ + SO_4^{2-}$$

2. 弱电离化合物(溶解物中有分子和简单离子)

弱电离化合物在水中的溶解度较小。例如,方解石的溶解:

$$CaCO_3(s) \Longrightarrow CaCO_3(aq)$$

$$CaCO_3(aq) \Longrightarrow Ca^{2+}(aq) + CO_3^{2-}(aq)$$

弱电离化合物在水中的溶解度受溶度积(或活度积)$K_{sp}(=[Ca^{2+}][CO_3^{2-}])$的控制。弱电离化合物溶解度的影响因素较复杂,其不仅与阳离子的性质有关,也与阴离子的性质有关。它们的一般规律可以概括如下:

(1) 含氧酸盐(碳酸盐、硫酸盐等):相同阴离子时,阳离子的离子电位越大或半径越小,其化合物的溶解度越大(表 2-4)。

(2) 氢氧化物和氟化物:相同电价时,阳离子的半径越大,其化合物的溶解度越大(表 2-5)。

(3) 硫化物:相同电价时,阳离子与硫的电负性之差越大或其共价成分越低,其化合物在水中的溶解度越大(表 2-6)。

表 2-4　碳酸盐的溶度积与其阳离子半径的关系

碳酸盐	离子电位	半径/Å	K_{sp}
$MgCO_3$	3.0	0.78	1×10^{-5}
$CaCO_3$	2.0	1.06	4.8×10^{-9}
$SrCO_3$	1.8	1.27	1×10^{-9}

表 2-5　氟化物的溶度积与其阳离子半径的关系

氟化物	半径/Å	K_{sp}
BaF_2	1.35	5×10^{-6}
SrF_2	1.18	1×10^{-8}
CaF_2	1.0	1.6×10^{-10}

表 2-6　硫化物的溶度积与其阳离子电负性差值的关系

硫化物	电负性 χ	与硫的差值 $\Delta\chi$	K_{sp}
ZnS	1.6	1.0	1.2×10^{-23}
CdS	1.7	0.9	7.8×10^{-27}
HgS	1.9	0.7	3.5×10^{-52}

（三）水溶液中络合物的作用

1. 络离子的形成和性质

硝酸银溶液中加入氯化钠溶液将有氯化银的沉淀,其反应如下:

$$AgNO_3 + NaCl \rightleftharpoons AgCl(s) + NaNO_3$$

但继续加入氯化钠溶液则氯化银沉淀物又会溶解,发生如下反应:

$$AgCl(s) + Cl^- \rightleftharpoons [AgCl_2]^-$$

即沉淀物质形成了易溶解的络合物,其通式可表示如下:

$$A_m | [B | X_n]_p$$

式中 A 为阳离子,B 为中心离子,X 为构成络合物的配位体,"|"是离子键,"｜"是配位键。配位体有如下类型: Cl^-、F^-、O^{2-}、S^{2-}、OH^-、HS^-、HCO_3^-、CO_3^{2-}、SO_4^{2-}、NH_3、Br^-、I^-、CN^-。

络合物的形成对于在溶液中较难以简单离子形式迁移的元素具有重要意义。

2. 络合物稳定性的一般规律

络合物的稳定性与中心离子和配位体二者的性质有关,它们分别有如下规律:

（1）中心离子的性质:亲氧元素离子电位较大者其络合离子较稳定。亲铜元素与配位离子之间的电负性差别小者稳定(易极化)。若为过渡元素还要考虑附加稳定能。

（2）配位体的性质:与亲氧元素之间的电负性差异大者较稳定。其稳定顺序如下:

$$F > Cl > Br > I, \quad O > S > Se > Te$$

与亲铜元素之间的电负性差异小者较稳定(易极化)。其稳定顺序如下(表2-7):

$$F \ll Cl < Br < I, \quad O < S, \quad N \gg O \gg F$$

表 2-7　不同配位离子的络合物稳定性比较

络离子	$K_稳$	$\log K_稳$
$[CdCl_4]^{2-}$	3.1×10^2	2.49
$[CdI_4]^{2-}$	3.0×10^6	6.43
$[HgCl_4]^{2-}$	1.2×10^{15}	15.1
$[HgI_4]^{2-}$	6.8×10^{29}	29.83

三、环境的 pH 及其对元素迁移的影响

1. 自然水溶液 pH 的控制作用

（1）溶解酸性物质:自然水溶解酸性物质,如 CO_2、H_2S、SO_2、HCl、HF、有机酸等,将使体系的酸性增加,即引起 pH 降低。例如 SO_2 溶解于水中的反应:

$$SO_2 + H_2O \rightleftharpoons H_2SO_3 \rightleftharpoons 2H^+ + SO_3^{2-}$$

使水溶液的 H^+ 浓度增加,或 pH 降低。

（2）溶解碱性物质：自然水溶解碱性物质，如 K_2O、Na_2O、CaO、MgO 等，将使体系的碱性增加，即引起 pH 增高。例如下列反应：

$$CaO+H_2O \Longleftrightarrow Ca^{2+}+2OH^-$$

$$Mg_2SiO_4+4H_2O \Longleftrightarrow 2Mg^{2+}+4OH^-+H_4SiO_4$$

使水溶液的 pH 增高。在火山口喷气附近水的 pH 最低，常为 3 左右；干旱地区的水多呈碱性，pH 有时可大于 9。

（3）自然水的中和作用：自然界不同来源的水将具有不同 pH，这些不同 pH 的水必定会在相遇时发生混合作用而使酸碱中和，且这种作用可一直伴随着其最终流入海洋。

2. 介质 pH 对元素迁移和分异的控制

在水溶液中，强电离元素的溶解一般不受 pH 的影响。pH 主要影响弱电离元素的溶解，且其具有如下规律：

（1）溶液 pH 降低时，具碱性元素的化合物溶解度增高。如下列反应：

$$CaO+H_2O \Longleftrightarrow Ca^{2+}+2OH^-$$

在产物中出现了 OH^-，因此只有降低 pH（增加 H^+ 离子浓度）才可以消耗产物中的 OH^- 而使反应向右继续发生溶解。但不同元素的氢氧化物发生沉淀的 pH 并不相同。例如，高价铁需要在 pH>3 的酸性介质中才能形成 $Fe(OH)_3$ 沉淀，而二价铁在 pH 达到 5 时形成 $Fe(OH)_2$ 沉淀。

（2）溶液 pH 增高时，具有酸性元素的化合物溶解度增高。如下列反应：

$$SiO_2+2H_2O \Longleftrightarrow H_4SiO_4 \Longleftrightarrow H^++H_3SiO_4^-$$

因此只有增加 OH^- 的浓度才能消耗产物中的 H^+ 使反应向右进行，才能继续发生溶解反应（图2-13）。

3. 介质 pH 变化的地球化学意义

（1）酸性障和碱性障（地球化学障）：由于水溶液中 pH 发生变化而阻止了元素的继续迁移，称为酸性障或碱性障。酸性障和碱性障是元素迁移和沉淀（分异）过程一种重要的地球化学作用。

（2）元素的分异：由于水溶液中不同元素在不同 pH 条件下发生沉淀，这将使元素在迁移过程中发生分异。

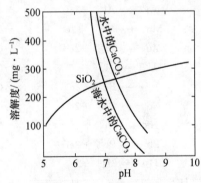

图 2-13　SiO_2 和 $CaCO_3$ 的
溶解度与 pH 的关系

（据科林斯，1950；转引自赵伦山等，1988）

四、氧化还原电位 Eh 对元素迁移的影响

1. 标准电极电位

地球化学作用中，相互作用的离子间发生电子的转移称为氧化还原作用。例如：

$$Fe^{2+}+V^{5+} \Longleftrightarrow Fe^{3+}+V^{4+}$$

该反应可以分解为两个半反应：

$$Fe^{2+} - e^- =\!\!\!= Fe^{3+} \qquad E^0 = 0.77\ V$$
$$V^{5+} + e^- =\!\!\!= V^{4+} \qquad E^0 = 1.00\ V$$

该半反应在 25℃ 条件下和离子浓度为 $1\ mol \cdot L^{-1}$ 时的电极电位称为标准电极电位（E^0）。标准电极电位是一个相对值，它标示半反应获取电子或失去电子倾向性的强弱。即标准电极电位低的离子为还原剂，标准电极电位高的为氧化剂。反应结果是前者被氧化，而后者被还原。表 2-8 列出了一些物质的氧化还原半反应的标准电极电位。

表 2-8　一些物质的氧化还原半反应的标准电极电位(25℃,10^5 Pa)

在酸性溶液中	E^0/V	在酸性溶液中	E^0/V
$K =\!\!\!= K^+ + e^-$	-2.93	H_2SO_3(水相)$+H_2O =\!\!\!= SO_4^{2-} + 4H^+ + 2e^-$	$+0.17$
$Ca =\!\!\!= Ca^{2+} + 2e^-$	-2.87	$Ag + Cl^- =\!\!\!= AgCl + e^-$	$+0.22$
$Na =\!\!\!= Na^+ + e^-$	-2.71	$As + 2H_2O =\!\!\!= HAsO_2 + 3H^+ + 3e^-$	$+0.25$
$Mg =\!\!\!= Mg^{2+} + 2e^-$	-2.37	$Cu =\!\!\!= Cu^{2+} + 2e^-$	$+0.34$
$U =\!\!\!= U^{3+} + 3e^-$	-1.80	$HAsO_2$(水相)$+2H_2O =\!\!\!= H_3AsO_4$(水相)$+2H^+ + 2e^-$	$+0.56$
$Al =\!\!\!= Al^{3+} + 3e^-$	-1.66	$Fe^{2+} =\!\!\!= Fe^{3+} + e^-$	$+0.77$
$Mn =\!\!\!= Mn^{2+} + 2e^-$	-1.18	$Ag =\!\!\!= Ag^+ + e^-$	$+0.80$
$Zn =\!\!\!= Zn^{2+} + 2e^-$	-0.76	$Fe^{2+} + 3H_2O =\!\!\!= Fe(OH)_3 + 3H^+ + e^-$	$+0.98$
$U^{3+} =\!\!\!= U^{4+} + e^-$	-0.61	$Au + 4Cl^- =\!\!\!= AuCl_4^- + 3e^-$	$+1.00$
$Fe =\!\!\!= Fe^{2+} + 2e^-$	-0.41	$2H_2O =\!\!\!= O_2$(气相)$+4H^+ + 4e^-$	$+1.23$
$Co =\!\!\!= Co^{2+} + 2e^-$	-0.28	$Mn^{2+} + 2H_2O =\!\!\!= MnO_2$(固相)$+4H^+ + 2e^-$	$+1.23$
$Ni =\!\!\!= Ni^{2+} + 2e^-$	-0.24	$Au =\!\!\!= Au^{3+} + 3e^-$	$+1.50$
$Pb =\!\!\!= Pb^{2+} + 2e^-$	-0.13	$Mn^{2+} =\!\!\!= Mn^{3+} + e^-$	$+1.51$
$H_2 =\!\!\!= 2H^+ + 2e^-$	0.00	$Mn^{2+} + 4H_2O =\!\!\!= MnO_4^- + 8H^+ + 5e^-$	$+1.51$
H_2S(水相)$ =\!\!\!= S + 2H^+ + 2e^-$	$+0.14$	$Cu^+ =\!\!\!= Cu^{2+} + e^-$	$+1.67$
$S^{2-} + 4H_2O =\!\!\!= SO_4^{2-} + 8H^+ + 8e^-$	$+0.16$	$Au =\!\!\!= Au^+ + e^-$	约$+1.68$
在碱性溶液中	E^0/V	**在碱性溶液中**	E^0/V
$Mg + 2OH^- =\!\!\!= Mg(OH)_2 + 2e^-$	-2.69	$H_2 + 2OH^- =\!\!\!= 2H_2O + 2e^-$	-0.83
$U + 4OH^- =\!\!\!= UO_2 + 2H_2O + 4e^-$	-2.39	$Fe(OH)_2 + OH^- =\!\!\!= Fe(OH)_3 + e^-$	-0.55
$Al + 4OH^- =\!\!\!= Al(OH)_4^- + 3e^-$	-2.32	$S^{2-} =\!\!\!= S + 2e^-$	-0.48
$Mn + 2OH^- =\!\!\!= Mn(OH)_2 + 2e^-$	-1.55	$2Cu + 2OH^- =\!\!\!= Cu_2O + H_2O + 2e^-$	-0.36
$Zn + 2OH^- =\!\!\!= Zn(OH)_2 + 2e^-$	-1.25	$Cu_2O + 2OH^- + H_2O =\!\!\!= 2Cu(OH)_2 + 2e^-$	-0.08
$SO_3^{2-} + 2OH^- =\!\!\!= SO_4^{2-} + H_2O + 2e^-$	-0.93	$Mn(OH)_2 + OH^- =\!\!\!= Mn(OH)_3 + e^-$	-0.05
$Fe + 2OH^- =\!\!\!= Fe(OH)_2 + 2e^-$	-0.89	$4OH^- =\!\!\!= O_2 + 2H_2O + 4e^-$	$+0.40$

非标准条件下的氧化还原电位可以根据以下能斯特方程进行计算：

$$E = E^0 + \frac{RT}{nF}\ln\frac{a_{\text{氧化态}}}{a_{\text{还原态}}} \tag{2-2}$$

式中 E 为非标准条件下的电极电位，n 为反应中得失的电子数，R 为气体常数，T 为绝对温度(K)，F 为法拉第常数，a 为氧化态或还原态的活度。若为纯固体或纯液相则活度系数为1，其活度等于浓度。若其存在于溶液中，且浓度很低仍可视为理想溶液，活度近于浓度。在温度为 25 ℃ 条件下上式可以写成

$$E = E^0 + \frac{0.059}{n}\log\frac{a_{\text{氧化态}}}{a_{\text{还原态}}} \tag{2-3}$$

由上式可以看到，半反应的氧化态和还原态的离子活度也直接影响氧化还原电位。

2. 自然环境的氧化还原电位

自然环境是一个多种元素不同价态离子共存的复杂氧化还原反应体系。该环境中占主导地位组分的氧化还原电位称为环境的氧化还原电位。

对于存在自由水的自然环境体系，其氧化还原环境的极限由下述水的稳定场确定(图2-14)。

(1) 水稳定的上限：水稳定的上限由水分解反应限定，

$$2H_2O \Longrightarrow O_2 + 4H^+ + 4e^- \qquad E^0 = 1.23\,V$$

代入能斯特方程，得

$$E = E^0 + \frac{0.059}{4}\log\frac{f_{O_2} \cdot a_{H^+}^4}{a_{H_2O}^2}$$

因为水可视为纯相，活度为1；氧逸度按理想气体处理应等于氧分压，即为 0.02 MPa，则有

$$\begin{aligned}Eh &= 1.23 + 0.015\log0.2 + 0.059\log[H^+] \\ &= 1.22 - 0.059\,pH\end{aligned} \tag{2-4}$$

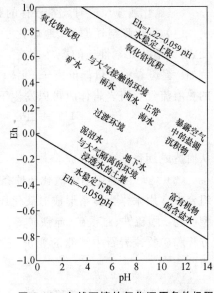

图 2-14　自然环境的氧化还原条件极限
(据 Garrels，1956；转引自赵伦山，1988)

该反应的意义是，一旦地壳中出现 $E^0 \geqslant 1.23\,V$ 的半反应氧化态物质，则水将被氧化而分解出 O_2。亦即，若体系中的水不消失，则该反应将控制体系的氧化条件上限。

(2) 水稳定的下限：水稳定的下限也由水分解反应限定，

$$H_2 \Longrightarrow 2H^+ + 2e^- \qquad E^0 = 0\,V$$

代入能斯特方程，得

$$E = E^0 + \frac{0.059}{2} \log \frac{a_{H^+}^2}{f_{H_2}}$$

由于地表条件下氢气的分压(或逸度)不可能超过 0.1 MPa,因此按其极限条件的氧化还原电位为

$$Eh = -0.059pH - 0.03\log1 = -0.059pH \qquad (2-5)$$

该反应的意义是,当体系中出现 $E^0 < 0\,V$ 的半反应还原态物质时,例如出现 Fe 时,则其将与水发生反应:

$$Fe + H_2O \Longrightarrow FeO + H_2 \uparrow$$

使之氧化为 Fe^{2+},其结果是 Fe 耗尽。因此,只要水不消失,其稳定范围便控制了体系的还原条件下限。

3. 氧化还原反应对元素迁移的影响及其意义

(1)氧化障与还原障(地球化学障):由于自然界氧化还原反应使元素的价态改变,由此造成元素性质的截然改变,并使元素发生沉淀的现象,称为氧化障或还原障。例如:煌斑岩中大量低价离子 Fe^{2+}、Mn^{2+}、Mg^{2+},即是一个良好的还原障,因此含 U^{6+} 的热液流经煌斑岩岩体时可以发生下列反应:

$$U^{6+} + 2Fe^{2+} \Longrightarrow \underset{\text{UO}_2,\text{沥青铀矿}}{U^{4+}} + \underset{\text{红化现象}}{2Fe^{3+}}$$

从而造成沥青铀矿的形成。

(2)地球化学作用中氧化还原条件的定量估算:具有不同氧化还原态的矿物共生组合常常用来作为体系形成时氧化还原条件的标志。例如,铁的各种氧化还原态的标型矿物:陨硫铁、磁铁矿、赤铁矿等。若为了能够进行精细的对比研究,可利用能斯特方程和矿物或岩石中实测的变价元素含量来定量估算矿物或岩石形成时的氧化还原条件。

五、表生环境中元素的迁移能力

表生环境中,元素通过矿物或岩石的风化作用而进入水溶液以及发生迁移的能力是不同的。波雷诺夫(Полынов,1934;1948)通过研究河水及其岩石中元素的含量,获得了一个可以表征元素迁移能力的参数——水迁移系数:

$$K_x = \frac{m_x \cdot 100}{a \cdot n_x} \qquad (2-6)$$

式中 m_x 是元素 x 在河水中的含量($mg \cdot L^{-1}$),a 是水中的矿物质残渣总量($mg \cdot L^{-1}$),n_x 是元素 x 在汇水区岩石中的平均含量(%)。

表 2-9 中列出了一些元素的水迁移系数。根据水迁移系数的大小,可以了解元素在水溶液中迁移的行为及进行系统的地球化学分析。

表 2-9　表生环境中元素的活动性

元素活动性	元　素	元　素
很活动($K_x=10m-100n$)		阴离子：S、Cl、B、Br
活动($K_x=n$)	阳离子：Ca、Na、Mg、Sr、Ra	阴离子：F
弱活动($K_x=0.1n$)	阳离子：K、Ba、Rb、Li、Be、Cs、Tl	主要呈络阴离子：Si、P、Sn、Ge、Sb
在氧化环境活动和弱活动($K_x=m-0.1n$)；在强还原环境中惰性($K_x=0.1n$)	在氧化环境的酸性和弱酸性水中强烈迁移，在中性和碱性水中活动性低（主要呈阳离子）：Zn、Ni、Cu、Pb、Cd、Hg、Ag	在酸性和碱性水中都强烈迁移，但在碱性水中迁移能力更强（主要呈阴离子）：V、U、Mo、Se、Re
在还原的潜育层环境中活动或弱活动($K_x=m-0.1n$)；在氧化环境中惰性($K_x=0.01n$)	Fe、Mn、Co	
在大多数环境中活动性小($K_x=0.1m-0.01n$，或更小)	活动性小，并形成化合物的元素：Al、Ti、Zr、Cr、TR、Y、Nb、La、Th、Sc、Ta、W、Hf、In、Bi、Te	几乎不形成化合物（自然金属）的元素：Os、Pd、Ru、Pt、Au、Rh、Ir

m，n 均为 1～9 的整数。据 Перельман А И，1964；转引自武汉地质学院，1979。

六、元素在水溶液迁移过程的分异

元素以水溶液形式迁移过程中发生的分异可以有两种情况，即地表水中的迁移和地下水中的迁移。由于矿物在水溶液中的溶解影响因素较复杂，因此目前还无法对水溶液中元素的分异进行定量描述。以下是不同迁移条件下元素分异的原因和影响因素。

（1）矿物或岩石中元素转移至水溶液过程的分异：该过程中元素的分异取决于矿物在水溶液中的稳定性。即相对难风化矿物与相对易风化矿物中的元素将在风化和水溶液的作用下发生分异。例如，在表生作用下氧化物矿物（如石英、金红石、锆石等）比硅酸盐矿物（如长石、辉石、角闪石等）更稳定，因此前者中的 Si、Ti、Zr 将与后者中的 Na、K、Mg、Fe 发生分异。

（2）地表水中的迁移：对于在水中均为完全电离化合物形式存在的元素，其在地表水中的迁移过程几乎不会发生明显的元素分异。只有当环境的物理化学性质发生改变时，使其中一种元素转变为非完全电离化合物时才会造成两者之间的分异。例如，在含 SO_4^{2-} 的水溶液进入含有机物的还原环境中时，硫将还原为 S^{2-} 而形成硫化物并发生沉淀，从而伴随亲硫的金属元素与其他亲氧元素之间的分离。

（3）地下水中的迁移：元素在地下水中的迁移除了仍遵循地表水中迁移的规律外，还受元素被岩石、矿物吸附作用的影响。即元素的分异还受离子交换和吸附规律的控制。其吸附规律基本上符合胶体对元素的吸附规律。

第三节　元素在胶体过程中的迁移和分异

一、胶体的结构和性质

1. 胶体的定义
一种物质的细小质点分散在另一种物质中所组成的不均匀分散系称为胶体。

胶体的直径为 $10^{-6} \sim 10^{-9}$ m，它比离子和分子大，但比悬浮体小。胶体由胶核、带电粒子、吸附离子和扩散层离子组成。图 2-15 是胶体的结构图解。

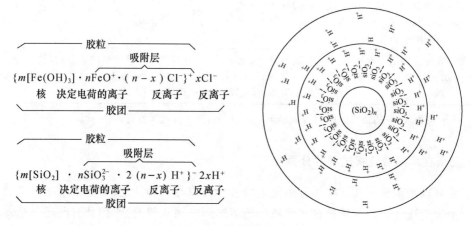

图 2-15　胶团构造示意图

2. 胶体带电的原因
由于胶体的吸附离子与扩散层带相反电荷的反离子呈分离状态，因此胶体总是带有吸附离子的电荷。带正电的胶体，如 $Fe(OH)_3$ 胶体，称为正胶体；带负电的胶体，如 SiO_2 胶体，称为负胶体。氢氧化物胶体是自然界常见的正胶体；氧化物、硫化物、单质、腐殖质的胶体多为负胶体。

胶团中并不只有一个胶核，因此胶体是多相体系。由于胶体带电，因此它具有吸附异性离子的能力。半径大的离子较容易被胶体吸附，因此胶体的存在对稀有和微量元素的富集具有重要的影响。例如，褐铁矿（正胶体）常吸附 V、As、P、W、Co 和 Ni 等元素，腐殖土（负胶体）常吸附 Mo、V、U、Co 和 Ni 等元素。另外，带同种电荷的各类胶体可以在同一溶液中共同稳定迁移，而带相反电荷的胶体相遇将发生相互凝聚和沉淀。

二、影响胶体物质凝聚与沉积的因素

(1) 中和作用：当两种带有不同性质电荷的胶体相遇时，由于电荷的中和会发生凝聚和沉积。如：

$$Al_2O_3 \cdot nH_2O + 2SiO_2 \cdot nH_2O \longrightarrow H_2Al_2SiO_8 \cdot H_2O$$

氧化铝溶胶　　　　氧化硅溶胶　　　　　　高岭石凝胶

自然界负胶体比正胶体多，因此正胶体较易沉淀，而负胶体可以搬运得更远一些。

(2) 电解质的浓度：电解质的浓度增大，可以迫使扩散层的反离子被挤压到紧密层。从而使胶体的电荷降低，并使胶体发生凝聚沉淀。

(3) 胶体溶液的浓度：胶体溶液浓度增大时，可以促使胶体凝聚。例如，强烈的蒸发作用可以增大溶液中电解质的浓度和增大胶体的浓度，因此有利于发生胶体的凝聚作用。

(4) 溶液的酸碱度(pH)：溶液的酸碱度对胶体的搬运和沉积也有很大的影响。例如高岭石在酸性介质条件($pH = 6.6 \sim 6.8$)下凝聚；而蒙脱石则需要在碱性介质条件($pH > 7.8$)下才发生凝聚。另外，酸碱度对两性胶体，如 $Al(OH)_3$ 等的性质也有影响。

(5) 温度：温度增高可以加速聚沉的速度。这是因为升高温度一方面加剧布朗运动，增加粒子相互碰撞机会，另一方面，可以使离子的水化程度降低。

三、胶体对元素的吸附规律

胶体对元素的吸附具有如下规律：

(1) 胶体优先吸附构晶离子：所谓构晶离子，即构成胶核晶体的离子。例如，$Fe(OH)_3$ 胶核的溶液中含有 Al^{3+}、Mn^{2+}、Fe^{3+} 和 OH^-、F^-、Cl^-、SO_4^{2-} 时，则 $Fe(OH)_3$ 的胶核优先吸附 Fe^{3+}。这是其为正胶体的缘故。

(2) 离子电价越高越易被吸附：例如，Fe^{3+} 比 Fe^{2+} 容易被吸附，Al^{3+} 比 Ca^{2+} 容易被吸附，Ca^{2+} 比 Na^+ 容易被吸附等。这是因为离子电价越高，则其与带电的固体表面之间的静电引力越强。例如，上述 $Fe(OH)_3$ 的胶核中 Fe^{3+} 和 OH^- 都是构晶离子，但由于前者的电价高，因此优先吸附 Fe^{3+} 而非 OH^-。

(3) 同价离子，离子半径越大或水合离子半径越小越易被吸附，如：

$$Cs^+ > Rb^+ > K^+ > Na^+ > Li^+$$
$$Ba^{2+} > Ca^{2+} > Mg^{2+}$$

四、胶体的吸附及其对元素分异的影响

胶体的吸附作用对元素具有如下影响：

(1) 使溶解度小的元素迁移：大多数的元素具有中等大小的离子电位，它们在水

溶液中往往具有非常小的溶解度,因此胶体的吸附对于这些元素的迁移具有重要的意义。如 Al、Fe 等。

(2)页岩中金属成矿元素的初步富集:在沉积岩中,页岩是粒度最小的碎屑岩,因此页岩在沉积搬运过程中具有较强的吸附金属离子的能力。例如,黑色页岩就是初步富集了 Cu、Pb、Zn 等金属元素而成为重要的矿源层,为热液成矿作用等进一步成矿提供了成矿物质来源。

(3)元素在表生条件下的地球化学分异:大陆地壳中岩石的风化作用可以形成细的碎屑及黏土矿物。这些矿物具有与胶体相似的吸附离子和进行离子交换的能力。例如,它们对 K、Rb 等较强的吸附能力就是造成大陆地壳中相对富 K、Rb 而贫 Na 的重要原因。

第四节　岩浆熔体中元素的迁移和分异作用

岩浆呈液态,可以通过自然作用由地球深处向浅处运移并侵入甚至喷发至地表,因此岩浆至今仍是地球上一种重要的元素迁移形式。另一方面,岩浆从其产生一直到其结晶过程都伴随着元素的分异作用。

一、元素在岩浆熔体中的存在形式

(一)岩浆熔体的结构

岩浆是一种由简单阳离子和分子以及硅氧四面体构成的络阴离子等组成的复杂体系。图 2-16 是岩浆熔体结构的示意图。在岩浆中,络阴离子中的中心离子硅或铝与氧之间的键基本上不会断开,最多是各硅氧四面体有时发生连接,有时发生断开。岩浆中硅氧四面体是以岛状还是以链状等形式存在取决于岩浆的组成。各硅氧四面体离子之间不断发生着连接和断开(聚合和解聚合),并处于动态平衡中。

(二)熔体的聚合程度

首先介绍几个与岩浆熔体有关的名词概念。

(1)桥氧(BO):连接两个硅氧四面体的氧,表示为 Si—O—Si 或 O^0。

(2)非桥氧(NBO):连接硅和一个非四面体阳离子的氧,表示为 Me—O—Si 或 O^-。

(3)自由氧(FO):连接非四面体阳离子的氧,表示为 Me—O—Me 或 O^{2-}。

图 2-16　硅酸盐熔体结构图

带正号圆圈为阳离子,带负号圆圈
为阴离子,空心圆圈为中性分子

(4) 熔体的聚合程度：它可以用非桥氧与四面体硅的数量之比（NBO/T）来表示。该值越低,熔体的聚合程度越高。

熔体的聚合程度实质上代表了熔体中硅氧四面体的聚合程度。聚合程度越高,代表熔体中硅氧四面体相互连接的越多。其在宏观性质上的表现即熔体具有较大的黏度。通过熔体中非桥氧数与硅氧四面体中心离子数的比值 NBO/T 可以定量地确定熔体的聚合程度（表 2-10）。具体可由下式进行计算：

$$NBO/T = (O \times 2 - T \times 4)/T \qquad (2-7)$$

式中 T 为熔体中四面体位置的原子个数,O 为氧原子的个数。

表 2-10　熔体的聚合程度示例

结　构	NBO/T	实　例
岛状	4	$[SiO_4]^{4-}$
链状	2	$[Si_2O_6]^{4-}$
层状	1	$[Si_4O_{10}]^{4-}$
架状	0	SiO_2

（三）熔体聚合程度的转化

由于熔体的聚合程度决定于硅氧四面体之间的聚合程度,因此增加熔体中的自由氧将降低熔体的聚合程度：

$$2[SiO_2] + O^{2-} \Longleftrightarrow [Si_2O_5]^{2-}$$
架状　　　　　　　层状

$$[Si_2O_5]^{2-} + O^{2-} \Longleftrightarrow 2[SiO_3]^{2-}$$
链状

$$2[SiO_3]^{2-} + O^{2-} \Longleftrightarrow [Si_2O_7]^{6-}$$
哑铃状

$$[Si_2O_7]^{6-} + O^{2-} \Longleftrightarrow 2[SiO_4]^{4-}$$
岛状

上述增加熔体中的自由氧亦可以理解为增加熔体中的基性组分,如 MgO、FeO 等或其他非四面体阳离子的氧化物。

（四）岩浆熔体中阳离子的结构作用

1. 名词概念

造网元素（polymer,聚合元素）：四面体的中心离子,离子电位高（电价高,半径小）的元素。

变网元素（modifier,去聚合元素）：介于硅氧四面体之间,离子电位较小。

2. 主要元素的结构作用

Si^{4+}：造网元素,离子电位为 10.26,构成岩浆中的硅氧四面体基团。

Al^{3+}：离子电位为 5.26,当体系中离子电位低的元素增多时,其造网离子增多,例如,当 $Na/Al \geqslant 1$,Al^{3+} 全部进入四面体;当 $Na/Al < 1$,与 Na 等摩尔数的 Al^{3+} 为造网离子,多余的 Al^{3+} 为变网离子。

Fe^{2+}：变网离子,起降低岩浆中硅氧四面体聚合的作用。

Fe^{3+}：与 Al^{3+} 的作用类似。

Mg^{2+}、Ca^{2+}：变网离子,起降低岩浆中硅氧四面体聚合的作用。

Ti^{4+}、Zr^{4+}、Nb^{5+}、P^{5+}：造网离子,但形成独立的四面体结构网。

3. 挥发组分的结构作用

(1) 水的作用：水在岩浆熔体中的溶解度取决于体系的压力、温度及熔体的成分。随温度的升高,水在熔体中溶解度减小。随压力增大,水在熔体中的溶解度增大。熔体中水的加入可降低熔体的黏度,并使熔体发生退聚合作用。水在熔体中的溶解机制和作用可归纳为

$$
\begin{bmatrix} & \overset{O}{\underset{O}{|}} & & \overset{O}{\underset{O}{|}} & \\ O- & Si & -O- & Si & -O \end{bmatrix} + H_2O \longrightarrow 2\begin{bmatrix} & \overset{O}{\underset{O}{|}} & \\ O- & Si & -OH \end{bmatrix}
$$

(2) CO_2 的作用：CO_2 在熔体中将发生以下反应

$$CO_2 + 2O^- \Longrightarrow CO_3^{2-} + O^0$$

该反应的方向取决于熔体中桥氧、非桥氧和自由氧的相对数量。例如,若熔体的酸性程度较高,则反应向左进行,结果使 CO_2 在熔体中的溶解度降低。若熔体基性程度较高,则反应向右进行,从而使桥氧数量增多。由于 CO_3^{2-} 与熔体中的硅氧四面体不能混溶,因此会产生独立的碳酸盐岩浆。

(3) 硫的作用：由于 S^{2-} 离子不能替换 Si—O 网格中的氧,因此硫在岩浆中的溶解度主要受岩浆中亲硫元素的含量控制。岩浆主要成分中,铁具有较强的亲硫性,因而硫在富含铁的基性、超基性岩浆中溶解度较大,在酸性岩浆中硫的溶解度最小。岩浆中的硫呈 S^{2-},可与 Fe、Ni、Co 等元素形成硫化物熔体而与硅酸盐熔体之间发生不混溶作用。其结果造成亲氧元素与亲硫元素之间的分离。

二、岩浆的基本物理化学性质

1. 岩浆的温度

岩浆的温度随压力及成分的不同而不同,其温度范围为 700~1300 ℃。一般各类型岩石的温度范围大致如下：

酸性岩：700～900 ℃

中性岩：900～1000 ℃

基性岩：1000～1300 ℃

由于岩浆具有较高的温度,因此在岩浆中元素或同位素较易于达到均匀化。

2. 岩浆的黏度

黏度是岩浆的重要性质之一。它决定了岩浆的流动性,而流动性又影响岩浆的运移能力和元素分异能力。岩浆的成分、温度和压力都会对黏度产生影响,其中成分是决定熔体结构的主要因素,因为其决定了熔体的聚合程度。一般是聚合程度越高其黏度越大。

3. 岩浆的氧化还原条件

根据岩浆岩中的变价元素特征如 Fe^{2+} 多于 Fe^{3+},其他变价元素呈 Co^{2+}、Ni^{2+}、V^{3+}、Mn^{2+} 以及自然界中尚未见到岩浆成因的硫酸盐,可以认为岩浆和岩浆作用是在还原环境下进行迁移和发生结晶分异作用的。

由于铁是较大量的元素,因此根据岩浆岩中铁的价态和相对数量可以判断岩浆的氧化还原环境,如：

$$TFe = Fe^{2+} \quad 还原$$
$$Fe^{2+} > Fe^{3+} \quad 弱还原$$
$$Fe^{2+} \approx Fe^{3+} \quad 过渡$$
$$Fe^{2+} < Fe^{3+} \quad 弱氧化$$
$$TFe = Fe^{3+} \quad 氧化$$

另外,根据挥发性组分的相对含量亦可以判断岩浆的氧化还原环境,如 CO、CH_4、H_2 在岩浆中起还原作用：

$$3Fe_2O_3 + CO \Longrightarrow 2Fe_3O_4 + CO_2$$
$$3Fe_2O_3 + H_2 \Longrightarrow 2Fe_3O_4 + H_2O$$

而 H_2O 和 CO_2 则起氧化作用：

$$Fe + H_2O \Longrightarrow FeO + H_2$$
$$3FeO + CO_2 \Longrightarrow Fe_3O_4 + CO$$

岩浆的氧化还原条件将对元素的行为产生明显的影响。例如,氧化条件将使离子的电价和半径变小,并使其趋向于较早地进入结晶中的造岩矿物中。

三、岩浆过程中元素的分异

（一）部分熔融作用中元素的分异

按照现今地球的地热增温率,无水条件下的地幔岩石固相线温度远远高于相应深度下的温度。这表明,若地球内部没有水,则其内部的岩石将不可能发生熔融。实验岩石学研究证明,即使地幔含少量水(<2%)也只是可以达到岩石部分熔融的温度(图 2-17)。自然界中正是由于存在着岩石的部分熔融才发生了元素的分异作用。

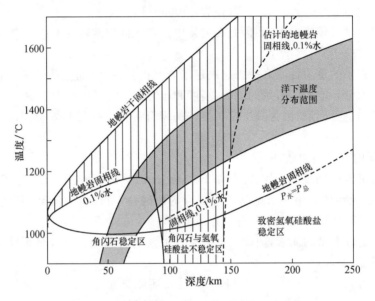

图 2-17　地球内部岩石的固相线及其温度分布

(据 Ringwood,1975)

1. 部分熔融和结晶过程中体系的主要元素分异

自然界中的物质由复杂的多组分多相物质组成。它们的熔融和结晶作用对物质组成的影响可以用简单的共熔(结)系和固溶体系的相图进行描述和理解。

(1)共熔或共结系的熔融和结晶作用对物质组成的影响:由共熔(结)系的相图可以看到,当体系的温度低于该共熔系两端员矿物的熔点,但又高于共熔点的温度时,体系将发生部分熔融,其熔出的熔体为共熔点的组成。显然此时熔融出来的物质将完全不同于体系原物质的总组成。其差异的大小取决于原岩与共熔点组成的差异。同理,结晶作用也会引起体系组成的变化。由此可见,岩石的部分熔融或岩浆的结晶作用总是不同程度地伴随着体系主要元素的分异作用(图 2-18)。

(2)固溶体系的熔融和结晶作用对物质组成的影响:图 2-19 是钠长石-钙长石固溶体系的相图。由图可以看到,当体系的温度低于液相线的温度时,其熔融出来的物质也与体系原来的组成不同。例如,设 P 点为原岩的组成,当温度达到 n 点(1280 ℃)或 C 点时,其熔体的组成为 m 或 m' 点。因此在部分熔融过程中便发生了物质组成的分异作用,其分异的程度随温度而异。同理,结晶作用也会引起体系组成的变化。

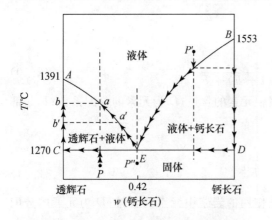

图 2-18 透辉石-钙长石共结系熔融结晶的组成关系示意图

图中 P 代表体系的初始温度和初始组成。当体系的温度达到 C 点时，开始产生成分为 E 点处的熔体。很明显，此时熔融出的熔体与初始物质的组成不同。只有当原岩的组成为 P″ 点时，熔融物质的组成与原物质相同。P′ 点及虚线和箭头描述了结晶过程的液体组成变化

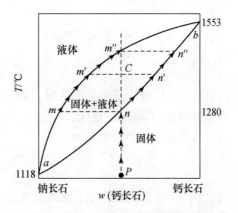

图 2-19 钠长石-钙长石固溶体系的熔融结晶组成关系示意图

图中 P 点代表体系的初始温度和初始组成。当温度达到 n 点时，开始产生成分为 m 点的熔体。当达到 C 点时形成 m′ 点组成的熔体。很显然，只要温度未达到 m″ 点，熔融出的熔体组成总是不同于初始物质的组成。降温的结晶过程同样也会发生熔体组成的变化

自然界实际的矿物相总是多于两相，但它们可以是一系列共熔系和固溶系（或更复杂的熔融关系，如不一致熔融等）构成的组合，因此根据上述共熔系和固溶系的相关系可以理解和认识地球内部物质是如何通过部分熔融和结晶作用发生物质分异作用的。

2. 部分熔融和结晶过程中微量元素的分异

（1）分配系数的概念：简单分配系数 K_d 的定义为

$$K_d = C_{固相} / C_{熔体相} \qquad (2\text{-}8)$$

由于岩石由多种矿物组成，因此实际研究中总是采用总分配系数来描述元素的行为。总分配系数由下式定义：

$$D_i = \sum K_{D(i)} \cdot X = K_{D(i)}^{\alpha/L} \cdot X_\alpha + K_{D(i)}^{\beta/L} \cdot X_\beta + \cdots \qquad (2\text{-}9)$$

其中 X_α、X_β 等代表 α、β 等相的分数。

（2）相容元素和不相容元素的概念：总分配系数大于 1 的元素称为相容元素，如 Ni、Cr、Co 等。相容元素的特点是在岩浆过程中趋向于保留在源区岩石的固相矿物中。总分配系数小于 1 的元素称为不相容元素，如 Th、Ba、Rb、U、REE 等。不相容元素的特点是在岩浆过程中趋向于进入到熔体中。

（3）岩浆过程微量元素的分异：根据熔融方式的不同，岩浆过程微量元素的分异可以用不同的模型进行描述。为了便于理解，这里分别用部分熔融和结晶分异作用模

型来描述。

分批部分熔融作用模型为

$$\frac{C_1}{C_o} = \frac{1}{D(1-F)+F} \tag{2-10}$$

式中 C_o 和 C_1 分别是岩浆源区岩石和岩浆中元素的含量；D 为元素的分配系数；F 是部分熔融程度，其数值的范围为 $0\sim1$。

结晶分异作用的模型为

$$\frac{C_1}{C_o} = F^{(D-1)} \tag{2-11}$$

式中 C_o 和 C_1 分别是初始岩浆和发生结晶作用的岩浆中元素的含量；D 为元素的分配系数；F 是结晶分异程度，其数值为 $0\sim1$。

图 2-20 和 2-21 分别是部分熔融作用和结晶分异作用中岩浆的微量元素含量相对变化图。由图可以看出，无论是部分熔融作用或是结晶分异作用，熔体中的微量元素都将与原来的岩石或熔体有明显不同。其分异程度的大小明显受元素的分配系数、部分熔融程度及结晶分异程度的影响。即在部分熔融或结晶分异作用中总是使不相容元素进入或存在于岩浆熔体中，而相容元素则残留或进入矿物中。

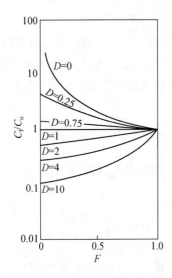

图 2-20　部分熔融过程中微量元素在熔体中的含量

其中 D 为分配系数，F 为部分熔融程度。部分熔融程度越低，熔体中的相容元素含量越低，不相容元素的含量越高

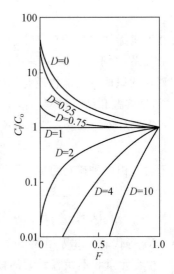

图 2-21　结晶分异过程中微量元素在熔体中的含量

其中 D 为分配系数，F 为结晶分异程度。结晶分异程度越高，结晶后的熔体与原熔体的成分差异越大

（二）影响部分熔融作用的因素

1. 化学成分

在相同温度和压力条件下，源区岩石的基性程度越高，则部分熔融程度就越低。因为源区岩石的易熔组分 K_2O、Na_2O、Al_2O_3、SiO_2 等含量较低，而难熔组分 MgO、FeO 含量较高，这使得其具有较高的熔点温度。

2. 温度和压力

温度和压力直接影响源区岩石的部分熔融程度。即温度越低或压力越高，部分熔融程度就越低，其熔融出的熔体中将越富集低熔点元素和不相容元素（图 2-22）。

3. 岩浆产生的地质条件（参考地温曲线）

不同构造环境的地壳或地幔具有不同的地热增温率。因此其产生岩浆的物理化学条件也将有明显差异。例如，在稳定大陆内部，来自地幔的玄武岩类岩石将具有较大的物源深度。同样，产于地幔柱、大洋中脊或俯冲带各有不同的温度压力条件，因此它们也将影响源区岩石的部分熔融程度。

从物理化学条件上看，岩浆的产生可以概括为三种条件：温度的增加，压力的降低，体系由无水转变为含水条件（图 2-23）。其中温度的增加可以由太阳、月球等引力引起的岩石内部摩擦作用产生。压力的降低可以是由构造作用造成的岩石圈局部隆起、岩石圈拉张产生的断裂构造等产生。上述几种因素也可以共同作用而产生岩浆。

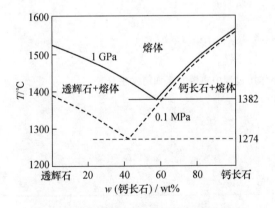

图 2-22　温度和压力对共结系相图的影响

（据 Presnall et al. 1978；转引自 Steven M Richardson，1989）

由图可以看出，升高压力不仅使熔点升高，同时还改变了共结（熔）点的组成。即高压使共结（熔）组成向富钙长石方向变化

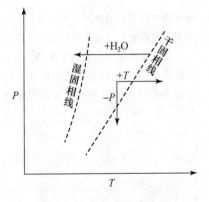

图 2-23　岩浆的产生条件示意图

岩石的熔融可以概括为三种条件：体系由无水转变为含水，造成其熔点降低；体系温度增加进入液相区；体系压力降低进入液相区

第五节　液态不混溶过程元素的分异

　　自然界中存在着各种物质的不混溶现象,它们对元素的分异作用同样会产生重要的影响,其大致可以概括为以下几种类型:岩浆-硫化物熔体、岩浆-岩浆熔体(岩浆-氧化物熔体)、岩浆-流体熔体(挥发性流体)、流体-流体熔体(如水-有机物等)。以上各种类型的不混溶作用对于地球物质的形成、演化以及成矿作用均产生过重要影响。例如,地核与地幔的分离、地壳从地幔中的分异、岩浆硫化物矿床和热液矿床的形成等。其分异的程度取决于元素在共存各相之间的分配系数。例如,在岩浆与硫化物熔体共存时Ni将强烈趋向于进入硫化物熔体中。另外,已有研究表明,元素在水溶液和石油之间也会产生明显的分异。

　　目前,有关液态不混溶过程元素分异的研究还不多,尤其是较缺乏两共存相之间元素的分配或同位素的分馏数据。

拓 展 阅 读

[1]　韩吟文,马振东.地球化学[M].北京:地质出版社,2003.
[2]　陈俊,王鹤年.地球化学[M].北京:科学出版社,2004.

复 习 思 考

1. 水溶液中元素的溶解度有哪些规律?
2. 元素在水溶液中迁移和分异受哪些因素控制?
3. 胶体的吸附作用如何影响元素的分异作用?
4. 根据图 2-18 和 2-19 分析岩浆的产生和结晶作用过程中主要元素如何发生分异。
5. 根据图 2-20 和 2-21 分析微量元素如何发生分异。

第三章 同位素地球化学基础

同位素地球化学包括两部分：放射性同位素地球化学和稳定同位素地球化学。本章学习的重点是掌握同位素地球化学的基本原理和实际应用条件。其中基本原理部分包括：放射性同位素和稳定同位素丰度变化的原因、年龄测定的原理以及用于地球化学示踪的原理。实际应用包括：各种年龄测定方法的应用对象和条件以及地球化学示踪的方法。

第一节 同位素的基本概念

一、自然界的同位素

1. 同位素的定义

质量数或中子数不同,质子数相同的元素(核素)称为同位素。

目前已发现的天然同位素有 330 多种。

2. 同位素的分类

(1) 放射性同位素：放射性同位素是不稳定的核素。一般来说,原子序数大于 83,质量数大于 209 的同位素都是放射性同位素,小于此值的放射性同位素有 ^{14}C、^{40}K、^{87}Rb 等。放射性同位素可以通过衰变形成稳定同位素,也有一些放射性同位素需要经过多步衰变反应才能形成稳定同位素。不同的放射性核素有着不同的衰变速率。

(2) 稳定同位素：稳定同位素的原子核是稳定的,或其原子核的变化几乎无法观察到。稳定同位素根据其质量可以进一步划分为轻稳定同位素和重稳定同位素。例如,轻稳定同位素有 ^{12}C、^{13}C、^{16}O、^{17}O、^{18}O、^{32}S、^{34}S 等,重稳定同位素有 ^{204}Pb、^{206}Pb、^{207}Pb、^{208}Pb 等。

3. 同位素标准

在同位素地球化学研究中,为了便于对比和实际测量,通常用一种标准样品作为同位素的基准,这种基准即是同位素标准。对于作为同位素标准的样品,一般有如下要求：

(1) 组成均匀；

(2) 数量相当大,可长期使用；

(3) 化学制备和同位素分析手续简单。表 3-1 列出了部分作为标准的同位素相关材料。

表 3-1 氢、碳、氮、氧、硫的同位素标准值

元素	表示	标准	缩写	同位素比值
H	δD	平均大洋水标准	SMOW	D/H＝0.0001558
C	$\delta^{13}C/^{12}C$	南卡罗来州白垩纪皮迪建造	PDB	$^{13}C/^{12}C＝0.0112372$
N	$\delta^{15}N/^{14}N$	大气	Atm	$^{15}N/^{14}N＝0.003613$
O	$\delta^{18}O/^{16}O$	平均大洋水标准	SMOW	$^{18}O/^{16}O＝0.0020052$
O	$\delta^{17}O/^{16}O$	平均大洋水标准	SMOW	$^{17}O/^{16}O＝0.000376$
S	$\delta^{34}S/^{32}S$	迪亚布洛峡谷（Canyon Diablo Troi-lite）铁陨石陨硫铁	CDT	$^{34}S/^{32}S＝0.0450045$

二、同位素组成和同位素分馏的表示方法

1. 同位素比值

通常用重同位素与轻同位素的比值来表示,如大气中$^{18}O/^{16}O$ 比值:

$$R(^{18}O/^{16}O)=2.0\times10^{-3}$$

2. 同位素偏差

即所研究的样品与国际通用标准样品(表 3-1)之间的偏差,可以有以下两种表示方法:

(1) 相对于某一标准的比值偏差:即样品的同位素比值与标准样品的同位素比值之差,

$$\Delta R=R_{样品}-R_{标准} \tag{3-1}$$

(2) 相对标准比值的千分偏差:这是最常用的表示方法。它代表样品相对于标准的千分偏差,用 δ(‰)表示,具体按下式进行计算:

$$\delta(‰)=[(R_{样品}-R_{标准})/R_{标准}]\times1000‰=(R_{样品}/R_{标准}-1)\times1000‰ \tag{3-2}$$

例如,$^{18}O/^{16}O$ 的相对标准比值的千分偏差计算公式如下:

$$\delta^{18}O(‰)=[(^{18}O/^{16}O)_{样品}/(^{18}O/^{16}O)_{标准}-1]\times1000‰ \tag{3-3}$$

对于氧同位素,采用不同标准计算获得的相对偏差换算关系为

$$\delta^{18}O_{PDB}=1.03086\delta^{18}O_{SMOW}+30.86 \tag{3-4}$$

用相对标准的比值偏差可以较明显地表示出同位素组成的差异。同位素相对偏差值的意义是,当该值大于零时,表示样品的同位素组成相对于标准的同位素组成具有更多的较重稳定同位素;小于零时则反之。

3. 同位素分馏系数

同位素分馏系数表示:在平衡条件下,两种相中某同位素比值之商。例如物质 A 和物质 B 的同位素比值分别为 R_A,R_B,则同位素分馏系数为

$$\alpha_{\text{A-B}} = R_{\text{A}} / R_{\text{B}} \tag{3-5}$$

由于不同的物质之间具有不同的同位素分馏系数，因此实际应用时必须明确是哪两种物质之间的分馏系数。一般 α 值是一个接近 1 的数值，离 1 愈远，同位素分馏就愈大，而当 $\alpha = 1$ 时表示物质之间没有同位素的分馏。R 值可通过实验测定，一定物理化学条件下的 α 值也可通过实验确定。

平衡条件下，分馏系数与热力学平衡常数的关系为

$$\alpha_{\text{A-B}} = (K / K_{\text{lim}})^{1/n} \tag{3-6}$$

式中 K 为平衡常数，K_{lim} 是极限条件下的平衡常数，n 是参与交换的原子数。

4. 同位素富集系数

在同位素平衡的条件下，两种不同化合物的同类同位素组成 δ 值的差，称为同位素富集系数，即

$$\Delta_{\text{A-B}} = \delta_{\text{A}} - \delta_{\text{B}} \tag{3-7}$$

该系数的意义是，A 化合物中的同位素相对于 B 化合物中同位素的富集（或亏损）程度。对于同一元素的一系列化合物而言，其富集系数有简单的加和关系，即

$$\Delta_{\text{A-C}} = \Delta_{\text{A-B}} + \Delta_{\text{B-C}} \tag{3-8}$$

因此，只要测得样品的 δ 值，就可得到两物质之间的 $1000 \ln \alpha$，它同样表示了二者同位素分馏的程度，称为简化分馏系数。利用简化分馏系数值可绘制同位素分馏曲线，拟合同位素分馏方程和计算同位素平衡温度等。

5. 同位素相对质量差

同位素的相对质量差（$\Delta A / A$）定义为

$$\Delta A / A = (A_1 - A_2) / A_2 \tag{3-9}$$

式中 A_1 和 A_2 分别为同位素 1 和同位素 2 的相对原子质量。例如，氢同位素具有最大的相对质量差：

$$(\Delta A / A)_{\text{D-H}} = (A_{\text{D}} - A_{\text{H}}) / A_{\text{H}} = (2-1)/1 = 100\%$$

相对质量差对于稳定同位素的分馏具有重要意义。相对质量差越大，同位素分馏作用越强。表 3-2 列出了部分同位素的相对质量差以作对比。

表 3-2　一些同位素的相对质量差

同位素对	D/H	$^{18}O/^{16}O$	$^{13}C/^{12}C$	$^{34}S/^{32}S$	
相对质量差/%	100	12.5	8.33	6.25	
同位素对	$^{87}Sr/^{86}Sr$	$^{143}Nd/^{144}Nd$	$^{206}Pb/^{204}Pb$	$^{207}Pb/^{204}Pb$	$^{208}Pb/^{204}Pb$
相对质量差/%	1.2	0.69	0.98	1.47	1.96

第二节　自然界同位素组成变化的原因

在自然界的物质中,包括矿物、岩石以及大气和水体等物质中,其同位素组成随时间和空间均可能存在着明显的差异。这些差异中的一部分是同位素分馏作用造成的,另一部分则归因于放射性同位素的衰变作用或高能粒子作用的核反应。

一、同位素分馏作用

由于不同的同位素在质量上存在差别,这些差别使其在物理和化学性质上存在着微小的差异,从而使同位素在共存相之间的分配发生变化,此即为同位素分馏作用。理论上讲,所有的同位素都会发生分馏作用,但只有那些相对质量差大的同位素才能够发生可观察到的分馏现象。由表 3-2 可以看到,它们一般都是质量较小的同位素。其中氕和氚之间的质量差可达到 100%,因此在同等物理化学条件下它们是自然界中分馏程度最大的同位素。

按分馏的机理,同位素分馏作用可以分为热力学平衡分馏和动力学分馏。

1. 热力学平衡分馏

热力学平衡分馏是指经过同位素平衡条件下的交换反应而使同位素组成发生变化的分馏。其实质是与反应物和产物或体系能量相关的分馏。从热力学上看,它与体系的自由能、熵等相关。设有如下反应:

$$mX_n^* A + nX_m B \rightleftharpoons mX_n A + nX_m^* B$$

其平衡分馏的理论方程可以表达如下:

$$1000\ln\alpha_{A-B} = \frac{1}{24}\left(\frac{hc}{kT}\right)^2 \frac{M^* - M}{M^* \cdot M}(\alpha_A - \alpha_B) \tag{3-10}$$

式中 h 为 Planck 常数,k 为 Boltzmann 常数,T 为绝对温度(K),X 和 X^* 分别代表轻、重同位素;M 和 M^* 分别为轻、重同位素的相对原子质量;α_A 和 α_B 分别为分子 $X_n A$ 和 $X_m B$ 中交换原子的力常数。

由式可以看出,热力学平衡分馏的影响因素有:

(1) 温度:温度越高,分馏作用越小。

(2) 质量差:两同位素之间的质量差越大,分馏越大。

(3) 化学键的强度:与不同分子或化合物中化学键的强度差成正比。即重同位素趋向于进入化学键较强的化合物中。例如,在硅酸盐的矿物晶格中,^{18}O 按以下组成结构的顺序减少。

$$Si-O-Si > Si-O-Al > Si-O-Mg > Si-O-Fe$$

(4) 物质结构:组成相同但结构不同将直接影响体系或矿物的晶格能,因为它也

影响化学键的力常数。例如,SiO_2 同质多像变体中的 ^{18}O 富集的顺序为

鳞石英＞方石英＞β-石英＞α-石英＞柯石英＞超石英

2. 动力学分馏

动力学分馏是指含有轻、重同位素的分子由于扩散速度、反应速度等不同而引起的分馏。动力学分馏的实质是非平衡分馏,其分馏程度与时间或反应程度有关。各种物理、化学和生物等不平衡过程都能引起同位素的动力学分馏。动力学分馏往往造成了比平衡分馏更大的分馏程度。

同位素的不平衡可以有两种情况:其一是体系形成时本身就未达到同位素平衡。例如,在矿物结晶时同位素的均一化速度较慢,造成先晶出的部分与后结晶出的部分具有不同的同位素组成。其二是体系形成时达到了同位素平衡,但体系形成后外界条件发生了变化。例如,温度或压力的快速改变、新组分的快速加入或原有组分的快速消耗等。

按照分馏方式,动力学分馏可以有以下不同类型:

(1) 物理过程的动力学分馏(质量分馏):这是在物理过程发生的不平衡分馏。例如水的蒸发-凝聚过程即是一种物理过程。当瞬间水体蒸发时,水体中便相对富集重水(D_2O),而蒸汽中富集轻水(H_2O)。若立即移走蒸汽,显然其水体与水蒸气形成的一开始就是不平衡的。

(2) 化学过程的动力学分馏:这是化学反应过程中发生的不平衡分馏。化学过程中的不平衡分馏取决于化学反应的速率。化学反应的速率又与化合物中分子的化学键强度等密切相关。例如碳与氧之间的化学反应:

$$C + {}^{16}O_2 \underset{}{\overset{K_1}{\rightleftharpoons}} C^{16}O_2$$

$$C + {}^{16}O^{18}O \underset{}{\overset{K_2}{\rightleftharpoons}} C^{16}O^{18}O$$

两反应的 $K_1/K_2 = 1.17$,其结果是产物中相对富集轻同位素 ^{16}O。其实质是相对于重同位素,轻同位素的化学键更易断裂,因而可以更快地裂解反应物(打破旧键)而形成新的产物(形成新键)。若化学反应产生的产物起到阻碍平衡的作用,则其为动力学分馏。

(3) 生物化学分馏:生物化学分馏几乎都是不平衡的,因为动植物与大气之间是一个完全开放系统,其与大气发生碳和氧的交换后二者就立即分离。因此,植物通过光合作用可以使 ^{12}C 比 ^{13}C 更多地富集在生物合成的化合物中。

关于动力学分馏的影响因素,所有影响平衡分馏的因素同样也会对动力学分馏产生影响。此外,以下因素对动力学分馏也产生重要影响:

(1) 作用的时间:若时间较短,则来不及发生同位素交换平衡。

(2) 体系的相对封闭性:若体系相对较封闭,则产物一旦形成,就不易发生平衡的破坏。

（3）物质的数量：若数量较多,在一定的时间范围内,物质难以反应完全,也就不易达到平衡。

二、同位素的衰变反应

同位素衰变反应是造成自然界放射性同位素母体及其子体变化的主要原因。主要有以下几类：

1. β衰变

原子核自发地放射出β粒子的过程称为β衰变。β粒子包括负电子和正电子。在β衰变中,子体与母体的质量数相同,只是核电荷数相差1。β衰变的通式为

$$_Z^A M \longrightarrow _{Z+1}^A M + \beta^-$$

例如：

$$_{37}^{87} Rb \longrightarrow _{38}^{87} Sr + \beta^-$$

$$_{19}^{40} K \longrightarrow _{20}^{40} Ca + \beta^-$$

2. 电子捕获

原子核从核外电子壳层中俘获一个电子的过程称为电子俘获。例如从K层俘获即为K俘获。电子俘获是原子核中的质子与电子结合形成中子,因此其原子的核电荷数减1,但质量数不变。其通式为

$$_Z^A M + e^- \longrightarrow _{Z-1}^A M$$

例如：

$$_{19}^{40} K + e^- \longrightarrow _{18}^{40} Ar$$

$$_{57}^{138} La + e^- \longrightarrow _{56}^{138} Ba$$

3. α衰变

重原子核自发地放射出α粒子(He核)而转变为另一种核的过程称为α衰变。一般只有质量数大于140的原子核才能发生α衰变。经过α衰变的原子核,其质量数将减少4,原子序数减少2。其通式为

$$_Z^A M \longrightarrow _{Z-2}^{A-4} M + \alpha$$

例如：

$$_{88}^{226} Ra \longrightarrow _{86}^{222} Rn + \alpha$$

综合上述自然界各种同位素组成变化的原因如下：

（1）分馏作用是造成自然界稳定同位素组成变化的原因。从理论上讲,同位素的分馏作用对体系中所有同位素都会产生影响,但不同同位素的分馏程度有着很大的差别。例如,对于一般的稳定同位素,只有那些质量较小的同位素才具有较大的相对质量差,才有可能发生明显的分馏作用。

（2）放射性衰变是造成自然界放射性子体同位素变化的主要原因。其变化的一个

显著特点是与时间相关。当然,同位素分馏作用同样也会影响放射性子体同位素的变化,但若放射性子体的增长远大于同位素分馏作用,则后者的影响可以忽略。即分馏作用不明显影响那些放射性母体丰度较高及其半衰期较短的子体同位素。

第三节　同位素年龄测定方法

一、同位素年龄测定原理

1. 母体和子体概念

母体:放射性核素,例如 ^{87}Rb 是 ^{87}Sr 的母体。

子体:衰变产物,它可以是稳定的,也可以是不稳定的。例如 ^{238}U 要经过 14 次连续衰变才能形成稳定同位素 ^{206}Pb。其中第一次衰变形成的子体为 ^{234}Th,它仍然是放射性的(图 3-1)。

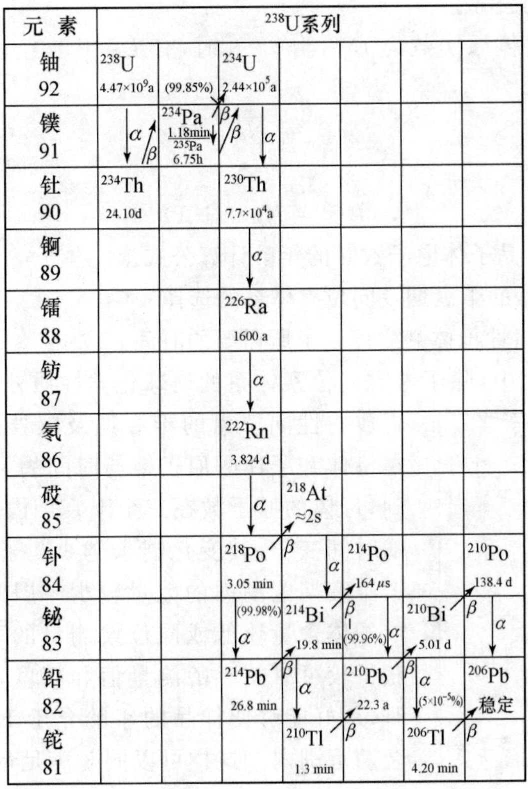

图 3-1　^{238}U 的衰变级次

2. 放射性同位素衰变定律

卢瑟福(1902)的实验结果证明：单位时间内衰变的原子数正比于放射性母体原子数，且衰变的母体和子体的原子数只与时间有关，与体系的温度和压力等物理化学条件无关。其数学表达式为

$$\frac{\mathrm{d}N}{\mathrm{d}t} = -\lambda N \qquad (3-11)$$

式中 λ 是衰变常数。重排并积分得

$$\int_{N_0}^{N} \frac{\mathrm{d}N}{N} = \int_{0}^{t} -\lambda \mathrm{d}t \qquad (3-12)$$

$$\ln \frac{N}{N_0} = -\lambda t \qquad (3-13)$$

这是当获得样品的初始母体原子数和 t 时刻时母体原子数以计算年龄的公式。实际应用中，有时只能获得样品的子体原子数，却无法获得其初始母体的原子数，因此需要导出另一个计算年龄的公式。

设衰变产物的子体原子数为 D^*，当 $t=0$ 时，有 $D^*=0$，经过时间 t 的衰变反应后有

$$D^* = N_0 - N \qquad (3-14)$$

代入(3-13)式得

$$D^* = N(\mathrm{e}^{\lambda t} - 1) \qquad (3-15)$$

此式即为可以获得样品子体原子数时的年龄计算公式。

3. 放射性同位素的半衰期及同位素体系的选择

半衰期(τ)指放射性母体衰变掉一半所需要的时间。

在实际年龄测定中，除了考虑同位素体系的地球化学性质外，很大程度上需要考虑放射性同位素的半衰期及仪器的分析精度。图3-2是母体和子体的原子数与时间的关系图。由图可以看到，母体的原子数在三个半衰期内的变化均较明显，但随时间变长，其变化越来越小。子体则是在开始的一个半衰期范围内的数量较少。因此，当同位素的母体或子体含量较低或同位素测量的下限不够低时，为了获得较可靠的年龄测量值和精度，在选择同位素体系时，最好能够使样品的年龄介于 1 个半衰期至 3 个半衰期范围内。这样可以同时满足母体和子体的含量都不至于过低以及变化太小而影响同位素测定的精度（图 3-2）。

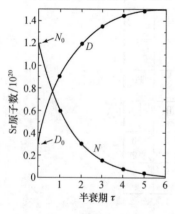

图 3-2　母体 N 和子体 D 的
原子数与时间关系

二、铷-锶法年龄测定

1. Rb-Sr 衰变体系

Rb 和 Sr 都是亲氧元素。Rb 以类质同像形式进入含钾的造岩矿物中；Sr 则主要进入含钙矿物中，少量可被捕获在钾的位置。

自然界中的 Rb 和 Sr 同位素及其相对丰度见表 3-3。Rb 同位素中的 ^{87}Rb 是放射性的，按下式发生衰变反应：

$$^{87}\text{Rb} \longrightarrow {}^{87}\text{Sr} + \beta^-$$

其衰变常数和半衰期分别为：$\lambda_{\text{Rb}} = 1.42 \times 10^{-11}$ a^{-1} 和 $\tau_{\text{Rb}} = 4.89 \times 10^{10}\text{a}$。Sr 同位素中的 ^{87}Sr 是放射性子体同位素，它是随时间增长的，其余 Sr 同位素的原子数保持不变。

表 3-3　自然界 Rb 和 Sr 的同位素及其相对丰度

同位素	^{85}Rb	^{87}Rb		
相对丰度/%	72.15	27.85		
同位素	^{84}Sr	^{86}Sr	^{87}Sr	^{88}Sr
相对丰度/%	0.56	9.86	7.02	82.56

2. 铷-锶法定年原理

根据衰变公式 $D^* = N(\text{e}^{\lambda t} - 1)$，有

$$^{87}\text{Sr}^* = {}^{87}\text{Rb}(\text{e}^{\lambda t} - 1)$$

$$t = (1/\lambda)\ln(1 + {}^{87}\text{Sr}^* / {}^{87}\text{Rb}) \tag{3-16}$$

式中 ^{87}Sr* 是由放射性母体 ^{87}Rb 衰变的子体同位素。该方法使用的条件是样品中不能有初始的 ^{87}Sr。当样品的年龄较老，其中的初始锶可以忽略时，以下含钾矿物：钾长石、白云母、天河石、钾盐等可以用该方法测定年龄。

3. 铷-锶等时线定年方法

当矿物中的初始锶不可忽略时，可以采用等时线方法。对于样品来说，其中的锶（$^{87}\text{Sr}_{\sum}$）应包含两部分，即初始锶（$^{87}\text{Sr}_0$）和母体衰变形成的子体锶（$^{87}\text{Sr}^*$）：

$$^{87}\text{Sr}_{\sum} = {}^{87}\text{Sr}_0 + {}^{87}\text{Sr}^*$$

代入衰变公式，得

$$^{87}\text{Sr}_{\sum} = {}^{87}\text{Sr}_0 + {}^{87}\text{Rb}(\text{e}^{\lambda t} - 1) \tag{3-17}$$

为了方便测量和减小误差，实际应用中常采用同位素比值的方法，即上式两边用非放射性成因的 ^{86}Sr 除，得

$$(^{87}\text{Sr}/^{86}\text{Sr})_{\sum} = (^{87}\text{Sr}/^{86}\text{Sr})_0 + (^{87}\text{Rb}/^{86}\text{Sr})(\text{e}^{\lambda t} - 1) \tag{3-18}$$

式中 $(^{87}Sr/^{86}Sr)_\Sigma$ 和 $(^{87}Rb/^{86}Sr)$ 是样品的测定值。该式是一个以 $(^{87}Sr/^{86}Sr)_0$ 为截距，$(e^{\lambda t}-1)$ 为斜率的直线方程。将一系列样品的测量值投入 $(^{87}Sr/^{86}Sr)_\Sigma$ - $(^{87}Rb/^{86}Sr)$ 二维直角坐标图（图 3-3）中，便可获得斜率为 $(e^{\lambda t}-1)$ 和截距为 $(^{87}Sr/^{86}Sr)_0$ 的一条等时线。

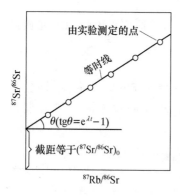

图 3-3　铷-锶等时线定年方法原理示意图

与单个样品的定年方法相比，等时线方法具有如下特点：

（1）精度较高。因为若不用等时线方法，当样品较年轻时，即使样品中具有很低的初始值 $(^{87}Sr/^{86}Sr)_0$ 也会带来较大的年龄测量误差。

（2）可以得到初始 $(^{87}Sr/^{86}Sr)_0$ 值。该值可以为研究物质来源及其演化提供重要的基础数据。

（3）根据数据点拟合好坏程度可以检验体系的封闭性。

根据等时线定年方法的原理，Rb-Sr 等时线年龄的应用必须满足以下条件：

（1）一旦体系形成，能够一直保持封闭。

（2）体系在形成和封闭以前，其放射性子体同位素组成必须达到完全均一化。

（3）各样品之间的 $^{87}Rb/^{86}Sr$ 值差别远远大于样品的 $^{87}Sr/^{86}Sr$ 值的误差范围。

上述三个条件中，第一条是显而易见的。第二条是强调所有的样品必须具有相同的初始 $^{87}Sr/^{86}Sr$ 比值，亦即样品封闭时 $^{87}Sr/^{86}Sr$ 比值对 $^{87}Rb/^{86}Sr$ 值的斜率为零。第三条则是保证横坐标的数据点差别足够大，以能够拉开成等时线。因为只有这样才能满足测量精度的要求。

4. 铷-锶等时线定年方法应用的若干注意问题

（1）岩浆岩：岩浆岩曾经经历过液体状态，因此其在固结成岩以前处于良好的同位素交换条件，可达到完全的放射性子体同位素 $(^{87}Sr/^{86}Sr)$ 的均一化。若岩石成岩后未发生过样品封闭的破坏事件（如变质或热液作用），则可以满足封闭条件。对于母体同位素 $(^{87}Rb/^{86}Sr)$，由于岩浆岩体的不同部位存在着结晶的先后，使不同的样品有着不同的 Rb/Sr 比值，因此可以满足拉开等时线的要求。唯一需要注意的是，目前的同位素测量精度是否可以达到样品中 Rb 和 Sr 含量的测量要求。一般来说，酸性岩具有较高的 Rb 和 Sr 含量，基性岩的含量较低。

另外，若深成岩的结晶时间相对于其年龄可忽略，则等时线年龄就是形成年龄。对于喷出岩，由于其快速冷却，因此其等时线年龄代表形成年龄。

（2）变质岩：等时线方法是否可以应用于变质岩取决于变质作用的强度。若变质作用较强，使体系中发生了锶同位素的重新均一化，则获得的等时线年龄为变质年龄

（图 3-4）。一般来说，绿片岩相以上的变质作用可以使岩石中的^{87}Sr/^{86}Sr 发生均一化，但不会使^{87}Rb/^{86}Sr 发生均一化，因为铷和锶的电价和半径存在明显差别。因此绿片岩相以上变质作用形成的变质火成岩和沉积岩，由等时线方法可以获得其变质年龄。轻微变质的火成岩可以用等时线方法确定其原岩的年龄。

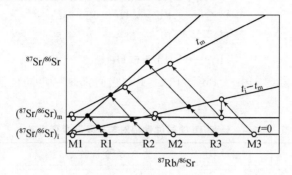

图 3-4　岩浆岩的 Rb-Sr 同位素演化及变质作用的重新均一化后的再演化示意图

图中 t_m 代表发生变质作用的时间，t_i 代表岩石形成时间；$(^{87}\text{Sr}/^{86}\text{Sr})_i$ 和 $(^{87}\text{Sr}/^{86}\text{Sr})_m$ 分别是岩石形成时的初始值和发生变质时的初始值；R1、R2、R3 代表全岩样品，M1、M2、M3 代表全岩样品中的单矿物

（3）沉积岩：若沉积岩为陆源碎屑岩，包括砾岩、砂岩和泥质岩等，它们均不能采用等时线方法确定年龄，因为陆源碎屑往往来自具有复杂岩石的物源区。即使它们是来自单一类型岩石的物源区，例如来自一个完全是玄武岩物源区而形成的泥质岩或页岩，它们也无法满足等时线年龄应用的条件。因为，若设它们的^{87}Sr/^{86}Sr 在沉积前已经达到了均一化（物理混合），那么它们的^{87}Rb/^{87}Sr 一定也已经达到均一化。这样就无法在^{87}Sr/^{86}Sr-^{87}Rb/^{86}Sr 图上获得一条等时线。

一些研究者提出可以用沉积岩中的同生矿物，如岩石中存在的海绿石或伊利石等黏土矿物进行定年。但用这些样品进行定年，需要注意以下问题：这些矿物易发生离子交换反应；水溶液中矿物的生成是否能够保证母体同位素存在差异；若符合等时线应用的条件，则用于分析的样品必须避免其他非同生矿物的混入对年龄测定的影响。

（4）热液矿床：利用热液矿床中的同生矿物进行等时线年龄的研究需要解决以下问题：① 各样品是否同时形成？通常情况下，矿床往往与破碎带密切相关，且又是多期次脉动作用的产物，因此需要进行深入细致的研究。② 如何能够既满足放射性子体同位素(^{87}Sr/^{86}Sr)的均一化，又能保证母体同位素(^{87}Rb/^{87}Sr)不被均一化？这通常要求同位素体系在封闭以前其热液系统的围岩就已经达到了同位素的均一化。因此等时线年龄方法应用于热液矿床时需要谨慎。

三、U-Th-Pb 法年龄测定

（一）U-Th-Pb 的同位素

U 和 Th 的同位素相对丰度及其衰变常数见表 3-4。其放射性衰变反应如下：

$$^{238}_{92}U \longrightarrow {}^{206}_{82}Pb + 8{}^{4}_{2}He + 6\beta^{-} + E$$

$$^{235}_{92}U \longrightarrow {}^{207}_{82}Pb + 7{}^{4}_{2}He + 4\beta^{-} + E$$

$$^{232}_{90}Th \longrightarrow {}^{208}_{82}Pb + 6{}^{4}_{2}He + 4\beta^{-} + E$$

铅有四种同位素：^{204}Pb、^{206}Pb、^{207}Pb、^{208}Pb，它们都是稳定同位素，其中仅 ^{204}Pb 为非放射性成因铅。

表 3-4　U 和 Th 的同位素相对丰度及其衰变常数

同位素	相对丰度/%	衰变常数 λ/a^{-1}	半衰期 τ/a
^{238}U	99.2739	1.55×10^{-10}	4.47×10^{9}
^{235}U	0.7024	9.85×10^{-10}	7.04×10^{8}
^{234}U	0.0057		
^{232}Th	100	4.95×10^{-11}	1.4×10^{10}

（二）U-Th-Pb 法年龄测定（含 U, Th 矿物法）

根据衰变公式 $D^{*} = N(e^{\lambda t} - 1)$，可以得到以下三个年龄计算公式：

$$(^{206}Pb/^{204}Pb)_{\sum} = (^{206}Pb/^{204}Pb)_{0} + (^{238}U/^{204}Pb)(e^{\lambda t} - 1)$$

$$(^{207}Pb/^{204}Pb)_{\sum} = (^{207}Pb/^{204}Pb)_{0} + (^{235}U/^{204}Pb)(e^{\lambda t} - 1)$$

$$(^{208}Pb/^{204}Pb)_{\sum} = (^{208}Pb/^{204}Pb)_{0} + (^{232}Th/^{204}Pb)(e^{\lambda t} - 1)$$

上式分别整理得

$$t = \frac{1}{\lambda_1}\ln\{[(^{206}Pb/^{204}Pb)_{\sum} - (^{206}Pb/^{204}Pb)_{0}]/(^{238}U/^{204}Pb) + 1\}$$

$$t = \frac{1}{\lambda_2}\ln\{[(^{207}Pb/^{204}Pb)_{\sum} - (^{207}Pb/^{204}Pb)_{0}]/(^{235}U/^{204}Pb) + 1\}$$

$$t = \frac{1}{\lambda_3}\ln\{[(^{208}Pb/^{204}Pb)_{\sum} - (^{208}Pb/^{204}Pb)_{0}]/(^{232}Th/^{204}Pb) + 1\}$$

若矿物中没有初始铅或其含量可以忽略，可由上式得到三个年龄值。该方法适用于由亲氧元素构成的矿物，如沥青铀矿、晶质铀矿、钍石、锆石、独居石、磷灰石等。

当三个年龄值不一致时，用两式联立得

$$\frac{[(^{207}Pb/^{204}Pb) - (^{207}Pb/^{204}Pb)_{0}]}{[(^{206}Pb/^{204}Pb) - (^{206}Pb/^{204}Pb)_{0}]} = \frac{^{235}U(e^{\lambda_2 t} - 1)}{^{238}U(e^{\lambda_1 t} - 1)} = \frac{1}{137.88}\frac{(e^{\lambda_2 t} - 1)}{(e^{\lambda_1 t} - 1)} \tag{3-19}$$

式中 1/137.88 是自然界中 ^{235}U 和 ^{238}U 的比值。利用该式可不需要测定 ^{238}U 和 ^{235}U 即可计算样品的年龄。

（三）普通铅法年龄测定（Pb-Pb 法）

该方法是由 Holmes-Houtormans 提出的,因此也称为 H-H 法。

1. 方法的原理

该方法的原理是将地球整体作为一个封闭的同位素体系,其基本思路是:地球上的铅同位素按正常母体量演化,直到形成含铅矿物时才脱离母体(图 3-5)。但该方法需要以下基本假设:

（1）地球形成初期 U、Th、Pb 的分布是均匀的,且以后也能一直保持均匀分布;

（2）已知地球的原始铅同位素组成如下:

$$a_0 = (^{206}\text{Pb}/^{204}\text{Pb})_0 = 9.307$$

$$b_0 = (^{207}\text{Pb}/^{204}\text{Pb})_0 = 10.294$$

$$c_0 = (^{208}\text{Pb}/^{204}\text{Pb})_0 = 29.476$$

（3）地球铅同位素的相对丰度变化是地球体系中放射性母体衰变的结果。

图 3-5　Pb-Pb 法年龄计算的原理示意图

2. 计算公式

该方法可以这样理解:铅矿物中所具有的铅同位素组成是地球从其形成以来一直演化到含铅矿物形成时(即 t 时刻)的同位素组成。而我们要计算的是含铅矿物形成(t)到现在的时间。由于已经有上述假设的已知条件,因此可推导出计算年龄的公式。

根据（^{206}Pb/^{204}Pb）增长公式:

$$(^{206}\text{Pb}/^{204}\text{Pb}) = (^{206}\text{Pb}/^{204}\text{Pb})_0 + (^{238}\text{U}/^{204}\text{Pb})(e^{\lambda_1 t} - 1)$$

可以得到下式:

$$(^{206}\text{Pb}/^{204}\text{Pb})_\Sigma = (^{206}\text{Pb}/^{204}\text{Pb})_0 + (^{238}\text{U}/^{204}\text{Pb})(e^{\lambda_1 T} - 1) - (^{238}\text{U}/^{204}\text{Pb})(e^{\lambda_1 t} - 1)$$

$$= (^{206}\text{Pb}/^{204}\text{Pb})_0 + (^{238}\text{U}/^{204}\text{Pb})(e^{\lambda_1 T} - e^{\lambda_1 t}) \tag{3-20}$$

式中（^{206}Pb/^{204}Pb）$_0$ 为地球原始 Pb 同位素比值,T 为地球形成时间。

3. 普通铅法的样品要求

实际应用中必须选择无 U 和 Th 的矿物,如方铅矿、黄铁矿等硫化物矿物。

（四）锆石 U-Pb 法（谐和曲线法或一致曲线法）

锆石 U-Pb 法是目前应用非常广泛的方法。该方法也适合于含有较高的 U 而几乎不含 Pb 的矿物年龄研究。

由衰变方程可以导出下列公式：

$$^{206}\text{Pb}^* / ^{238}\text{U} = e^{\lambda_{238} t} - 1 \tag{3-21}$$

$$^{207}\text{Pb}^* / ^{235}\text{U} = e^{\lambda_{235} t} - 1 \tag{3-22}$$

式中 $^{206}\text{Pb}^*$ 和 $^{207}\text{Pb}^*$ 是放射性母体衰变作用形成的子体。可以看出，这是一个变量为 $^{206}\text{Pb}^* / ^{238}\text{U}$、$^{207}\text{Pb}^* / ^{235}\text{U}$，参数为 t 的方程。图 3-6 示出了该参数方程的理论（一致）曲线。

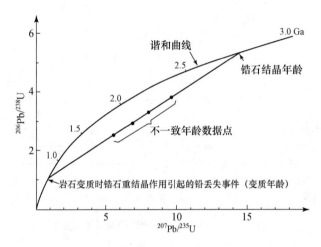

图 3-6　U-Pb 谐和曲线示意图

当样品的测量值不落在谐和曲线上时可以得到与谐和曲线的两个交点。其上交点为样品的结晶年龄，下交点为 U 和 Pb 丢失事件的年龄

如果锆石体系对 U 和 Pb 封闭，则样品中的 $^{206}\text{Pb}^* / ^{238}\text{U}$ 和 $^{207}\text{Pb}^* / ^{235}\text{U}$ 值必定落在该曲线上，由此可获得一致年龄。若样品在形成以后发生了 U 和 Pb 的丢失，则将得到不一致的年龄，且其数据点将落在一致曲线下方的一条直线上。由该直线与一致曲线的上交点和下交点分别可得到矿物的形成年龄和铅丢失的年龄（变质作用年龄）。

上述图中的上交点和下交点分别可以视为：锆石中的 U-Pb 同位素组成点和环境的 U-Pb 同位素组成点。由于 U 同位素和 Pb 同位素各自的分馏作用几乎可以忽略，因此锆石中的 U-Pb 丢失亦可视为其与环境之间的同位素均一化或混合作用。只是这种丢失因强度不同而不同，因而它们便分别落在该不一致线上的不同位置。

锆石 U-Pb 体系的特点为研究矿物和岩石的年龄提供了方便。它一方面可以获得较可靠的年龄数据,另一方面也有可能获得变质作用的信息。但使用该方法需要注意:

(1) 锆石的初始铅必须可以忽略,否则所获得的年龄值偏老;

(2) 当体系的 U-Pb 丢失程度较大时,其数据点大多落在下交点附近,因此将可能获得一个误差较大的上交点年龄值;

(3) 利用锆石 U-Pb 法确定岩石的年龄时,首先必须进行详细的矿物岩石学研究,否则得到的并不是所研究岩石的年龄。

四、钾-氩法年龄测定

1. 自然界中的 K、Ar 及其放射性子体同位素 Ar

钾在自然界中分布广泛,是一种很重要的造岩元素。它有三种同位素:^{39}K、^{40}K、^{41}K,其相对丰度分别是 93.08%,0.0019%,6.91%。其中只有 ^{40}K 是放射性同位素。

自然界中的氩主要存在于大气中,其体积含量为 0.93%。它有三种同位素:^{40}Ar、^{38}Ar、^{36}Ar,均为稳定同位素,其相对丰度分别为 99.60%,0.063%,0.337%。

2. 同位素定年原理

^{40}K 的衰变有两个分支:

$$^{40}_{19}K \longrightarrow {}^{40}_{20}Ca + \beta^- + \nu + 1.32\,MeV$$

$$^{40}_{19}K + e^- \longrightarrow {}^{40}_{18}Ar + \nu + \gamma + 1.51\,MeV$$

即 ^{40}K 在衰变时,其中有 88% 通过 β 衰变为 ^{40}Ca,有 12% 通过 K 层电子捕获衰变为 ^{40}Ar。由于 ^{40}Ca 是自然界中丰度高的同位素,^{40}K 的衰变引起的 ^{40}Ca 很难分辨,因此只能用子体为 ^{40}Ar 的分支测定年龄。

根据 $D^* = N(e^{\lambda t} - 1)$,K-Ar 法年龄测定的计算公式为

$$^{40}Ar^* = [\lambda_e/(\lambda_e + \lambda_\beta)]\,^{40}K(e^{\lambda t} - 1)$$

式中 λ_e 是 ^{40}K 通过 K 层电子捕获衰变为 ^{40}Ar 的衰变常数(0.585×10^{-10} a^{-1}),λ_β 是 ^{40}K 通过 β 衰变为 ^{40}Ca 的衰变常数(4.72×10^{-10} a^{-1})。变换形式得

$$t = (1/\lambda)\ln\{1 + (^{40}Ar^*/{}^{40}K)[\lambda_e/(\lambda_e + \lambda_\beta)]\} \tag{3-23}$$

3. 适用的矿物和岩石

原则上讲,只要样品含钾和能够达到子体的封闭即可。对于岩石中的矿物来说,适用于 K-Ar 法定年的样品因岩石成因不同而异。一般来说,火山岩除了可以用全岩样品进行 K-Ar 法定年外,其中有较多矿物都可以进行 K-Ar 法定年,如透长石、歪长石、斜长石、黑云母、辉石等。对于深成岩和变质岩,一般可以用黑云母、白云母和辉石进行定年。对于沉积岩,也有一些用海绿石、钾盐等进行定年的报道。

4. K-Ar 法定年的有关问题

K-Ar 法定年须注意如下问题：

（1）样品对于钾和氩必须是封闭体系，即不能有钾和氩的带入和带出；

（2）样品必须不存在过剩氩。

在实际样品的年龄研究中，需要考虑到样品的封闭温度问题。例如，已有资料表明，钾长石的封闭温度较低，当温度为 $110\sim150\,^{\circ}\mathrm{C}$ 甚至在常温时，就会有氩的释放。由于岩石和矿物形成后肯定会经历各种各样的地质作用（如构造运动、热液活动、接触变质等），使氩发生扩散造成获得的 K-Ar 年龄值偏低。此时可以采用 Ar-Ar 法进行逐段加温的年龄谱研究以消除氩丢失的影响。若样品中混入大气氩或有过剩氩的存在，往往会使 K-Ar 年龄偏老，此时需要采用 K-Ar 等时线法进行研究。

五、钐-钕等时线年龄和模式年龄

（一）自然界的钐、钕同位素

钐和钕是元素周期表中ⅢB族的镧系元素，常称为稀土元素。它们各有 7 个天然同位素，其相对丰度见表 3-5。稀土元素属于亲氧元素，主要赋存在硅酸盐矿物中。在岩石中 Sm 的含量一般为数个 10^{-6}，Nd 为数十个 10^{-6}。它们在岩石中的含量随岩石由基性向酸性而增加。

表 3-5　自然界的 Sm、Nd 同位素丰度

Sm	^{144}Sm	^{147}Sm	^{148}Sm	^{149}Sm	^{150}Sm	^{152}Sm	^{154}Sm
相对丰度/%	3.10	15.1	11.3	13.90	7.40	26.60	22.60
半衰期/a		1.06×10^{11}	3.0×10^{14}	1.0×10^{15}			
Nd	^{142}Nd	^{143}Nd	^{144}Nd	^{145}Nd	^{146}Nd	^{148}Nd	^{150}Nd
相对丰度/%	27.16	12.18	23.80	8.2	17.1	5.75	5.63
半衰期/a			2.0×10^{15}	1×10^{17}			

Sm、Nd 同位素中 ^{147}Sm、^{148}Sm、^{149}Sm 和 ^{144}Nd、^{145}Nd 是放射性的。但仅 ^{147}Sm 可以观察到子体的变化，因为其余的半衰期太长，可以视为稳定同位素。

Sm-Nd 与 K-Ar、Rb-Sr 和 U-Pb 等体系相比，受交代和变质作用的影响较小。这主要是由于母体与子体的化学性质相似，子体形成后可以继承晶格中母体的位置而不易逃逸。因此，Sm-Nd 体系在漫长的地质历史中能够保持非常好的封闭性。这对于研究和测定古老岩石的年龄具有重要意义。

（二）钐-钕法年龄测定

1. 原理

稀土元素中 ^{147}Sm 为放射性同位素，其衰变常数和半衰期分别为 $6.54\times10^{-12}\,\mathrm{a}^{-1}$ 和

$1.06 \times 10^{11} a$。^{147}Sm 按以下方式发生衰变：

$$^{147}Sm \longrightarrow {}^{143}Nd + \alpha$$

按照衰变公式 $D^* = N(e^{\lambda t} - 1)$，有

$$^{143}Nd^* = {}^{147}Sm(e^{\lambda t} - 1)$$

变换形式得

$$t = (1/\lambda)\ln(1 + {}^{143}Nd^* / {}^{147}Sm) \tag{3-24}$$

式中 t 为岩石或矿物的形成时间，λ 为 ^{147}Sm 的衰变常数，$^{143}Nd^*$ 为岩石、矿物形成后放射性子体的积累量，^{147}Sm 为样品中放射性母体的现存量。

2. 等时线年龄

以上公式只适合于样品中无初始子体或初始子体同位素可以忽略时的年龄计算。当存在初始子体时，也可以采用等时线方法确定年龄。与 Rb-Sr 体系的等时线方程的推导方法类似，可以得到以下等时线年龄的公式：

$$({}^{143}Nd/{}^{144}Nd)_{\Sigma} = ({}^{143}Nd/{}^{144}Nd)_0 + ({}^{147}Sm/{}^{144}Nd)(e^{\lambda t} - 1) \tag{3-25}$$

与 Rb-Sr 等时线年龄方法一样，Sm-Nd 等时线年龄的应用也必须符合三个必要条件，即①体系形成后能够保持封闭；②体系形成和封闭前必须达到子体同位素的均一化；③母体的含量要有足够大的差异。

3. Nd 模式年龄 T_{CHUR}^{Nd}

只用一个样品，且根据某种假设确定样品初始放射性子体数量以计算获得的年龄称为模式年龄。

只用一个样品来确定年龄需要确定样品中放射性子体的初始值。Depaolo 和 Wasserburg(1976)提出以下方法来确定 Nd 同位素的初始值。他假定地幔是一个球粒陨石质且均一的 Sm-Nd 同位素源区，则其母体和子体将按特定的演化线演化。该 Sm-Nd 同位素组成与时间之间具有如下关系：

$$({}^{143}Nd/{}^{144}Nd)_{CHUR,t} = ({}^{143}Nd/{}^{144}Nd)_{CHUR} - ({}^{147}Sm/{}^{144}Nd)_{CHUR}(e^{\lambda t} - 1) \tag{3-26}$$

式中 $({}^{143}Nd/{}^{144}Nd)_{CHUR}$ 和 $({}^{147}Sm/{}^{144}Nd)_{CHUR}$ 是球粒陨石质的均一地幔源的现代值，其值分别为 0.511847 和 0.1967(表 3-6)。$({}^{143}Nd/{}^{144}Nd)_{CHUR,t}$ 是球粒陨石质的地幔演化至 t 时刻的 Nd 同位素比值(图 3-7)。由于地幔演化至 t 时刻的 Nd 同位素值就是样品的 Nd 同位素初始值，因此将该式与 Nd 同位素年龄的计算公式联立，可得

$$T_{CHUR} = \frac{1}{\lambda}\ln\left[1 + \frac{({}^{143}Nd/{}^{144}Nd)_{CHUR} - ({}^{143}Nd/{}^{144}Nd)_{SAMPLE}}{({}^{147}Sm/{}^{144}Nd)_{CHUR} - ({}^{147}Sm/{}^{144}Nd)_{SAMPLE}}\right] \tag{3-27}$$

式中带下标"SAMPLE"的是样品的同位素比值。

表 3-6　用于计算模式年龄的一些参数

球粒陨石质的均一源区		亏损地幔源区	
$(^{143}\text{Nd}/^{144}\text{Nd})_{现代}$	$(^{147}\text{Sm}/^{144}\text{Nd})_{现代}$	$(^{143}\text{Nd}/^{144}\text{Nd})_{现代}$	$(^{147}\text{Sm}/^{144}\text{Nd})_{现代}$
0.511847[a]	0.1967[b]	0.51235[c]	0.214[c]
0.511836[c]	0.1936[d]	0.512245[e]	0.23[e]

据：a. Wasserburg et al. ，1981；b. Jacobsen and Wasserburg，1980；c. McCulloch and Black，1984；d. Lugmair et al. ，1975；e. McCulloch and Chappell，1982。

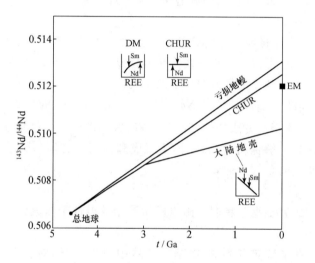

图 3-7　Nd 模式年龄计算原理示意图

图中 CHUR 代表球粒陨石，DM 代表亏损型地幔，EM 代表富集型地幔

类似地，也可以用亏损地幔的演化值作为初始值：

$$T_{\text{DM}} = \frac{1}{\lambda}\ln\left[1 + \frac{(^{143}\text{Nd}/^{144}\text{Nd})_{\text{DM}} - (^{143}\text{Nd}/^{144}\text{Nd})_{\text{SAMPLE}}}{(^{147}\text{Sm}/^{144}\text{Nd})_{\text{DM}} - (^{147}\text{Sm}/^{144}\text{Nd})_{\text{SAMPLE}}}\right] \tag{3-28}$$

由于 Sm-Nd 同位素的性质以及以球粒陨石质地幔（或亏损地幔）的 Nd 同位素演化值作为样品的初始值，因此不同类型岩石的 Nd 模式年龄将有不同的年龄意义：

（1）来自地幔的玄武岩类岩石的模式年龄基本上代表其形成年龄。

（2）沉积岩的模式年龄一般等于或老于沉积岩的形成年龄，即其代表沉积物源区岩石的平均年龄。因为在地壳中，风化作用、沉积作用和变质作用不会使 Sm 和 Nd 之间发生分异。

（3）花岗岩类岩石的模式年龄一般也老于其形成年龄，它代表花岗岩的源岩物质从地幔中分离出来的年龄。因为酸性岩浆作用不会明显发生 Sm 与 Nd 之间的分异作用。

4. 钐-钕同位素方法对于不同类型岩石样品的适用性

由于 Sm-Nd 的性质决定了其在不同类型岩石的成岩作用中具有不同的行为,因此它们对于不同类型的岩石有着不同的适用性及不同的年龄意义。

(1) 基性、超基性岩:由于稀土元素在其岩浆产生和演化过程中有着较大程度的分异,因此 Sm-Nd 等时线方法较适合于该类型岩石的定年。

(2) 酸性岩:由于各样品的 Sm/Nd 比值(或母体)变化范围较小,因此一般不适合于进行等时线年龄的测定。除非具有更高精度的质谱分析手段。

(3) 沉积岩:沉积岩既不能用等时线方法也不能用模式年龄方法确定其形成年龄。这一方面是由于沉积岩不能达到同位素组成的均一化,另一方面也由于稀土元素在表生环境仍能够保持着良好的封闭性。

六、^{14}C 法年龄测定

1. 自然界中的 ^{14}C

自然界中碳有三种同位素,分别为 ^{12}C(98.89%),^{13}C(1.108%),^{14}C(1.2 × 10^{-10}%)。其中 ^{14}C 是放射性同位素,其半衰期和衰变常数分别为 $\tau = (5370 \pm 40)a$,$\lambda = 1.209 \times 10^{-4}\ a^{-1}$。

由于 ^{14}C 的寿命很短,因此地球形成前的原始 ^{14}C 早已不存在。现今地球上的 ^{14}C 是次生的,是宇宙射线与大气中的氮按下式反应生成并发生衰变的:

$$^{14}_{7}N + n \longrightarrow\ ^{14}_{6}C +\ ^{1}_{1}H$$

$$^{14}_{6}C \longrightarrow\ ^{14}_{7}N + \beta^{-}$$

2. ^{14}C 法计时原理

宇宙射线与大气中的氮发生核反应不断产生 ^{14}C,同时 ^{14}C 又不断发生衰变,从而使 ^{14}C 的含量一直处于动态平衡,并保持着大气中具有恒定的 ^{14}C 含量。另一方面,随着大气循环、水循环、植物光合作用、生物的新陈代谢等使生命有机体、无机物等含碳物质以及大气之间的 ^{14}C 不断发生着同位素的交换,因此这些物质中 ^{14}C 的相对含量也是恒定的。

假设自 70 000a 以来,宇宙射线的强度未发生明显变化,通过现代生命有机体中 ^{14}C 含量的测定,即可确定该自然体系形成时母体的初始放射性 ^{14}C 的含量(或放射性比度)。当有机体死亡或含碳物质的变化等导致其不再与大气中的 ^{14}C 处于动态平衡时,体系中的 ^{14}C 便开始不断衰变减少。通过测量这些物质中的 ^{14}C 含量,利用放射性衰变公式

$$N = N_0 e^{-\lambda t}$$

$$\ln(N/N_0) = \ln(A/A_0) = -\lambda t$$

和对样品进行测量就可以得到其年龄。式中 A 和 A_0 分别是样品和大气中的放射性比度。

^{14}C 定年方法是目前仅有的一种只测定放射性母体而不测定放射性子体的方法。该方法适用于年龄小于 70 000a 的样品,适用的样品可以有以下类型:

(1) 动植物残骸:如木头、木炭、果实、种子、兽皮、骨头、骨化石等。

(2) 生物碳酸盐和原生无机碳酸盐:贝壳、珊瑚、石灰华、苏打、天然碱等。

(3) 含同生有机质的沉积物和土壤:泥炭、淤泥等。

(4) 古陶器、古铁器、陨石等。

七、其他一些新方法

1. 铼-锇法

Re-Os 同位素体系是地质年代学研究的一种新方法。它是被认为唯一能够应用于矿石(硫化物和氧化物)直接测定矿化年龄的同位素测年方法。该同位素体系的独特性在于 Re 和 Os 都是亲硫(和亲铁)元素,因此其母体和子体同位素均能够稳定存在于硫化物矿物中。

自然界中 Re 有两种同位素: ^{185}Re(37.40%)和 ^{187}Re(62.60%),Os 有七种同位素: ^{184}Os(0.02%)、^{186}Os(1.58%)、^{187}Os(1.60%)、^{188}Os(13.3%)、^{189}Os(16.1%)、^{190}Os(26.4%)、^{192}Os(41.0%)。其中 ^{187}Os 由 ^{187}Re 经 β 衰变而形成,^{187}Os 的衰变常数为 $1.666\times10^{-11}a^{-1}$,半衰期为 41.6 Ga。

与其他测定年龄的方法类似,Re-Os 法也可以用等时线方法:

$$(^{187}Os/^{188}Os)_{现代}=(^{187}Os/^{188}Os)_{初始}+(^{187}Re/^{188}Os)_{现代}(e^{\lambda t}-1) \qquad (3-29)$$

Re-Os 法最早被用于陨石测年以确定太阳系的形成年龄及其演化史。近年来主要集中在高温地球化学过程(如陨石与天体化学演化、地幔熔融与演化、核-幔相互作用、壳-幔相互作用等)和低温地球化学过程(如海水锇同位素组成与演化、风化、沉积和成岩作用过程,古海洋和古环境变迁等)。Re-Os 同位素定年已被广泛用于大陆岩石圈地幔的定年及硫化物成矿作用直接定年等。但采用等时线方法用于硫化物矿床的定年仍存在着子体均一化与母体不能均一化的矛盾,因此应用时需要谨慎。

2. 其他等时线方法

其他一些可用于定年的等时线方法原理及其衰变常数等见表 3-7。

表 3-7 其他用于定年的等时线方法

方 法	衰变反应	衰变常数 λ/a^{-1}	等时线图解参数 X 轴	等时线图解参数 Y 轴	资料来源
Lu-Hf	$^{176}Lu \longrightarrow {}^{176}Hf+\beta^-$	1.96×10^{-12}	$^{176}Lu/^{177}Hf$	$^{176}Hf/^{177}Hf$	Patchett et al.,1980
La-Ce	$^{138}La \longrightarrow {}^{138}Ce+\beta^-$	2.30×10^{-12}	$^{138}La/^{136}Ce$	$^{138}Ce/^{136}Ce$	Dickin et al.,1987
La-Ba	$^{138}La \longrightarrow {}^{138}Ba-\beta^-$	4.44×10^{-12}	$^{138}La/^{137}Ba$	$^{138}Ba/^{137}Ba$	Nakai et al.,1986

第四节 同位素地球化学示踪方法

同位素示踪包括稳定同位素和放射性子体同位素两种类型的示踪方法。无论是稳定同位素或是放射性子体同位素,它们都是建立在地球各个圈层以及各种类型岩石和矿物的同位素差异基础上的。不同的是,前者的差异是由于同位素分馏作用造成的,而后者则是由于不同环境中放射性母体含量的差异经过长期积累和演化作用造成的。因此,了解自然界同位素的分布和特征对于掌握和运用同位素示踪方法具有重要意义。

一、自然界的氢、氧同位素组成及其示踪

地壳中氢和氧的丰度分别为 0.14％ 和 46.6％。这是因为地壳的主体是含氧硅酸盐和铝硅酸盐,含有少量含水矿物。水圈则主要由氢和氧组成。大气圈中氧的体积约占 21％,氢的含量较低,但以水蒸气出现的氢和氧在水循环中起着重要作用。生物圈中氢和氧均参与了动植物的生命过程。因此,研究自然界中的氢、氧同位素的分布及其变化规律,对于认识地质、地球化学作用以及生命的作用等均具有重要意义。

自然界氢的同位素丰度为 H＝99.985％,^{2}H(D)＝0.0155％。δD 值的变化范围很大,其变化范围约达 800‰,即由最重的大气氢(＋180‰)到最轻的工业氢(－600‰),见图 3-8。

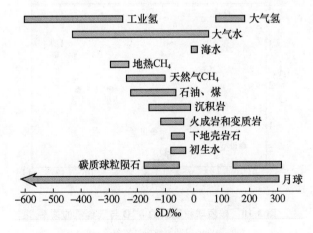

图 3-8 自然界氢同位素组成

(据魏菊英,1986)

氧同位素的丰度分别为 ^{18}O＝99.762％,^{17}O＝0.038％,^{16}O＝0.200％。$\delta^{18}O$ 的变化范围达 100‰,其中大气 CO_2 中的氧最重,为＋41‰,雨水(极地粒雪)的氧最轻,为－55‰(图 3-9)。

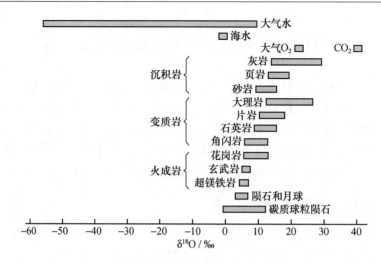

图 3-9　自然界氧同位素组成

(据魏菊英,1986)

（一）陨石的氧同位素特征

总体上看,陨石的 $\delta^{18}O$ 的变化范围在 10‰以内。碳质球粒陨石的 $\delta^{18}O$ 与碳含量具有一定的正相关关系(图 3-10)。

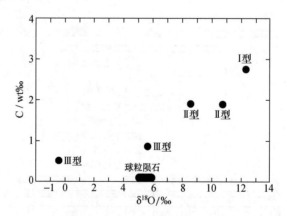

图 3-10　碳质球粒陨石的 $\delta^{18}O$ 与碳含量的关系

(据 Taylor, 1965;转引自魏菊英,1988)

（二）天然水的氢、氧同位素组成

1. 大气水

大气水,又称雨水,它包括水蒸气、云雾、雪、冰、河水、湖水和大部分低温地下水。大气水是经历了蒸发、凝聚和降落过程的水。大气水可以向下渗入到岩石圈的不同深度。

　　大气水同位素组成的基本特点是变化较大,其中 δD 的变化范围为 $-500‰\sim$ $+50‰$,$δ^{18}O$ 为 $-55‰\sim+10‰$。一般来说,大气水比海水贫重同位素 D 和 ^{18}O,其 δ 值多为负值。

　　大气水的同位素组成受以下因素影响:

　　(1)纬度效应,赤道地区雨水的 δD 和 $δ^{18}O$ 值较接近于 0,从低纬度向高纬度,重同位素逐渐减少。例如,北美大陆的纬度效应对于 $δ^{18}O$ 约为每度 $0.5‰$;1980 年我国广州、武汉和北京的雨水年平均 δD 值分别为 $-29‰$,$-50‰$ 和 $-57‰$。

　　(2)大陆效应,自海岸线向大陆内部,δD 和 $δ^{18}O$ 值均减小。如广州、昆明和拉萨的年平均 δD 值分别为 $-29‰$,$-76‰$ 和 $-131‰$(郑淑蕙等,1982)。

　　(3)海拔效应,随海拔的增高,雨水的 δD 和 $δ^{18}O$ 降低。海拔效应的大小取决于当地气候和地形,通常的变化梯度是 $2.6‰(δD)/100\,m$ 和 $0.31‰(δ^{18}O)/100\,m$(于津生等,1980)。

　　(4)季节效应,冬季雨水相对于夏季亏损重同位素。

　　(5)降水量效应,随降水量的增大,其重同位素含量减少。

　　大气水同位素组成的另一个重要特点是 δD 与 $δ^{18}O$ 值之间有明显的线性关系(H. Craig,1961):

$$δD=8δ^{18}O+10 \tag{3-30}$$

该方程称为大气降水线方程(图 3-11)。

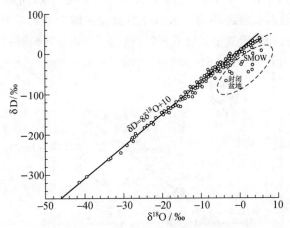

图 3-11　大气降水线封闭海盆的氢、氧同位素组成
(据 Craig H, 1961)

　　必须指出,不同地区雨水的 δD 与 $δ^{18}O$ 之关系往往与上述降水线方程有偏离。例如,北美大陆八个台站雨水的关系式为 $δD=7.958δ^{18}O+6.03$(Yurtsever Y, 1975);我国八个城市雨水的方程为 $δD=7.96δ^{18}O+8.2$(郑淑蕙等,1982)。在干旱和热带地区,雨水的 δD 与 $δ^{18}O$ 之间线性关系的斜率小于 8。

　　大气降水线方程偏离正常值反映了氢和氧在分馏作用上的差异。这往往与气候干燥有关。因为干燥气候将具有更强烈的动力学分馏效应,而动力学分馏对$^{18}O/^{16}O$的影响比对D/H更强烈,因此引起的偏离都是趋向于$\delta^{18}O$较大的一边(图3-11)。蒸发作用使湖水和其他封闭水体富$^{18}O/^{16}O$。例如,在撒哈拉沙漠,雨水的δD和$\delta^{18}O$分别为$+129‰$和$+31‰$。

　　2. 海水

　　现代海水的$\delta^{18}O$和δD值接近于零,变化范围很窄。引起海水同位素组成变化的主要原因是蒸发作用和冰融水的稀释作用。

　　海水的蒸发作用是造成其氢、氧同位素变化的原因。蒸发作用同时也增大了海水的盐度,因此海水的氢、氧同位素组成与盐度有确定的关系。例如,大西洋表层海水与盐度之间具有以下关系:

$$\delta^{18}O=0.61s-21.2 \tag{3-31}$$

式中s为盐度(‰)。

　　3. 地热水

　　许多地热区水的稳定同位素研究表明,地热水基本上都来源于该地区的大气水。图3-12是美国一些地区的地热水和蒸汽中的同位素组成。由图可见,在每个地热田内,热水的δD值几乎是恒定的,与当地大气水的δD值一致;而热水的$\delta^{18}O$则比大气水有所增高。这是由于再循环大气水与硅酸盐和碳酸盐围岩进行氧同位素交换的结果。但由于硅酸盐和碳酸盐中无氢或其含量极低,因此氢同位素几乎是恒定的。

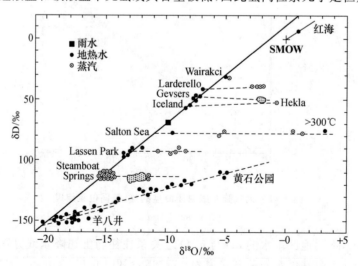

图3-12　某些地热水和蒸汽的氢、氧同位素组成

(据 Craig H, 1966)

4. 岩浆岩

岩浆岩中的氢主要存在于角闪石和云母内。其 δD 值变化范围宽广,为 $-180‰\sim$ $-30‰$,但大多数为 $-90‰\sim-50‰$。岩浆岩氧同位素组成由岩石类型控制,$\delta^{18}O$ 变化范围为 $5‰\sim13‰$。从超基性岩到酸性岩 $\delta^{18}O$ 值明显增高,例如,超镁铁岩为 $5.0‰\sim$ $6.0‰$,基性岩为 $5.3‰\sim7.4‰$,安山岩为 $5.4‰\sim7.5‰$,中酸性岩石为 $6‰\sim13‰$。

火成岩的 $\delta^{18}O$ 变化趋势与其组成矿物的 $\delta^{18}O$ 密切相关,即与矿物中的 SiO_2 呈正相关(图 3-13)。这种现象反映了矿物中阳离子与氧之间键的强度按以下顺序有下降的趋势:

$$Si—O—Si>Si—O—Al>Si—O—Mg>Si—O—Fe$$

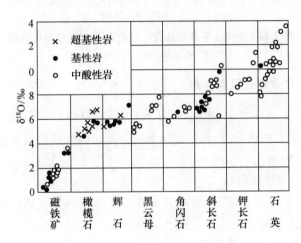

图 3-13　岩浆岩主要矿物的 $\delta^{18}O$

(据魏菊英,1988)

5. 氧同位素在研究气候中的指示意义

氧同位素在研究第四纪以来气候变化和冰期、间冰期演变历史方面可以提供许多重要信息。例如,地球进入冰盛期时,由于海水蒸发的水蒸气迁移到陆地并降下冰雪后便不再返回海洋,即此时蒸发量大于淡水入海的数量,结果使海水的 ^{16}O 贫化而 ^{18}O 富集(即海水的 $\delta^{18}O$ 增大)。这时形成的沉积物 $CaCO_3$(与海水平衡)也将具有较高的 $\delta^{18}O$ 值。当地球进入间冰期,天气转暖,冰雪融化,淡水进入海洋的数量大于蒸发量,从而使海水和海洋沉积物的 $\delta^{18}O$ 值降低。图 3-14 是西赤道太平洋岩芯的 $\delta^{18}O$ 测定结果。由图可以看出,从 126 000 a 开始有一个冰的快速消融过程,其 $\delta^{18}O$ 很快降低到极小值,然后以波动式缓慢地($\delta^{18}O$ 值缓慢上升)进入冰期(约在 70 000 a 以后和 11 000 a 以前),至 11 000 a 冰川又很快消融。

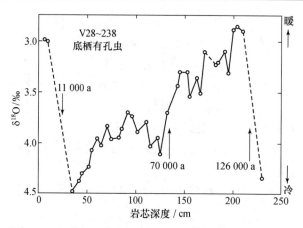

图 3-14　赤道太平洋底栖有孔虫的 $\delta^{18}O$ 与气候的关系图

(据 Shackleton et al.，1973)

二、自然界的碳同位素组成及其示踪

　　碳在固体地球中以自然碳(金刚石、石墨)、氧化碳(CO_3^{2-}、HCO_3^-、CO_2、CO)、还原碳(煤、石油、甲烷等有机化合物)和生命碳形式存在。因此碳在地球化学过程及其历史中充当着相当重要的角色。

　　1. 碳同位素的组成和分布

　　碳在地球中的丰度为 0.03%，在地壳中的丰度为 0.28%。它们的同位素相对丰度为 $^{12}C=98.90\%$，$^{13}C=1.10\%$。

　　自然界中 $\delta^{13}C$ 的变化范围很大。一般，在与生物作用有关的地质体中 $\delta^{13}C<-5\permil$，在其余的地质体中 $\delta^{13}C>-5\permil$(图 3-15)。

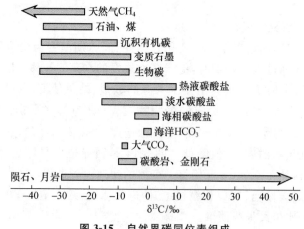

图 3-15　自然界碳同位素组成

(据魏菊英,1986)

2. 碳同位素的分馏作用

有两种同位素分馏作用控制着碳的分馏。其一是气态 CO_2 与溶解态 CO_3^{2-} 及固态碳之间的分馏；二是生物作用的分馏。前者反应的结果使 ^{13}C 富集在碳的高价化合物中，即 $\delta^{13}C$ 按以下顺序增大：

$$CH_4 < C < CO < CO_2 < CO_3^{2-}$$

生物作用中以光合作用引起的分馏较大。例如，下列光合作用的反应

$$6CO_2 + 11H_2O \longrightarrow C_6H_{22}O_{11} + 6O_2$$

可以视为单向反应。由于 $^{12}CO_2$ 中的键比 $^{13}CO_2$ 中的键弱而易于断裂，所以光合作用时植物组织优先富集 ^{12}C。

3. 碳同位素的示踪意义

自然界中的碳存在于各种储库，如岩石圈、水圈、大气圈、生物圈中。各种储库中的碳同位素又处于循环和分馏作用的动态交换平衡中(图 3-16)。例如，岩石圈中的碳与水圈之间、水圈与生物圈等之间均不断地发生着同位素的交换作用，并保持着各个圈层中确定的同位素组成，即处于这样一种动态平衡条件下的同位素随时间并不发生明显的变化。假如该循环体系中某个环节的循环出现了问题，则其同位素组成将可能存在着随时间的突变特征。

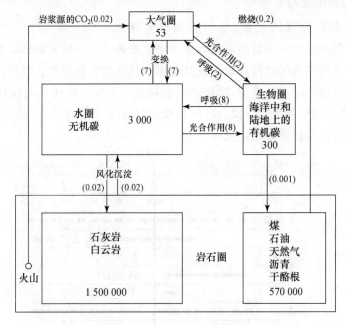

图 3-16　自然界碳同位素的循环

(据 Stumm and Morgan, 1970；转引自 Arthur H Brownlow, 1979)

其中各方块代表不同的圈层或体系，它们之间存在着相互间的同位素交换和循环，并处于动态的平衡中。假如某个体系发生了循环的破坏，则其同位素将出现随时间的突变特征

　　例如,生物的存在对于碳同位素的分馏具有较大的贡献。假如由于某种因素造成生物分馏的贡献大大减小,则在大气和水圈中的碳同位素将明显变轻(δ^{13}C 值明显降低)。

　　图 3-17 展示了一个很好的关于冰期和间冰期碳、氧同位素组成随时间突变的例子。由图可以看出,间冰期时海水及沉积物具有较高的δ^{13}C 值,当冰期到来时,δ^{13}C 值很快下降。该现象可以解释为:冰期的到来使生物圈不再大量地从环境中摄取^{12}C,因而造成环境(如海水和沉积物)中的δ^{13}C 降低。与其相对应,冰期较高的δ^{18}O 值也反映了大陆向海洋输送淡水的减少或断绝。

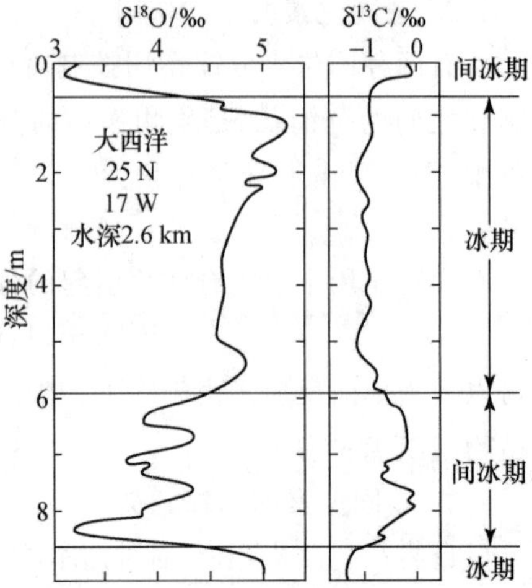

图 3-17　冰期和间冰期的碳和氧同位素组成随时间的演化和突变现象
(据 Shackleton,1977)

三、自然界的硫同位素组成及其示踪

1. 硫同位素组成与分布

　　自然界共有四种硫同位素,它们的相对丰度为:^{32}S = 95.02%,^{33}S = 0.75%,^{34}S = 4.21%,^{36}S = 0.02%。目前在地球化学中主要研究^{32}S 与^{34}S 的比值变化。

　　自然界中不同环境的硫同位素组成具有很不相同的变化范围。其中陨石、雨水、海水和玄武岩具有最小的变化范围,沉积岩的变化范围最大。这可能与沉积岩的物源非常复杂,且经历了内生和表生环境的各种地质地球化学作用有关。几种主要地质体及宇宙物质中硫同位素的分布情况见图 3-18。

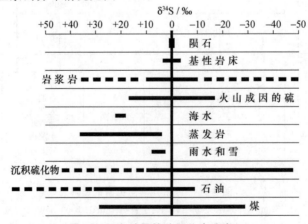

图 3-18　自然界的硫同位素分布
(据 Thode,1963;转引自武汉地质学院,1979)

2. 硫同位素分馏作用

硫同位素的分馏过程主要有：各种硫的化合物（硫酸盐、硫化物）之间的同位素平衡交换反应；硫化合物发生价态改变的单向化学反应。后者是一种不可逆的氧化还原反应，具有动力学分馏的性质。它既可以由氧化还原环境变化引起无机硫的分馏，也可以是生物细菌作用引起的硫同位素分馏。

岩浆环境和 200 ℃以上热液流体中的硫酸盐与溶解的硫化氢、火山喷气口的二氧化硫与硫化氢气体以及热液流体中溶解的硫化氢与沉淀的硫化物之间是典型的同位素平衡交换体系。在平衡条件下，硫的重同位素倾向于富集在具有较强硫键的化合物中，即由高价到低价，化合物中的 $\delta^{34}S$ 值依次降低。各种含硫体系 $\delta^{34}S$ 值降低的顺序如下：

$$SO_4^{2-} > SO_3^{2-} > SO_2 > S_x > H_2S > S^{2-}$$

从硫化物矿物看，$\delta^{34}S$ 值降低的顺序大致如下：

辉钼矿＞黄铁矿＞闪锌矿＞磁黄铁矿＞黄铜矿＞硫镉矿＞方铅矿＞辰砂＞辉铜矿＞辉锑矿＞辉铋矿＞辉银矿。

对比各种同位素分馏作用，硫酸盐的细菌还原作用可以使其产物的 $\delta^{34}S$ 值下降至 $-40‰$；硫酸盐通过热液作用可以使 $\delta^{34}S$ 值下降至 $-15‰$；其余作用基本上不会明显影响硫的同位素组成（图 3-19）。

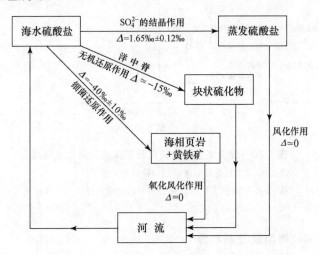

图 3-19　各种地球化学作用中硫同位素的分馏程度

(据 Rollinson，1993)

3. 硫同位素在解决矿床成因和物质来源问题中的应用

按硫同位素的地球化学作用，大致可以划分为以下三种类型：

（1）表生作用硫，如与海水作用有关的硫。该类型硫的主要特征是处于氧化状态，以硫酸根形式存在，其 $\delta^{34}S$ 值可达 $+20‰$ 以上。

（2）岩浆硫，该类型硫的主要特征是其 $\delta^{34}S$ 值在 0‰～5‰范围内。

（3）与生物等有关的还原硫，该类型的硫经历了硫酸盐向硫化物的转化，其主要特征是 $\delta^{34}S$ 值可达－20‰以下。

由于不同环境中的硫同位素组成存在着差异，因此通过硫同位素地球化学的研究可以为物质来源等提供依据。例如，与基性和超基性岩有关的铜镍矿床（如我国红旗岭硫化铜矿床，见图 3-20）的硫同位素比值变化范围很窄，一般不超过 n‰（n 为 1～10 的整数），反映了其硫为单一来源。另外，其硫同位素成分与陨石硫的类似，表明矿石硫主要来源于上地幔。而大姚红层铜矿床极低的 $\delta^{34}S$ 值则反映了其中的硫可能经历了生物的还原作用（图3-20）。

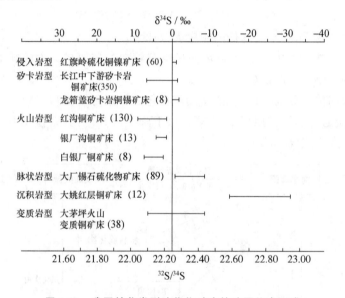

图 3-20　我国某些类型硫化物矿床的硫同位素组成

（据桂林冶金地质研究所，1973；转引自武汉地质学院，1979）

其中大姚红层铜矿床极低的 $\delta^{34}S$ 值则反映了其中的硫可能经历了生物的还原作用；括号中数据为测试样品数

四、自然界的锶同位素组成及其示踪

1. 地壳和地幔中的锶同位素组成

由铷的地球化学性质可以知道，铷是很强的不相容元素，在地幔的部分熔融过程中铷将很大程度地进入熔体中，并通过玄武岩浆作用带入到地壳。因此，地幔和地壳各自具有不同的放射性母体同位素 ^{87}Rb 含量。它们各自通过长期的衰变作用使地幔相对于地壳具有明显低的 $^{87}Sr/^{86}Sr$ 比值。

图 3-21 示出了地幔和地壳各自的锶同位素增长线，其中地壳自 2.7 Ga 从地幔中

分离出来。地幔和地壳不同的锶同位素组成使其可以作为岩浆来源的示踪剂。例如，若所研究的岩浆岩锶同位素比值落入地幔的锶同位素范围，则可以认为它们一定是来自地幔岩石部分熔融作用的产物。

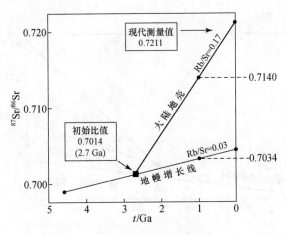

图 3-21　地壳和地幔的锶同位素演化

(据 Rollinson, 1993)

2. 地幔的不均一性

幔源火山岩的同位素比值可以代表其源区的特征，因此是了解地幔化学不均一性的有效方法之一。例如，Erlank 等在 20 世纪 80 年代初对南非不同时代幔源岩石的 Sr 同位素研究发现，侏罗系的样品（190 Ma）在 $^{87}Sr/^{86}Sr$-$^{87}Rb/^{86}Sr$ 图解上的投影点非常离散（图 3-22），其不但不能拟合出 190 Ma 的等时线，而且也不落在地幔演化线（1620 Ma）或地球演化线（4.6 Ga）上，甚至还有相当部分的数据点落在地球演化线的左边。Erlank 等通过详细的地球化学研究排除了样品受干扰因素影响的可能性，认为这反映了上地幔各处并不具有相同的 $^{87}Sr/^{86}Sr$ 比值，即上地幔在同位素组成上是不均一的。

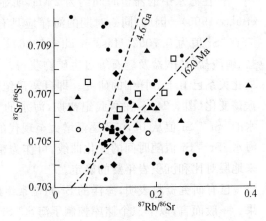

图 3-22　南非火山岩的 $^{87}Sr/^{86}Sr$ 图解

(据 Erlank et al.，1980)

实心方块为 Nuanetsi，空心圆为 Lebombe 北部，实心菱形为 Libombo 南部，实心三角为中央地块，空心方块为纳米比亚；1620Ma 等时线引自 Brooks, Hart, 1978

3. 花岗岩的成因

吴利仁等(1985)根据 Faure 等(1972)的方法提出了划分花岗岩成因类型的 Sr 同位素图解(图 3-23):幔源型(M-型)、壳幔混源型(MC-型)、下部壳源型(CⅠ-型)、上部壳源型(CⅡ-型)。

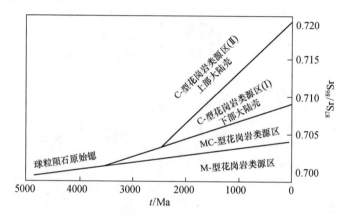

图 3-23　不同成因类型花岗岩的 Sr 同位素、年龄和岩浆源区的关系图解
(据吴利仁等,1985;转引自林景仟,1987)

4. 海水的锶同位素组成和演化

Sr 在海水中的滞留时间约为 2 Ma,明显大于全球各大洋海水的混合时间(Hodell et al.,1990)。因此,同一时期的海洋应具有均一的$^{87}Sr/^{86}Sr$ 组成。现代大洋海水的$^{87}Sr/^{86}Sr$ 值为 0.7092(Hess et al.,1986)。古代海水的$^{87}Sr/^{86}Sr$ 值可根据海相碳酸盐、磷酸盐、硫酸盐及燧石等自生矿物获得。目前,对显生宙海水$^{87}Sr/^{86}Sr$ 值随时间的变化关系已有十分详细的研究。即自寒武纪以来,$^{87}Sr/^{86}Sr$ 值按 100 Ma 左右的周期呈振荡变化(图 3-24)。在寒武纪初期,海水的$^{87}Sr/^{86}Sr$ 值>0.7092。自白垩纪以来,海水的$^{87}Sr/^{86}Sr$ 值从 0.7077 逐渐增大至现代的 0.7092。特别是自 70 Ma 以来高精度的海水$^{87}Sr/^{86}Sr$ 值随时间的变化曲线,可作为精确的"锶同位素年龄标尺"用于第三系以来地层对比和沉积岩年龄的确定。

已有研究资料表明,海洋的 Sr 同位素组成变化是许多复杂地质作用相互作用的结果。一般而言,以下三个储库控制了海水$^{87}Sr/^{86}Sr$ 值的变化:① 海底玄武岩和海底热液中的锶,其$^{87}Sr/^{86}Sr$ 值为 0.704,它代表了地幔来源的锶同位素组成;② 古老硅铝质陆壳风化产物中的锶,其$^{87}Sr/^{86}Sr$ 值约为 0.720,它代表了地壳来源的锶同位素组成;③ 海相碳酸盐风化提供的锶,其$^{87}Sr/^{86}Sr$ 值为 0.708。不同地质时代,上述三个储库对海水 Sr 的贡献比例不同,从而造成了海洋$^{87}Sr/^{86}Sr$ 值随时间的变化趋势。

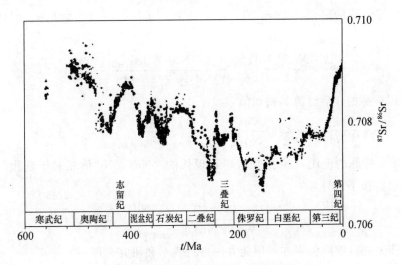

图 3-24　显生宙海水的锶同位素演化

（据 Veizer et al.，1999）

五、自然界的钕同位素和 ε_{Nd} 示踪

与地幔相比，地壳中具有相对低的 $^{143}Nd/^{144}Nd$ 和 ε_{Nd} 值。与锶同位素组成的差异原因类似，自然界钕同位素组成的差异也是由于不同环境中其放射性母体含量的差异通过长期积累或演化造成的。

1. ε_{Nd} 的概念

ε_{Nd} 指钕同位素的初始值相对于球粒陨石质地幔演化值的偏差。根据研究需要，可以有不同的 ε_{Nd} 值计算方法。

（1）等时线年龄的 ε_{Nd} 值：是指岩石在形成时的 $^{143}Nd/^{144}Nd$ 初始值相对于当时的球粒陨石的偏差值，按下式计算：

$$\varepsilon_{Nd}^{\text{等时线年龄},t}=\frac{(^{143}Nd/^{144}Nd)_{\text{初始}}-(^{143}Nd/^{144}Nd)_{\text{CHUR},t}}{(^{143}Nd/^{144}Nd)_{\text{CHUR},t}}\times 10\,000 \tag{3-32}$$

式中 $(^{143}Nd/^{144}Nd)_{\text{初始}}$ 是通过样品的等时线年龄获得的初始值；$(^{143}Nd/^{144}Nd)_{\text{CHUR},t}$ 是球粒陨石演化到 t 时刻的比值，该值可由下式计算：

$$\left(\frac{^{143}Nd}{^{144}Nd}\right)_{\text{CHUR},t}=\left(\frac{^{143}Nd}{^{144}Nd}\right)_{\text{CHUR},\text{现代}}-\left(\frac{^{147}Sm}{^{144}Nd}\right)_{\text{CHUR},\text{现代}}\cdot(e^{\lambda t}-1) \tag{3-33}$$

(2)已知年龄的单个样品 ε_{Nd} 值：意义同上。其与等时线年龄的 ε_{Nd} 值计算公式相似：

$$\varepsilon_{Nd}^t = \frac{(^{143}Nd/^{144}Nd)_{样品,t} - (^{143}Nd/^{144}Nd)_{CHUR,t}}{(^{143}Nd/^{144}Nd)_{CHUR,t}} \times 10\,000 \qquad (3\text{-}34)$$

但需要根据样品的年龄计算其初始值：

$$\left(\frac{^{143}Nd}{^{144}Nd}\right)_{样品,t} = \left(\frac{^{143}Nd}{^{144}Nd}\right)_{样品,现代} - \left(\frac{^{147}Sm}{^{144}Nd}\right)_{样品,现代} \cdot (e^{\lambda t} - 1) \qquad (3\text{-}35)$$

(3)单个样品的现代 ε_{Nd} 值：是指岩石现代的 $^{143}Nd/^{144}Nd$ 值相对于现代的球粒陨石的偏差值。按下式计算：

$$\varepsilon_{Nd}^{现代} = \frac{(^{143}Nd/^{144}Nd)_{样品,现代} - (^{143}Nd/^{144}Nd)_{CHUR,现代}}{(^{143}Nd/^{144}Nd)_{CHUR,现代}} \times 10\,000 \qquad (3\text{-}36)$$

类似于 ε_{Nd} 值，锶同位素亦可用此方法进行表示和研究。即

$$\varepsilon_{Sr}^{等时线年龄,t} = \frac{(^{87}Sr/^{86}Sr)_{初始} - (^{87}Sr/^{86}Sr)_{CHUR,t}}{(^{87}Sr/^{86}Sr)_{CHUR,t}} \times 10\,000 \qquad (3\text{-}37)$$

$$\varepsilon_{Sr}^t = \frac{(^{87}Sr/^{86}Sr)_{样品,t} - (^{87}Sr/^{86}Sr)_{CHUR,t}}{(^{87}Sr/^{86}Sr)_{CHUR,t}} \times 10\,000 \qquad (3\text{-}38)$$

$$\varepsilon_{Sr}^{现代} = \frac{(^{87}Sr/^{86}Sr)_{样品,现代} - (^{87}Sr/^{86}Sr)_{CHUR,现代}}{(^{87}Sr/^{86}Sr)_{CHUR,现代}} \times 10\,000 \qquad (3\text{-}39)$$

2. ε_{Nd} 值的意义

(1) ε_{Nd}^t 值：代表岩石在结晶 t 时的 ε_{Nd} 值，因此它提供了岩浆源区的钕同位素信息。例如，若其 $\varepsilon_{Nd} = 0$，则岩浆来自一个具有球粒陨石的 Sm/Nd 比值的地幔源区；若其 $\varepsilon_{Nd} > 0$，则意味着岩浆来自一个其 Sm/Nd 比值大于球粒陨石质的地幔源区，即来自亏损型地幔的地幔源区（因为 Nd 比 Sm 更不相容）；而当其 $\varepsilon_{Nd} < 0$，则岩浆来自一个 Sm/Nd 比值小于球粒陨石质的地幔源区，即来自一个富集型地幔或地壳源区。

(2) $\varepsilon_{Nd}^{现代}$ 值：单个样品的 $\varepsilon_{Nd}^{现代}$ 值可以给出样品相对于球粒陨石质地幔的分异程度。该分异程度还可以由分异因子来表示：

$$f^{Sm/Nd} = \frac{(^{147}Sm/^{144}Nd)_{样品,现代} - (^{147}Sm/^{144}Nd)_{CHUR,现代}}{(^{147}Sm/^{144}Nd)_{CHUR,现代}} \qquad (3\text{-}40)$$

其分异的程度与 ε_{Nd} 值之间的关系如图 3-25 所示。

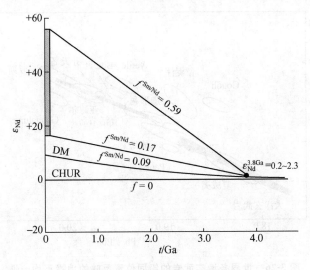

图 3-25　ε_{Nd} 值-时间演化图

（据 Collerson et al.，1991）

图中 CHUR 代表球粒陨石，DM 代表亏损型地幔

六、自然界的铅同位素及其示踪

与地幔相比，地壳中具有相对高的 $^{206}Pb/^{204}Pb$、$^{207}Pb/^{204}Pb$ 和 $^{208}Pb/^{204}Pb$ 比值。这是由于地壳具有比地幔高的放射性母体所致，因此铅同位素也是非常好的同位素示踪剂。

根据已有的研究资料（图 3-26），地幔的铅同位素具有如下重要的特征：① 大洋玄武岩的 $^{206}Pb/^{204}Pb$ 和 $^{207}Pb/^{204}Pb$ 成分区大多围绕着 μ 值为 7.9 的地幔铅同位素原始增长曲线分布，表明这些玄武岩来自地幔源区；② 经铅同位素模式年龄计算得出源区形成于 1.5～1.7 Ga，表明大洋地幔可能产生于元古代；③ 洋中脊玄武岩具最低的放射性子体铅同位素，而洋岛玄武岩具较高的放射性子体铅同位素，由此反映两者源区的差异性；④ 洋岛玄武岩的铅同位素成分有较大的变化范围，并落在 μ_0 值不同的铅同位素增长线上，说明它们来自放射性母体同位素初始丰度值不同的地幔。Tatsumoto（1978）由上述资料推测地幔具有如下演化历史：地球最早是均一的，在约 4.55 Ga 时地球冷凝分异出现最原始的太古代地幔，并开始有岩浆作用发生，如科马提岩浆的抽取；直至 1.5～1.7 Ga，因地幔发生大的亏损事件导致形成大洋地幔；在以后的漫长地质历史中，又因地幔对流、岩石圈板块的相互作用和更深部物质的上涌而使地幔具不均一性。

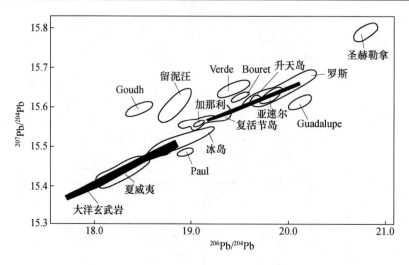

图 3-26　世界各地玄武岩的铅同位素反映的地幔不均一性

（据 Tatsumoto，1978）

第五节　稳定同位素地质温度计

一、基本原理

同位素地质温度计的原理是基于：平衡共存物质之间的分馏系数是温度的函数。通过理论和实验研究可以建立如下分馏系数与温度的通用表达式（图 3-27）：

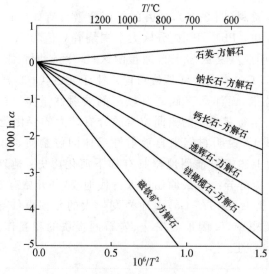

图 3-27　分馏系数与温度的关系图

（据 Chiba et al.，1989）

$$1000\ln\alpha = A(10^6 T^{-2}) + B \tag{3-41}$$

式中 α 为同位素分馏系数，T 为绝对温度，A 和 B 是与矿物或共存相有关的常数。表 3-8 和 3-9 列出了部分同位素地质温度计算公式中的常数。

表 3-8　一些实用的平衡共存相氧同位素温度计

矿物-水体系	A	B	温度范围/℃	资料来源
重晶石-水	3.00	−6.79	100～350	Friedman and O'Neil, 1977
方解石-水	2.78	−3.40	0～700	O'Neil et al., 1969
石英-水	3.38	−3.40	200～500	Clayton et al., 1972
石英-水	2.51	−1.96	500～750	Clayton et al., 1972
碱性长石-水	2.91	−3.41	350～800	O'Neil et al., 1969
钙长石-水	2.15	−3.82	350～800	O'Neil et al., 1969
白云母-水	2.38	−3.89	400～650	O'Neil et al., 1967
白云母-水	1.90	−3.10	500～800	Bottinga et al., 1973

表 3-9　一些实用的平衡共存相硫同位素温度计

矿物对	A	B	温度范围/℃	资料来源
黄铁矿-方铅矿	1.03			Ohmoto and Rye, 1979
黄铁矿-方铅矿	1.08		150～600	Clayton, 1981
黄铁矿-闪锌矿	0.30			Ohmoto and Rye, 1979
黄铁矿-黄铜矿	0.45			Ohmoto and Rye, 1979
闪锌矿-方铅矿	0.73			Ohmoto and Rye, 1979
闪锌矿-方铅矿	0.76		100～600	Clayton, 1981
硫酸盐-黄铁矿	6.063	0.56		Ohmoto and Lasaga, 1982
硫酸盐-黄铁矿	6.513	0.56		Ohmoto and Lasaga, 1982

二、同位素测温方法

同位素测温方法有以下三种：

（1）外部测温法：即只测定共存相中固相的同位素组成，对于另一相（通常为液相）不进行测定，而采用某一假定值。例如，在利用古海相碳酸盐矿物的氧同位素组成测定古海水温度时，古海水的同位素组成是无法直接测定的，因此实际应用时需要假定它与现代海水相同。表 3-8 列出了一些矿物-水体系的氧同位素地质温度计参数。

（2）内部测温法：即直接测定共生的两种化合物的同位素组成来确定温度。内部测温法要求至少能获得共存相中的两个矿物才可以进行温度测定。表 3-9 列出了一些常用的矿物对硫同位素地质温度计参数。

（3）单矿物测温法：是通过测量矿物不同部位的同位素组成来确定温度的。例如,对于含水矿物,可以将其中的羟基氧和硅氧四面体的氧作为两共存矿物中的氧,并由其测得的同位素组成计算形成温度。该方法的优点是它们均属于同一矿物,因此不存在是否平衡的问题。但目前对于测定同一矿物中不同结构位置上的同位素还有一定的困难,还有待于技术上的改进和发展。

三、同位素温度计共存矿物对的选择

自然界中常常可以有许多共存矿物对,实际应用中可以根据以下原则来选择最合适的共存矿物对：

（1）组成矿物对的矿物较丰富；

（2）组成矿物对的矿物在较高的温度和压力范围内具有较高的化学和同位素稳定性；

（3）组成矿物对的矿物化学成分变化有一定限制范围,因为同位素分馏还与化学成分有关；

（4）矿物对具有较大的分馏系数,以具有较小的误差；

（5）矿物对之间达到并保持着同位素的交换平衡。

四、矿物对之间同位素交换平衡的判断

同位素温度计应用的必要条件是共存相之间必须达到同位素的交换平衡。因此准确判断样品是否达到交换平衡是获得可靠数据的保证。

（1）共生矿物的同位素富集顺序法：该方法的原理是,平衡条件下,共存矿物中的同位素组成往往受矿物中键的强度控制,因此其同位素组成与矿物类型之间的关系具有一定的规律。例如,常见矿物的氧同位素（$\delta^{18}O$ 值）规律如下：磁铁矿＜钛铁矿＜绿泥石＜黑云母＜石榴子石＜橄榄石＜角闪石＜辉石＜钙长石＜白云母＜斜长石＜方解石＜碱性长石＜白云石＜石英。若其同位素顺序不符合上述规律,则可能存在着同位素的不平衡。

（2）共生矿物的温度一致性法：该方法的原理是,对于同位素平衡条件下共存的一组矿物应具有相同的温度值。因此,若由三个共生矿物得出的同位素温度之差在实验误差范围内,则可认为三个矿物之间达到了同位素平衡,否则为不平衡。

拓展阅读

[1] 郑永飞.稳定同位素地球化学[M].北京：科学出版社,2000.
[2] 陈俊,等.地球化学[M].北京：科学出版社,2004.
[3] 魏菊英,等.同位素地球化学[M].北京：地质出版社,1988.

[4] 陈岳龙,等.同位素地质年代学与地球化学[M].北京:地质出版社,2005.

复 习 思 考

1. 试述稳定同位素的表示方法。

2. 试述自然界中放射性同位素组成变化的原因。

3. 试述自然界中稳定同位素组成变化的原因。

4. 等时线方法适用于怎样的样品?

5. 为什么 ^{14}C 法可以确定古陶器、古铁器的年龄?

6. 试述硫和氧同位素地质温度计的原理及特点。

7. 锆石 U-Pb 谐和曲线的上交点和下交点分别代表什么年龄意义?

8. 沉积岩的模式年龄代表什么地质意义?

9. 为什么初始 ^{87}Sr/^{86}Sr 同位素比值可以指示岩浆岩的来源?

10. 试述氢、氧和硫同位素在矿床成因研究中的作用。

11. (1) 从下列数据计算出锆石的三种年龄:

U $= 962 \times 10^{-6}$,Pb $= 548 \times 10^{-6}$,^{206}Pb/^{204}Pb $= 1960.8$,^{207}Pb/^{204}Pb $= 464.9$,^{208}Pb/^{204}Pb $= 147.4$。初始铅同位素比值的数据为 $(^{206}$Pb/^{204}Pb$)_0 = 14.2$,$(^{207}$Pb/^{204}Pb$)_0 = 15.0$。计算用的衰变常数见表3-4。

(2) 从伟晶岩中的三种矿物得到如下数据:

	Rb/10^{-6}	Sr/10^{-6}	^{87}Sr/^{86}Sr
白云母	238.4	1.80	1.4125
黑云母	1080.9	12.8	1.2587
钾长石	121.9	75.5	0.7502

假设初始 ^{87}Sr/^{86}Sr 比值为 0.704,计算这些矿物的模式年龄。

(3) 有下列侵入岩的全岩 Rb-Sr 同位素数据,试计算其初始同位素比值和等时线年龄。

样品号	^{87}Rb/^{87}Sr	^{87}Sr/^{86}Sr
1	11.86	0.7718
2	7.66	0.7481
3	6.95	0.7436
4	9.68	0.7587
5	6.54	0.7413
6	9.69	0.7599
7	3.74	0.7259

第四章 微量元素地球化学原理

现代地球化学研究中,微量元素分析已经成为一种不可缺少的手段。微量元素在研究太阳系、地球的起源、大地构造环境、矿床的成矿物质来源、矿物和岩石的成因、生物灭绝事件等方面已经发挥了极其重要的作用。本章将首先介绍微量元素作为地球化学的原理、方法,然后介绍相关的一些研究实例。

第一节 微量元素地球化学应用的理论基础

一、基本概念和定律

1. 微量元素的概念

微量元素通常指矿物中含量低于 0.1% 的元素。但严格地讲,微量元素在体系中的行为应该能够符合亨利定律的稀溶液性质。由于各微量元素与体系中主要元素的相互作用各异,因此其含量的上限也会各不相同。

2. 溶质和溶剂的概念

溶质:一般指溶液中占次要含量的组分。

溶剂:一般指溶液中占主要含量的组分。

对于矿物来说,其中的微量元素可以视为溶质,主要元素可以视为溶剂。

3. 稀溶液的性质

(1)拉乌尔定律:在一定温度下,溶剂的活度等于纯溶剂的活度与其摩尔分数的乘积。用公式可表达为

$$a_j = a_j^0 \cdot X_j \tag{4-1}$$

式中 a_j 为溶剂 j 的活度,a_j^0 为纯溶剂 j 的活度,X_j 为溶剂 j 的摩尔分数。

(2)亨利定律:在一定温度下,溶质的活度与溶质的摩尔分数成正比。用公式表达为

$$a_i = \gamma_i \cdot X_i = K_i^j \cdot X_i \tag{4-2}$$

式中 a_i 为溶质 i 的活度,γ_i 为溶质 i 的活度系数或亨利常数(K_i^j),X_i 为溶质 i 的摩尔分数。上述关系可以解释为在稀溶液中,溶质与溶质的相互作用是微不足道的,而溶质与溶剂的相互作用制约着溶质和溶剂的性质。

为了便于理解稀溶液的性质,我们用溶液的活度-组分摩尔分数的关系图(图 4-1)进行说明(图中的非理想曲线在横坐标上作了适当夸大)。由图可以看出,理想溶液是

符合拉乌尔定律的。但实际溶液却明显偏离理想溶液,这是因为溶液中存在着质点之间的相互作用。尽管实际溶液已经远远偏离理想溶液,但是我们却注意到在一定的组分摩尔分数范围内存在着活度与组分摩尔分数之间的线性关系。该线性关系的斜率即为亨利常数。利用该亨利常数可以对该范围内的实际溶液进行定量描述。

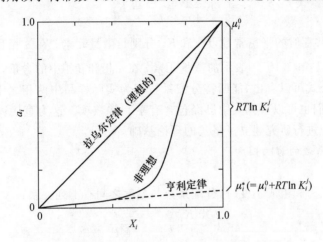

图 4-1　理想溶液和遵守亨利定律的组分与活度的关系

4. 矿物中微量元素的稀溶液性质

按照广义的溶液定义,矿物中的微量元素就如同溶质溶解于溶剂中,因此可以将矿物理解为一种固体溶液。例如,橄榄石中的$(Mg,Fe)_2SiO_4$是其主体部分,可视为固体溶液中的溶剂,而Ni_2SiO_4含量很低,可视为固体溶液中的溶质。若橄榄石中的Ni_2SiO_4含量低到能够符合亨利定律,则其就具有稀溶液的性质。只有在这种条件下,其中的微量元素含量与体系的热力学性质之间才存在着定量的关系。

二、分配系数及其影响因素

第二章已经介绍了分配系数的概念,这里将主要介绍和讨论分配系数与温度和压力等的关系。

(一)能斯特分配系数

设微量元素 i 在两个共存相 α 和 β 之间的分配达到平衡时,二者的化学位相等,即有

$$\mu_\alpha = \mu_\beta$$

和

$$\mu_\alpha^0 + RT\ln a_i^\alpha = \mu_\beta^0 + RT\ln a_i^\beta$$

将亨利定律公式代入上式,得

$$-\Delta G^0 = RT\ln\left(\frac{K_i^\alpha}{K_i^\beta} \cdot \frac{C_i^\alpha}{C_i^\beta}\right) = RT\ln K \tag{4-3}$$

即

$$K\frac{K_i^\beta}{K_i^\alpha} = \frac{C_i^\alpha}{C_i^\beta} = K_D \tag{4-4}$$

式中 K 是两相共存时的平衡常数, K_i^α 和 K_i^β 分别是微量元素 i 在 α 相和 β 相的亨利常数, C_i^α 和 C_i^β 是以 ppm(10^{-6}) 表示的微量元素 i 在 α 相和 β 相中的含量, K_D 为能斯特分配系数。由此公式可以看出, 能斯特分配系数即为实际样品中两相之中微量元素 i 的比值。另外, 我们也可以看到其中已经包含有亨利常数项。这为直接通过两共存相中微量元素的分配进行研究建立了坚实的理论基础。

（二）分配系数的影响因素

1. 温度

当体系的压力和组成不变时, 分配系数与温度之间有下列关系：

$$\left(\frac{\partial \ln K_D}{\partial T}\right)_{P,X} = \frac{\Delta H}{RT^2} \tag{4-5}$$

若温度对 ΔH 的影响可以忽略, 上式积分后得

$$\ln K_D = -\frac{\Delta H}{RT} + B \tag{4-6}$$

由上式可看出, 分配系数的对数与温度的倒数 $(1/T)$ 呈线性关系, 其斜率是 $-\Delta H/R$, 截距是 B。对于大多数元素来说, 其在矿物与熔体之间的分配系数一般随温度增高而减小。该式也是微量元素地质温度计应用的基础。

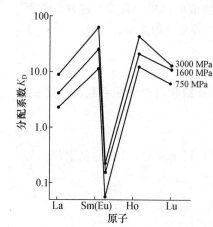

图 4-2　压力对分配系数的影响

（据 Green et al. ,1983）

2. 压力

当温度和组成不变时, 压力与分配系数有如下关系：

$$\left(\frac{\partial \ln K_D}{\partial P}\right)_{T,X} = -\frac{\Delta V}{RT} \tag{4-7}$$

式中 ΔV 是由于微量元素进入不同相所引起的体系摩尔体积差。由于微量元素的置换所引起的体系变化很小, 因此其对分配系数的影响较小。但若压力变化很大, 则该影响将不可忽略。图 4-2 示出了在较大的压力变化范围, 稀土元素分配系数随压力的变化关系。

3. 熔体总成分（溶剂）

由于不同元素之间的相互作用存在差异, 因

此熔体的总成分对分配系数的影响较大。图 4-3 非常清楚地示出了角闪石与不同熔体之间稀土元素的分配系数差异。总的看来,熔体的 SiO_2 含量越高,稀土元素在角闪石与熔体之间的分配系数越大。

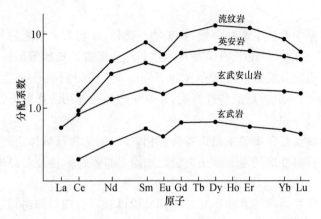

图 4-3　稀土元素在角闪石与不同成分的熔体之间的分配系数

(据 Rollinson,1993)

由图可以清楚地看出稀土元素的分配系数随着熔体酸性的增加(SiO_2 含量的增高)而增大

4. 氧逸度

由于氧逸度会影响元素的价态,同时会改变元素的半径,因此氧逸度将对变价元素的分配系数产生影响。图 4-4 示出了氧逸度对稀土元素中 Eu 分配系数的影响。由图可以看出,氧逸度越低,Eu 的分配系数越大,即明显偏离其他稀土元素的分配系数。

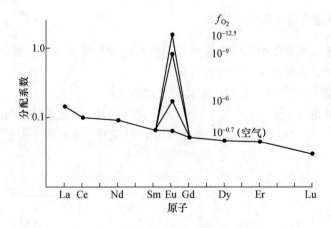

图 4-4　Eu 的分配系数与氧逸度的关系

(据 Drake et al.,1975)

（三）分配系数的确定

元素的分配系数是微量元素地球化学的基础，因此获得可靠的元素分配系数值一直是地球化学的重要任务之一。目前分配系数主要通过以下两种方法获得。

1. 天然样品

根据自然体系中两种平衡共存相，如矿物与熔体、矿物与矿物之间元素的含量进行确定。例如，火山岩中常见的长石斑晶和熔体相淬火形成的玻璃等等。

由天然样品确定分配系数可能存在如下问题：不易得到准确的温度数值；不易确定体系是否达到平衡；成岩后的各种影响，如变质或风化作用的影响等。

2. 人工实验

即通过进行高温高压实验来测定各共存相之间（如矿物与熔体之间）元素的分配系数。该方法可以获得准确的温度和压力值。缺点是自然体系往往是经历了漫长的地质历史，人工实验在时间上不易达到体系的真正平衡。

实际应用中往往是两种方法相互补充和检验以获得合理可靠的元素分配系数值。

第二节　微量元素比值的示踪原理

除了同位素比值外，微量元素比值也是一种有效的示踪方法。它不仅可以用于研究岩浆过程，也可以用于研究表生地球化学作用以及变质作用。

自然界中微量元素的不均匀分布一部分来自地球形成时的各种复杂地质地球化学过程，另一部分则与元素在各种地质作用中元素的重新分配密切相关。因此岩石或矿物中隐含有许多重要的地球化学信息。

一、岩浆过程微量元素比值示踪原理

岩浆过程包括部分熔融和结晶分异作用。它们对微量元素的影响分别可以用部分熔融作用模型和结晶分异作用模型进行描述。

1. 部分熔融过程原岩与岩浆的微量元素比值关系

对于熔体中两种元素（或同位素）的比值与源区岩石中元素（或同位素）比值的关系，可以用分批部分熔融模型导出。首先设有两种元素（用 1 和 2 表示），将其对应的 Shaw(1970)的方程

$$\frac{C_1}{C_o} = \frac{1}{D_o + F(1-P)}$$

联立可得

$$\frac{C_{1,1}}{C_{1,2}} = \frac{D_{o,2} + F(1-P_2)}{D_{o,1} + F(1-P_1)} \cdot \frac{C_{o,1}}{C_{o,2}} \tag{4-8}$$

由上式可以看出，当 $D_{o,1}$、$D_{o,2}$、P_1、P_2 相对于部分熔融程度 F 可以忽略时，也即 F 值远远大于 D_i 和 P_i 时，熔体中两种元素的比值约等于源岩中的元素比值。以上熔体与源区岩石的元素比值关系也可以写成如下形式：

$$\frac{C_{1,1}}{C_{1,2}} = \left[D_{o,2} - D_{o,1}\left(\frac{1-P_2}{1-P_1}\right) \right]\frac{C_{1,1}}{C_{o,2}} + \frac{C_{o,1}}{C_{o,2}}\left(\frac{1-P_2}{1-P_1}\right) \tag{4-9}$$

如果上式中分配系数 D_1、D_2 和 P_1、P_2 均为常数，则 $C_{1,1}/C_{1,2}$ 与 $C_{1,1}$ 为线性关系，直线的斜率和截距分别为

$$A = \left[D_{o,2} - D_{o,1}\left(\frac{1-P_2}{1-P_1}\right) \right]\frac{1}{C_{o,2}}$$

$$B = \frac{C_{o,1}}{C_{o,2}}\left(\frac{1-P_2}{1-P_1}\right)$$

由此可以看出，如果斜率 $A=0$，则熔体中两种元素的比值 $C_{1,1}/C_{1,2}$ 为一常数且与部分熔融程度无关。此时有两种情况：

(1) 当 $D_{o,1} \approx D_{o,2}$ 和 $P_1 \approx P_2$ 时，显然有

$$\frac{C_{1,1}}{C_{1,2}} = \frac{C_{o,1}}{C_{o,2}} \tag{4-10}$$

即两种元素都是强的不相容元素时，熔体中的元素比值等于源区岩石的比值。如同位素比值和一些具有几乎相等离子半径的元素对（Zr-Hf、Nb-Ta、Y-Ho 等）能够满足此条件。

(2) 使斜率 $A=0$ 的另一种情况是

$$\frac{D_{o,2}}{D_{o,1}} = \frac{1-P_2}{1-P_1} \tag{4-11}$$

此种情况下，熔体的元素比值不能反映源区岩石的元素比值。

2. 岩浆结晶过程的微量元素比值变化

已知分离结晶作用岩浆的结晶作用模型为

$$C_1/C_o = F^{(D-1)}$$

设有两种元素 1 和 2，它们的分配系数分别为 D_1 和 D_2，则有

$$\frac{C_{1,1}}{C_{1,2}} = \frac{C_{o,1}}{C_{o,2}}F^{(D_1-D_2)} \tag{4-12}$$

我们来考察当元素 1 和元素 2 的分配系数不同时，结晶分异作用对该比值的影响。

(1) 当两种元素的分配系数相等时，可以得出

$$\frac{C_{1,1}}{C_{1,2}} = \frac{C_{o,1}}{C_{o,2}}F^{(0)} = \frac{C_{o,1}}{C_{o,2}} \tag{4-13}$$

(2) 当元素 1 和元素 2 均为强不相容元素（即其 $D<0.01$）时，有

$$\frac{C_{1,1}}{C_{1,2}} = \frac{C_{o,1}}{C_{o,2}} F^{(<0.01)} \cong \frac{C_{o,1}}{C_{o,2}} \tag{4-14}$$

因此,其误差在 1% 以内。

(3) 设元素 1 和元素 2 分别为强不相容($D < 0.01$)和中等不相容元素($0.01 < D < 0.1$)时,则

$$\frac{C_{1,1}}{C_{1,2}} = \frac{C_{o,1}}{C_{o,2}} F^{(<0.1)} \approx \frac{C_{o,1}}{C_{o,2}} \tag{4-15}$$

显然,第三种情况的误差在 10% 以内。

二、其他地球化学作用对微量元素比值的影响

其他地球化学作用对微量元素含量变化的影响因素有:元素在水溶液中的溶解度差异、元素被黏土矿物或胶体吸附的能力差异等。目前这些作用对微量元素的影响多为定性研究和应用。

(1) 不易活动的高场强元素之间的比值:与低场强元素相比,高场强元素不易活动。该比值常常可以用于指示受表生条件或有水作用时物源区岩石的地球化学特征。常用的比值有:Zr/Hf、Nb/Ta、La/Sm、Y/Tb 等。

(2) 高场强元素与低场强元素之间的比值:由于高场强元素和低场强元素分别为不易活动和易活动元素,因此它们的比值可用于指示岩石样品是否曾经遭受过热液作用或表生环境有水的作用,其表现出的主要特征是该比值具有无规律且大的变化范围。常用的比值有:Sr/Nd、Ba/La 等。

总的来说,目前还缺少能够定量描述其他地球化学作用的模型,还有待于理论地球化学的发展和完善。

第三节　稀土元素的地球化学及其应用

一、稀土元素的主要地球化学性质

稀土元素原子的电子构型可用以下通式表示:

$$1s^2\ 2s^2\ 2p^6\ 3s^2\ 3p^6\ 3d^{10}\ 4s^2\ 4p^6\ 4d^{10}\ 4f^{0\sim14}\ 5s^2\ 5p^6\ 5d^{0\sim1}\ 6s^2$$

可以看出,随着原子序数增加,所增加的电子主要排布在 4f 亚层上,而其他各层的结构基本保持不变。这是决定稀土元素一系列地球化学特征的重要原因。

稀土元素最外电子层的特征决定了其具有相似的原子大小,从 La 到 Lu 的原子半径为 $1.877\sim1.735$ Å,离子半径为 $1.061\sim0.848$ Å。稀土元素随原子序数增加,半径不增大反而减小,即存在"镧系收缩"现象。稀土元素相似的离子半径、离子电位等使它们总是在自然界密切共生。

1. 稀土元素的电子构型和价态

稀土元素常失去 5d 和 6s 轨道的电子,保留 4f 亚层的电子而呈＋3 价价态。在较还原条件下,Eu、Yb 失去两个电子可以使外层电子数为半充满而呈＋2 价;在较氧化条件下,Ce、Tb 失去四个电子使 f 亚层电子数为半充满而呈＋4 价。

2. 稀土元素的分组

为了便于研究,常需要将稀土元素分成两组或三组。

(1) 分两组:

轻稀土(LREE):La、Ce、Pr、Nd、Sm、Eu;

重稀土(HREE):Gd、Tb、Dy、Ho、Er、Tm、Yb、Lu。

(2) 分三组:

轻稀土(LREE):La、Ce、Pr、Nd;

中稀土(MREE):Sm、Eu、Gd、Tb、Dy、Ho;

重稀土(HREE):Er、Tm、Yb、Lu。

表 4-1　稀土元素的电子层结构

原子序数	符　号	电子层构型			
		0 价	＋2 价	＋3 价	＋4 价
57	La	$[Xe]5d^1 6s^2$	$[Xe]5d^1$	$[Xe]4f^0$	
58	Ce	$[Xe]4f^1 5d^1 6s^2$	$[Xe]4f^2$	$[Xe]4f^1$	$[Xe]4f^0$
59	Pr	$[Xe]4f^3 6s^2$	$[Xe]4f^3$	$[Xe]4f^2$	
60	Nd	$[Xe]4f^4 6s^2$	$[Xe]4f^4$	$[Xe]4f^3$	
61	Pm[a]	$[Xe]4f^5 6s^2$	$[Xe]4f^5$	$[Xe]4f^4$	
62	Sm	$[Xe]4f^6 6s^2$	$[Xe]4f^6$	$[Xe]4f^5$	
63	Eu	$[Xe]4f^7 6s^2$	$[Xe]4f^7$	$[Xe]4f^6$	
64	Gd	$[Xe]4f^7 5d^1 6s^2$	$[Xe]4f^7 6s^1$	$[Xe]4f^7$	
65	Tb	$[Xe]4f^9 6s^2$	$[Xe]4f^9$	$[Xe]4f^8$	$[Xe]4f^7$
66	Dy	$[Xe]4f^{10} 6s^2$	$[Xe]4f^{10}$	$[Xe]4f^9$	
67	Ho	$[Xe]4f^{11} 6s^2$	$[Xe]4f^{11}$	$[Xe]4f^{10}$	
68	Er	$[Xe]4f^{12} 6s^2$	$[Xe]4f^{12}$	$[Xe]4f^{11}$	
69	Tm	$[Xe]4f^{13} 6s^2$	$[Xe]4f^{13}$	$[Xe]4f^{12}$	
70	Yb	$[Xe]4f^{14} 6s^2$	$[Xe]4f^{14}$	$[Xe]4f^{13}$	
71	Lu	$[Xe]4f^{14} 5d^1 6s^2$	$[Xe]4f^{14} 6s^1$	$[Xe]4f^{14}$	

a. Pm 为放射性元素,在自然界不能稳定存在。

二、稀土元素组成的数据表示方法

1. 数据的标准化及稀土丰度模式图

将稀土元素的丰度绘制在按原子序数的顺序排列的图中是重要的数据表示方法。根据自然界元素的丰度特征可知,元素的奇-偶效应将使元素的丰度呈锯齿状。为了消除它的影响,需要用标准数据(表 4-2)对样品的数据进行标准化处理。图 4-5 示出了未经处理和处理的数据图形。显然,经过标准化的数据展现了更清楚的各稀土元素之间的丰度关系。

表 4-2　用于进行标准化的稀土元素丰度值

元　素	Leedy 球粒陨石[a]	9 个球粒陨石平均[b]	12 个球粒陨石组合样品[c]	40 个北美页岩平均[d]	CⅠ球粒陨石[e]	原始地幔[f]
分析方法	同位素稀释法	中子活化	中子活化	中子活化	—	—
La	0.3780	0.330	0.340	32.000	0.3100	0.7080
Ce	0.9760	0.880	0.910	73.000	0.8080	1.8330
Pr		0.112	0.121	7.900	0.1220	0.2780
Nd	0.7160	0.600	0.640	33.000	0.6000	1.3660
Sm	0.2300	0.181	0.195	5.700	0.1950	0.4440
Eu	0.0866	0.069	0.073	1.240	0.0735	0.1680
Gd	0.3110	0.249	0.260	5.200	0.2590	0.5950
Tb		0.047	0.047	0.850	0.0474	0.1080
Dy	0.3900		0.300		0.3220	0.7370
Ho		0.070	0.078	1.040	0.0718	0.1630
Er	0.2550	0.200	0.200	3.400	0.2100	0.4790
Tm		0.030	0.032	0.500	0.3240	0.0740
Yb	0.2190	0.200	0.220	3.100	0.2090	0.0480
Lu	0.0387	0.034	0.034	0.480	0.0332	0.0737

注: a. Masuda et al. ,1973;b. Haskin L A, 1968;c. Wakita, 1971;d. Haskin L A, 1968;e. Boynton W V, 1984;f. McDonough et al. ,1991。

2. 表征稀土组成的参数

(1) 稀土元素总量($\sum$REE):它反映了地质或地球化学作用对稀土元素的分异情况。稀土总量越高,分异就越强,表明其曾经发生过较强的富集作用。

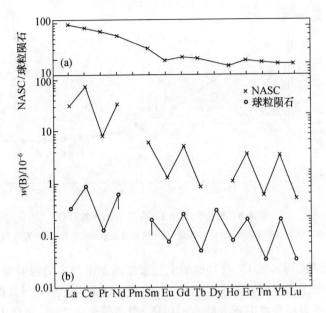

图 4-5　稀土元素标准化图解原理

(引自亨德森，1989)

(a) 北美页岩组合样(缩写：NASC)的稀土元素标准化图解；(b) 哈斯金等(1968)给出的
NASC 丰度值。其中叉号代表北美页岩样品分析值，空心圆圈代表普通球粒陨石值

(2) 稀土元素的比值：可以按不同要求选择元素组合的比值或单个元素的比值来表示。例如，轻稀土与重稀土的比值：LREE/HREE；单个元素的比值：La/Yb、La/Lu、Ce/Yb、La/Sm、Gd/Lu 等。也可对标准化后的数据取其比值，如 $(La/Yb)_N$、$(La/Lu)_N$、$(Ce/Yb)_N$、$(La/Sm)_N$、$(Gd/Lu)_N$ 等。稀土元素之间的比值反映了稀土元素之间的分异作用强弱。比值越高，反映了不相容元素更大程度的富集作用。

(3) 异常值 δEu 和 δCe：地球化学研究中常常用这些异常值来示踪地球化学过程和物理化学条件。δEu、δCe 的计算原理见图 4-6，其计算公式如下：

$$\delta Eu = \frac{Eu_N}{Eu_N^*} = \frac{Eu_N}{0.5(Sm_N + Gd_N)} \tag{4-16}$$

$$\delta Ce = \frac{Ce_N}{Ce_N^*} = \frac{Ce_N}{0.5(La_N + Pr_N)} \tag{4-17}$$

式中元素符号的下标 N 表示计算前首先要将该元素进行标准化。

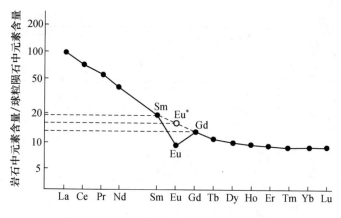

图 4-6　稀土元素中 Eu 异常值的计算原理

图中 Eu*（空心圆圈）为未分异值（正常值），其值由 Sm 和 Gd 值计算得到

该异常值反映了 Eu 或 Ce 与其他稀土元素之间发生分离的强弱程度。例如，当该值小于 1 时，在稀土丰度模式图中显示出一个"谷"，这表明其相对于其他稀土元素发生了亏损，该值越小表示亏损的程度越大。相反，当该值大于 1 时，在稀土丰度模式图中显示出一个"峰"，这表明其相对于其他稀土元素发生了富集作用。

Eu 和 Ce 相对于其他稀土元素发生分异的程度通常与体系的氧化还原条件相关。Eu 和 Ce 一般呈＋3 价，但 Eu 在较还原条件下将呈＋2 价（如在地球深部的岩浆条件下），而 Ce 在较氧化条件下则可呈＋4 价，因此根据它们的亏损和富集可以提供其地球化学分异的原因和氧化还原等物理化学条件信息。

三、稀土元素的地球化学应用

岩浆岩成因模拟：稀土元素中的各元素在不同的岩浆过程中具有不同的行为，利用此性质可以认识岩浆岩所经历的岩浆过程。图 4-7 示出了平衡部分熔融作用和结晶分异作用中稀土元素的 La/Sm-La 关系。由图可以看出，部分熔融作用中 La/Sm 比值随部分熔融程度的减小而增大（岩浆中 La 的含量与部分熔融程度成反比），而结晶分异作用中 La/Sm 比值却与结晶程度无关（La 和 Sm 分别为强和中等不相容元素）。

另外，岩浆过程若发生了斜长石的结晶分异作用，则在稀土元素丰度模式图中将出现明显的 Eu 异常（图 4-8）。这是由于在较还原的条件下，Eu 可以呈＋2 价置换斜长石中的 Ca，从而使岩浆中的 Eu 发生亏损。

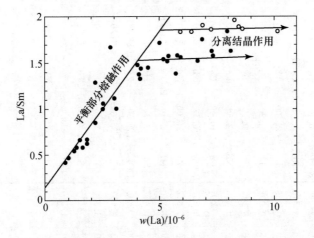

图 4-7　岩浆岩的平衡部分熔融和结晶分异作用识别

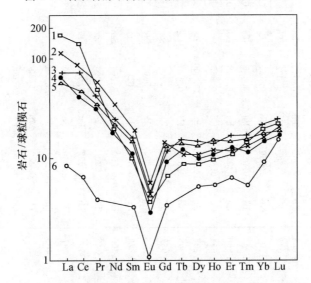

图 4-8　福建魁岐晶洞碱性花岗岩(A 型花岗岩)的球粒陨石

标准化稀土元素丰度模式图

（据洪大卫,1985;转引自韩吟文等,2003）

1～5. 钠闪石晶洞碱性花岗岩；6. 钠长石化的钠闪石晶洞花岗岩

第四节　微量元素蛛网图及其应用

微量元素蛛网图是一种用多元素作为参照以显示元素是否存在异常的数据表示方法。它与单一元素或元素比值相比,可以提供更多的信息。

表 4-3　用于微量元素蛛网图的标准化数据（单位：10^{-6}）

原始地幔（共用元素列，第 1～4 列）

元素	1	2	3	4
Cs	0.019		0.023	0.018
Rb	0.860	0.810	0.635	0.550
Ba	7.560	6.900	6.990	5.100
Th	0.096	0.094	0.084	0.064
U	0.027	0.026	0.021	0.018
K	252.0	260.0	240.0	180
Ta	0.043	0.040	0.041	0.040
Nb	0.620	0.900	0.713	0.560
La	0.710	0.630	0.708	0.560
Ce	1.900		1.833	0.551
Sr	23.000	28.000	21.100	17.800
Nd	1.290		1.366	1.067
P	90.400			
Hf	0.350	0.350	0.309	0.270
Zr	11.000	11.000	11.200	8.300
Sm	0.385	0.380	0.444	0.347
Ti	1200	1300	1280	960
Tb	0.099		0.108	0.087
Y	4.870	4.600	4.550	3.400
Pb		0.071		

原始地幔（第 5 列）

元素	5
Ba	6.900
Rb	0.350
Th	0.042
K	120
Nb	0.350
Ta	0.020
La	0.329
Ce	0.865
Sr	11.800
Nd	0.630
P	46.000
Sm	0.203
Zr	6.840
Hf	0.200
Ti	620
Tb	0.052
Y	2.000
Tm	0.034
Yb	0.220

球粒陨石（第 6 列）

元素	6
Rb	1.880
K	850
Th	0.040
Ta	0.022
Nb	0.560
Ba	3.600
La	0.328
Ce	0.865
Sr	10.500
Hf	0.190
Zr	9.000
P	500
Ti	610
Sm	0.203
Y	2.000
Lu	0.034
Sc	5.210
V	49.000
Mn	1720
Fe	265000
Cr	2300
Co	470
Ni	9500

球粒陨石（第 7、8 列）

元素	7	8
Cs	0.012	0.188
Pb	0.120	2.470
Rb	0.350	2.320
Ba	3.800	2.410
Th	0.050	0.029
U	0.013	0.008
Ta	0.020	0.014
Nb	0.350	0.246
K	120	545
La	0.315	0.237
Ce	0.813	0.612
Sr	11.000	7.260
Nd	0.597	0.467
P	46.000	1220
Sm	0.192	0.153
Zr	5.600	3.870
Ti	620	445
Y	2.000	1.570

MORB（第 9 列）

元素	9
Sr	120
K_2O/%	0.15
Rb	2.00
Ba	20.00
Th	0.20
Ta	0.18
Nb	3.50
Ce	10.00
P_2O_5/%	0.12
Zr	90.00
Hf	2.40
Sm	3.30
TiO_2/%	1.50
Y	30.00
Yb	3.40
Sc	40.00
Cr	250.0

MORB（第 10 列）

元素	10
Rb	1.00
Ba	12.00
K_2O/%	0.15
Th	0.20
Ta	0.17
Sr	136
La	3.00
Ce	10.00
Nb	2.50
Nd	8.00
P_2O_5/%	0.12
Hf	2.50
Zr	88.00
Eu	1.20
TiO_2/%	1.50
Tb	0.71
Y	35.00
Yb	3.50
Ni	138
Cr	290

注：1. Wood et al.，1979；Ti 取自 Wood et al.，1981；2. Sun，1980；Cs 0.017～0.008；3. Jagoutz et al.，1979；4. McDonough et al.，1992；5. Taylor and McLennan，1985；6. Thompson，1982；其中 Ba 取自 Hawkesworth et al.，1984；Rb、K、P 取自 Sun，1980；7. Wood et al.，1979b；8. Sun，1980；9. Sun and McDonough，1989：CI 球粒陨石和非亏损地幔值；10. Pearce，1983；Sc 和 Cr 取自 Pearce，1982

一、微量元素蛛网图的类型及原理

与稀土元素模式图类似,微量元素蛛网图也是按元素的性质顺序排列得到的。按元素排列方式的不同,有如下两种类型:

(1) 按元素在地幔岩石与岩浆之间的分配系数(D_i)增大的顺序排列(Sun,1980;Thompson,1982);

(2) 按元素六次配位的阳离子半径减小的次序排列(Pearce,1983)。

微量元素蛛网图的绘制首先要将数据进行标准化。目前常用的标准化数据有以下几种:原始地幔、球粒陨石、洋中脊玄武岩(MORB)的元素含量(表4-3)。

微量元素蛛网图的基本原理是:由于微量元素按某种性质的规律排列,因此在一定的地质作用或地球化学作用下,它们的分异亦具有一定的规律性。例如,若岩石是上地幔部分熔融作用的产物且其源区岩石与用于标准化的岩石相似,则在按分配系数排列的微量元素蛛网图上将呈现一条圆滑的连续曲线。若其源区岩石存在某种差异或其源区曾经发生过某种地球化学作用(如地幔交代作用),则在蛛网图中会明显反映出某元素富集或亏损的特征。

二、微量元素蛛网图的应用

目前,微量元素蛛网图主要用于岩石的成因及其物源研究。其中应用最多的是玄武岩类岩石,也有一些应用于沉积岩的例子。图4-9(a)示出了一个微量元素蛛网图的应用实例。由图可以看出,上地壳与下地壳在亲氧大离子元素的丰度上有着明显的差异。即上地壳中明显具有富集亲氧大离子元素的特征。由图4-9(b)可以看到,洋中脊玄武岩具有较明显亏损亲氧不相容元素的特征,而洋岛玄武岩(OIB)却相对富集亲氧不相容元素。

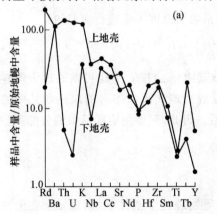
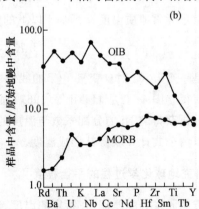

图4-9 不同样品的微量元素蛛网图

(据 Rollinson H,1993)

(a)上地壳和下地壳的微量元素蛛网图;(b)洋中脊玄武岩和洋岛玄武岩的微量元素蛛网图。OIB:洋岛玄武岩;MORB:洋中脊玄武岩

第五节　微量元素比值及其应用

由前面章节已经知道,在各种物理化学条件下,不同元素有着不同的地球化学行为。它们的含量或者保持不变,或者发生不同程度的分离。因此,两种不同元素之间的比值可以提供重要的地质、地球化学的信息。实际研究中可以根据需要选择合适的元素比值作为地球化学参数或指标。

(1) 应用于岩浆过程的元素对:根据需要选择在岩浆过程发生变化或不变化的元素对。例如,当要求示踪源区成分时就要选用分配系数相近或均为强不相容元素的两种元素作为元素对。

(2) 应用于表生作用的元素对:若要进行沉积岩物源的研究,可以选择在表生环境中不易活动的元素,如高场强元素,Zr、Hf、Nb、Ta、Th 等。

(3) 应用于变质和热液作用的元素对:若为了指示原岩的性质,可以与表生作用元素的选择类似,即选择两种高场强元素作为元素对进行研究。但若为了了解岩石是否经历了变质作用或热液作用,则可以选择高场强元素和低场强元素两者作为元素对进行研究。因为若岩石曾经发生过变质或热液作用的影响,则岩石中的高场强元素与低场强元素的比值将有明显变化。

第六节　微量元素分配系数的应用

一、地质温度计

微量元素地质温度计是基于以下的分配系数与温度关系进行测温的:

$$\ln K_{\mathrm{D}} = -\frac{\Delta H}{RT} + B \qquad (4\text{-}18)$$

该式是一个 $\ln K_{\mathrm{D}}$ 对自变量 $1/T$ 的线性方程,其中 $-\Delta H/R$ 和 B 可以通过天然样品或实验获得。图 4-10 是 Hakli 等(1967)通过夏威夷现代火山熔岩的取样和其中的微量元素分析获得的 Ni 的分配系数与温度的关系。因此,只要测定样品中的分配系数 K_{D},就可以由公式计算获得其形成温度。

二、研究地球化学过程的平衡程度

按照元素分配原理,在特定的温度、压力等物理化学条件下,微量元素在两种矿物之间的分配应是恒定的,因此可以利用该原理判断所研究体系的平衡程度。图 4-11 示出了钒在角闪石与黑云母之间的分配关系。由图可以看出,分析数据显示了其分配基本上是常数。这证明角闪石与黑云母之间基本上处于热力学平衡条件下。类似的研究同样也可以应用于其他两种相之间的平衡判断。

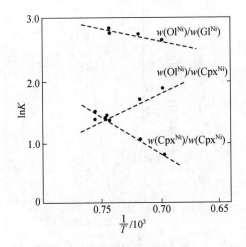

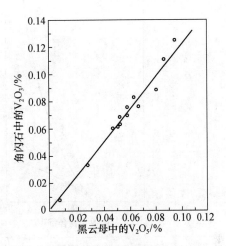

图 4-10 Ni 在橄榄石、单斜辉石和熔体之间的
分配系数与温度的关系

（据 Hakli and Wright，1967）

Ol：橄榄石；Cpx：单斜辉石；Gl：玻璃（代表冻结的熔体）

图 4-11 反映共生角闪石和黑云母之间
平衡的钒分配情况

（据 Kretz R，1959；转引自赵伦山等，1988）

三、蒸发盐盆地的演化历史研究

Braitsch 等（1963）曾对溴在石盐与海水之间的分配系数进行过测量，其 25 ℃下的分配系数为

$$K_D = \frac{[Br^-]_{石盐}}{[Br^-]_{海水}} = 0.15$$

因此，如果在蒸发盐层中找到石盐层，就可以利用其中的溴确定海水的溴含量并研究蒸发盐盆地和海水的演化。

图 4-12 表示了蒸发盐盆地两种可能发生的情况。其中卤水体积恒定曲线代表海水的蒸发与海水的补充相等，因此可以形成较厚的盐层。封闭盐盆曲线代表海水仅蒸发而无补充，因此其厚度较小。

图 4-13 是德国斯塔斯佛特（Stassfurt）地区蔡希斯坦（Zechstein）组盐层中溴的含量与深度的关系图。由图可以看出，该地层可以划分为三个不同的地层段：最底部的一段反映了一种蒸发强烈的环境，即最初卤水由于含盐度的增大而导致了食盐和石膏的生成；中间巨厚的一段（约 40～420 m）反映了海盆在蒸发过程不断有海水的补充，因而形成了巨厚的盐层；最后一段反映海盆的封闭条件致使含盐度的进一步加大，从而使钾盐（KCl）也沉积出来了。

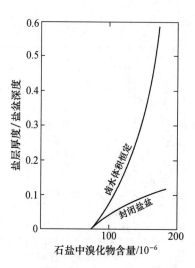

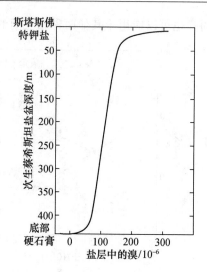

图 4-12　平衡条件下,两种不同海水形成的石盐中
溴含量与盐层厚度之间的关系图

（据 Holser,1966;转引自 Braitsch et al.,1971）

卤水体积恒定曲线代表海水的蒸发与海水的补充相等;
封闭盐盆曲线代表海水仅蒸发而无补充

图 4-13　蔡希斯坦组盐层中溴的含量
（据 Holser,1966;转引自 Braitsch et al.,1971）

拓 展 阅 读

［1］　李昌年.火成岩微量元素地球化学［M］.北京:中国地质大学出版社,1992.

［2］　支霞臣.痕量元素地球化学译文集［M］.北京:地质出版社,1987.

［3］　亨德森 P.稀土元素地球化学［M］.北京:地质出版社,1989.

［4］　Hugh Rollinson. Using Geochemical Data:Evaluation, Presentation, Interpretation［M］. Long-man Scientific and Technical, Copublished in the United States with John Wiley and Sons, Inc, New York, 1993.

复 习 思 考

1. 利用微量元素如何研究岩浆岩的演化及其源区的特征?

2. 在制作稀土元素丰度模式图时,为什么需要将元素的含量进行标准化?

第五章　地球化学热力学

　　地球化学之所以能够成为或正在成为地球科学中的一门定量学科,很大程度上应归功于热力学在地球化学中的应用。例如,热力学的应用使我们获得了能够进行矿物或岩石研究的地质温度计和地质压力计,获得了研究地球深处氧逸度的方法,计算矿物或岩石在高压下的熔融相图以及矿物在水溶液中的溶解度等方法。本章主要介绍其地球化学应用的基本原理及一些应用实例。

第一节　地质温度计和地质压力计原理

一、理论基础

　　设有以下斜方辉石(opx)、单斜辉石(cpx)两矿物之间的 Fe^{2+} 和 Mg^{2+} 交换反应:

$$MgSiO_3 + CaFeSi_2O_6 \rightleftharpoons FeSiO_3 + CaMgSi_2O_6$$

　　　　斜方辉石　　　单斜辉石　　　斜方辉石　　　单斜辉石

该反应在恒温恒压下的自由能变化与单斜辉石和斜方辉石中组分活度的关系为

$$\Delta G_{T,P} = -RT\ln K = -RT\ln \frac{a_{CaMgSi_2O_6}^{cpx} \cdot a_{FeSiO_3}^{opx}}{a_{CaFeSi_2O_6}^{cpx} \cdot a_{MgSiO_3}^{opx}}$$

$$= \Delta H_{298K}^0 + \int_{298K}^{T} \Delta C_P dT - T\Delta S_{298K}^0 - \int_{298K}^{T} \frac{\Delta C_P}{T} dT + \int_1^P \Delta V dP \quad (5\text{-}1)$$

式中 K 为反应的交换平衡常数;a 为活度,$a = X\gamma$,活度的下标和上标分别表示组分和矿物相。通常在有限的温度和压力变化范围内,ΔH、ΔS(因为 ΔC_P 接近于零)和 ΔV 可视为常数,因此,

$$\Delta G_{T,P} = -RT\ln K = -RT\ln \frac{a_{CaMgSi_2O_6}^{cpx} \cdot a_{FeSiO_3}^{opx}}{a_{CaFeSi_2O_6}^{cpx} \cdot a_{MgSiO_3}^{opx}}$$

$$= -RT\ln \frac{X_{CaMgSi_2O_6}^{cpx} \cdot X_{FeSiO_3}^{opx}}{X_{CaFeSi_2O_6}^{cpx} \cdot X_{MgSiO_3}^{opx}} - RT\ln \frac{\gamma_{CaMgSi_2O_6}^{cpx} \cdot \gamma_{FeSiO_3}^{opx}}{\gamma_{CaFeSi_2O_6}^{cpx} \cdot \gamma_{MgSiO_3}^{opx}}$$

$$= \Delta H_{298K}^0 - T\Delta S_{298K}^0 + (P-1)\Delta V^0 \quad (5\text{-}2)$$

在有限的组分分数、温度和压力范围,活度系数 γ 是一个与温度和压力无关的常数,则可以建立两种共存矿物中的组分分数与温度和压力之间的关系。

二、地质温度计和地质压力计的设计和应用条件

理论上讲,所有矿物对之间的交换平衡都与温度、压力等环境的物理化学条件相关,但并非都可以作为合适的地质温度计或压力计。它们是否能够作为地质温度计或压力计决定于以下几方面的条件:

(1) 具备用于作为地质温度计和压力计的矿物标准状态热力学参数,如 ΔH、ΔS、ΔV。若需要更高的精度,则还需要热容、等压热膨胀系数、等温压缩系数等。

(2) 若为非理想混合的固溶体(即 $\gamma \neq 1$),需要有描述非理想程度的过剩参数。若无过剩参数,则应选择尽可能大的反应 ΔH。这可以从以下两个反应的例子得到理解:

$$KAl_3Si_3O_{10}(OH)_2 + SiO_2 \rightleftharpoons KAlSi_3O_8 + Al_2SiO_5 + H_2O$$
　　白云母　　　　石英　　　　透长石　　红柱石　　流体

$$2KAlSi_2O_6 \rightleftharpoons KAlSi_3O_8 + KAlSiO_4$$
　　白榴石　　　　　透长石　　　六方钾霞石

以上两个反应的 ΔH_{1atm} 分别为 89.54 kJ 和 -10.88 kJ。其相应的组分活度与温度和压力的关系可以分别表示为

$$-RT\ln \frac{a^{长石}_{KAlSi_3O_8} \cdot a^{红柱石}_{Al_2SiO_5} \cdot a^{流体}_{H_2O}}{a^{白云母}_{KAl_3Si_3O_{10}(OH)_2} \cdot a^{石英}_{SiO_2}} = \Delta H_{1atm,T} - T\Delta S^0_T + (P-1)\Delta V^0$$

$$-RT\ln \frac{a^{长石}_{KAlSi_3O_8} \cdot a^{六方钾霞石}_{KAlSiO_4}}{(a^{白榴石}_{KAlSi_2O_6})^2} = \Delta H_{1atm,T} - T\Delta S^0_T + (P-1)\Delta V^0$$

设长石的组成为 0.5 摩尔分数的 $KAlSi_3O_8$ 和 0.5 摩尔分数的 $NaAlSi_3O_8$,其余则为纯组分。对于长石,已知其活度系数 $\gamma = 1.35$,我们可以按不对称正规溶液进行其活度项的计算。从图 5-1 可以看出,对于第一个反应,按理想溶液和非理想溶液计算得到

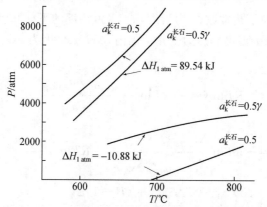

图 5-1　$(K_{0.5}Na_{0.5})AlSi_3O_8$ 长石与其他相平衡共存时的 P-T 关系

(据伍德 B J,等,1978)

由图可以明显看出,高的反应 ΔH 可以大大降低由于固溶体非理想性造成的误差

的 $P\text{-}T$ 关系曲线只有约 20℃ 的误差。而对于第二个反应,其误差达到了 150℃。这表明高的反应 ΔH 可以大大降低由于固溶体非理想性造成的误差。

(3) 作为地质温度计(或压力计)应分别具有较大的平衡常数对温度(或压力)的偏导数。这可以通过以下关系得到理解[由(5-2)式的交换平衡常数分别对温度和压力求偏微分]:

$$\left(\frac{\partial \ln K}{\partial T}\right)_P = \frac{\Delta H_{298K}^0 + (P-1)\Delta V^0}{RT^2} \tag{5-3}$$

$$\left(\frac{\partial \ln K}{\partial P}\right)_T = -\frac{\Delta V^0}{RT} \tag{5-4}$$

一般来说,矿物对之间的各组分分数与温度和压力均有关。因此当使用压力计时,还需要对温度进行估计,除非所使用的压力计受温度的影响较小。换句话说,在实际应用中需要注意:作为地质温度计时应具有较大的反应 ΔH,而作为地质压力计时则应具有较大的反应 ΔV。

表 5-1 给出了一些矿物对的 $\Delta H/R$、$\Delta S/R$、$\Delta V/R$ 值。由表可以看出,尽管石榴石-单斜辉石对的 $\Delta H/R$ 值较大,但若需要获得更准确的温度,最好还是使用两个以上的矿物对。这样可以在 $P\text{-}T$ 图上获得两个或多个直线的交点。

表 5-1 实验获得的橄榄石、斜方辉石、单斜辉石、石榴石的 Fe-Mg 交换反应参数

矿物对	$\Delta H/R$	$\Delta S/R$	$\Delta V/R$
olv/opx	$-134(\pm148)$	$-0.08(\pm0.11)$	$-27.3(\pm1.0)$
olv/cpx	$-1489(\pm148)$	$-1.07(\pm0.11)$	$-46.4(\pm1.1)$
opx/cpx	$-1354(\pm85)$	$-0.99(\pm0.06)$	$-21.5(\pm0.6)$
grt/olv	$-1350(\pm144)$	$-0.51(\pm0.11)$	$-78.6(\pm1.7)$
grt/opx	$-1456(\pm120)$	$-0.55(\pm0.09)$	$-98.6(\pm1.4)$
grt/cpx	$-2862(\pm143)$	$-1.57(\pm0.11)$	$-116.7(\pm1.7)$

olv:橄榄石;grt:石榴石;opx:斜方辉石;cpx:单斜辉石。

第二节 高压相图的计算

矿物或岩石在高压下的相变或熔融相图在地质学和地球化学研究中具有重要意义。这些相图可以通过实验确定,也可通过理论计算获得。目前,大多数重要的矿物或岩石的高压熔融相图都是通过实验确定的,但仍有许多矿物或岩石的相关系并不清楚。因此通过热力学计算可以为该方面的研究提供重要依据。

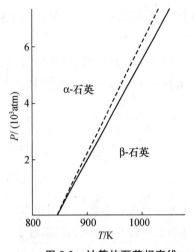

图 5-2　计算的石英相变线

（据 Kern R et al.，1964；转引自饶纪龙，1979）

其中实线为计算结果，虚线为实验结果

若已知常压下矿物的相变温度或熔点，由以下克拉佩龙方程可以确定其在高压下的相图：

$$\frac{dP}{dT} = \frac{\Delta S}{\Delta V} = \frac{\Delta H}{T \Delta V} \qquad (5\text{-}5)$$

该式表明，在有限的温度和压力范围，两相平衡的 $P\text{-}T$ 线斜率等于 $\Delta S / \Delta V$ 或 $\Delta H / T \Delta V$。

例 1　已知一个大气压下，温度 846 K 时，α-石英转变为 β-石英的相变热 $\Delta H^0_{846K} = -627.6\,J \cdot mol^{-1}$，相应的体积变化为 $-2.0 \times 10^{-4}\,L \cdot mol^{-1}$，试计算相转变温度和压力的关系。

解　　　　α-石英 $\Longleftrightarrow$ β-石英

由于已知相变热和相变的体积变化，因此可以由克拉佩龙方程求出相变线的压力对温度的斜率：

$$dP/dT = \Delta H^0_{846K}/T \Delta V$$

$$= (-627.6 \times 9.869 \times 10^{-3})/(-2 \times 10^{-4} \times 846) = 36.6\,atm \cdot K^{-1}$$

式中 9.869×10^{-3} 为换算单位所得，$1\,J = 9.869 \times 10^{-3}\,atm \cdot L$。

设高温下相变热和相变体积为常数，则将上式积分可得

$$P = 36.6(T - 846)$$

该结果与实验获得的相变线非常接近（图 5-2）。其中存在的误差与相变热和相变体积并不是常数有关。

例 2　25℃条件下，石墨-金刚石相转变的压力为 1600 MPa（1 MPa＝10 atm）。其相关的热力学参数见表 5-2。计算温度为 1000℃时的转变压力。

表 5-2　石墨和金刚石的热力学参数

	石　墨	金刚石
α/K^{-1}	1.05×10^{-5}	7.50×10^{-6}
β/MPa^{-1}	3.08×10^{-5}	2.27×10^{-6}
$S/(J \cdot K^{-1} \cdot mol^{-1})$	5.74	2.38
$V/(cm^3 \cdot mol^{-1})$	5.2982	3.417

解　本题也可以用克拉佩龙方程来确定相平衡的斜率。首先，由下式计算石墨和金刚石在 1600 MPa 时的摩尔体积：

$$V = V^0(1 - \beta \Delta P) \qquad (5\text{-}6)$$

式中 ΔP 是相对于标准压力的压力差,这里为 1600 MPa;β 为压缩系数。由此可以得到石墨和金刚石的摩尔体积分别为 5.037 cm$^3 \cdot$ mol^{-1} 和 3.405 cm$^3 \cdot$ mol^{-1},因此其 ΔV_r 为 -1.632 cm$^3 \cdot$ mol^{-1}。

然后计算 1600 MPa 条件下的 ΔS。ΔS 随压力的变化可以由方程 $(\partial S/\partial P)_T = -\alpha V$ 确定。即进行下式积分:

$$S_P = S^0 + \int_{P_0}^{P_1} \left(\frac{\partial S}{\partial P}\right)_T dP = S^0 - \int_{P_0}^{P_1} \alpha V dP \tag{5-7}$$

上式中 α 是膨胀系数。将(5-6)式代入,得

$$S_P = S^0 - \int_{P_0}^{P_1} \alpha V^0 (1-\beta\Delta P) dP$$

$$= S^0 - \alpha V^0 \left[\Delta P - \frac{\beta}{2}(P_1^2 - P_0^2)\right] \tag{5-8}$$

由于 P_0 很小,可以忽略,因此得

$$S_P = S^0 - \alpha V^0 \left(\Delta P - \frac{\beta}{2}P_1^2\right) \tag{5-9}$$

对于石墨,S_P 为 5.66 J $\cdot$ K$^{-1} \cdot$ mol^{-1};对于金刚石,其为 2.34 J $\cdot$ K$^{-1} \cdot$ mol^{-1}。因此 1600 MPa 下的 ΔS_r 为 -3.32 J $\cdot$ K$^{-1} \cdot$ mol^{-1}。则斜率为

$$\Delta S_r / \Delta V_r = -3.32/1.63 = 2.035 \text{ J} \cdot \text{K}^{-1} \cdot \text{cm}^{-3}$$

在 SI 单位中,1 cm^3＝1 J $\cdot$ MPa^{-1},因此上述单位等于 MPa $\cdot$ K^{-1}。由此得 1000 ℃ 时的相转变压力为

$$P_{1000℃} = P_{298K} + \Delta T \cdot \Delta S/\Delta V = 1600 + 975 \times 2.035 = 3584 \text{ MPa}$$

图 5-3 是计算和实验获得的相图。可以看出,较低压力下的计算结果与实验结果很吻合,高压下的偏离逐渐增大。这表明高压时压力对 ΔV 和 ΔS 的影响较大,尤其石

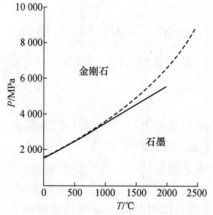

图 5-3　根据热力学数据和克拉佩龙方程计算得到的石墨与金刚石相图

(据 White W M, 2005)

其中实线为计算结果,虚线为实验结果

墨更是如此。因此更精确的计算需要有体积随压力变化的表达式。

第三节　二元体系熔融相图的计算

一、二元共熔(共结)系相图的计算

1. 岩石的组成与熔融温度的关系

在岩石的组成与熔点曲线上存在着固相-液相平衡,因此某一组分在两相中的化学位相等,即

$$\mu^{S} = \mu^{L}$$

式中 μ^{S} 和 μ^{L} 分别为固相和液相的化学位。因固相为纯物质,则 $\mu^{S} = \mu^{0,S}$。设液相中组分 A 为理想混合,则有

$$\mu_{A}^{0,L} = \mu_{A}^{0,L}(T,P) + RT\ln X_{A}^{L} \qquad (5\text{-}10a)$$

或

$$R\ln X_{A}^{L} = \left[\mu_{A}^{0,L} - \mu_{A}^{0,L}(T,P)\right]/T \qquad (5\text{-}10b)$$

保持压力恒定,将上式对温度求导数,得

$$R(\partial\ln X_{A}^{L}/\partial T)_{P} = \Delta H_{A}/T^{2} \qquad (5\text{-}11)$$

式中 ΔH_{A} 为固体 A 的熔化热,该式给出了恒压下组分 A 随温度的变化率。设在熔点附近的温度区间,熔化热随温度的变化可以忽略,将其组分由零积分到 $\ln X_{A}^{L}$,温度从 T^{0} 积分到 T,得

$$R\int_{0}^{\ln X_{A}^{L}}\mathrm{d}\ln X_{A}^{L} = \Delta H_{A}\int_{T^{0}}^{T}\frac{1}{T^{2}}\mathrm{d}T \qquad (5\text{-}12a)$$

即

$$\ln X_{A}^{L} = -\Delta H_{A}\left(\frac{T_{A}^{0} - T_{A}}{RT_{A}^{0}T_{A}}\right) \qquad (5\text{-}12b)$$

上式即为描述组分 A 的熔点降低曲线方程。类似地,也可得出组分 B 的熔点降低曲线方程。

2. 实例

现有由透辉石和钙长石组成的岩石(混合物),已知其纯固相的熔点分别为1391℃和1553℃,计算该二元体系的共熔(共结)相图。

解　该问题可采用列表式进行计算。将纯相的熔点和低于熔点的温度值代入方程分别计算透辉石和钙长石的分数。图 5-4 示出了计算和实验的结果。可以看出,透辉石一侧的结果吻合较好,说明该浓度范围的溶液是理想的。钙长石一侧的开始部分吻合得也较好,但当透辉石分数较大时偏差增大。这表明溶液的不理想程度增大。而对于非理想溶液,相变热应该还包括 A 和 B 组分的混合热。

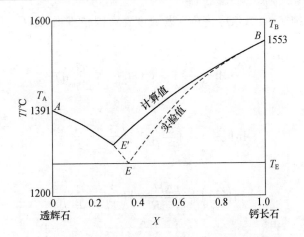

图 5-4　透辉石-钙长石体系的计算曲线与实验曲线对比

(据孙作为等,1979)

二、二元固溶体的熔融相图计算

1. 固溶体和熔体组成与温度的关系

设有 A 和 B 组分的固溶体,在给定的温度和压力条件下 A 或 B 各组分在固相和液相之间的化学位相等,即

$$\mu_A^S = \mu_A^L$$
$$\mu_B^S = \mu_B^L$$

设固、液相均为理想溶液,由非纯相的化学位关系有

$$\mu_A^{0,S} + RT\ln X_A^S = \mu_A^{0,L} + RT\ln X_A^L \tag{5-13a}$$

即

$$R\ln\left(\frac{X_A^L}{X_A^S}\right) = \frac{(\mu_A^{0,S} - \mu_A^{0,L})}{T} \tag{5-13b}$$

将上式对温度求偏导数,得

$$R\left[\frac{\partial\ln\left(\frac{X_A^L}{X_A^S}\right)}{\partial T}\right]_P = \left[\frac{\partial(\mu_A^{0,S}/T)}{\partial T}\right]_P - \left[\frac{\partial(\mu_A^{0,L}/T)}{\partial T}\right]_P \tag{5-14a}$$

或

$$\left[\frac{\partial\ln\left(\frac{X_A^L}{X_A^S}\right)}{\partial T}\right]_P = (\overline{H_A^L} - \overline{H_A^S})/RT^2 = \Delta H_{A,m}/RT^2 \tag{5-14b}$$

由于理想溶液的混合热为零,上式中 H_A^L 和 H_A^S 分别代表纯 A 物质在液相和固相状态

时的焓，$\Delta H_{A,m}$ 为纯 A 的摩尔熔化热。若温度在有限范围内，$\Delta H_{A,m}$ 可视为常数，对上式进行积分：

$$\int_{\ln 1}^{\ln(X_A^L/X_A^S)} \mathrm{d}\ln\left(\frac{X_A^L}{X_A^S}\right) = (\Delta H_{A,m}/R)\int_{T^0}^{T}\mathrm{d}T/T^2 \qquad (5\text{-}15)$$

则得

$$\ln\left(\frac{X_A^L}{X_A^S}\right) = \left(\frac{\Delta H_{A,m}}{R}\right)\left(\frac{1}{T_A^0} - \frac{1}{T_A}\right) \qquad (5\text{-}16)$$

同样可得

$$\ln\left(\frac{X_B^L}{X_B^S}\right) = \left(\frac{\Delta H_{B,m}}{R}\right)\left(\frac{1}{T_B^0} - \frac{1}{T_B}\right) \qquad (5\text{-}17)$$

将 $X_A + X_B = 1$ 代入，得

$$\ln\left(\frac{1-X_A^L}{1-X_A^S}\right) = \left(\frac{\Delta H_{B,m}}{R}\right)\left(\frac{1}{T_B^0} - \frac{1}{T_B}\right) \qquad (5\text{-}18)$$

将已知的端员矿物熔点 T^0 和熔化热 ΔH 值代入(5-16)和(5-18)式，可以得到以上两式右边的值，然后将两式联立即可获得不同温度下固溶体端员组分的分数。

2. 实例

已知钠长石和钙长石的熔点分别为 1128 ℃ 和 1553 ℃，其熔化焓分别为 53.42 kJ·mol^{-1} 和 121.80 kJ·mol^{-1}。将这些值代入进行计算可得到长石固溶体的熔融相图(图 5-5)。由图可以看到，计算值与实验值吻合得较好。

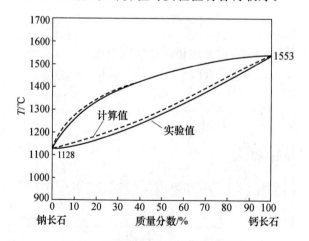

图 5-5 　钠长石-钙长石固溶体的相图

(据孙作为等，1979)

第四节　地质氧逸度计的原理

一、矿物-矿物氧逸度计

我们以 Donggao Zhao(1999)研究获得的钛铁矿(ilm)-金红石(rut)氧逸度计为例进行介绍,其反应式如下:

$$2Fe_2O_3 + 4TiO_2 \Longrightarrow 4FeTiO_3 + O_2$$

钛铁矿中　　金红石　　　钛铁矿中

上式的热力学平衡表达式为

$$2.303RT\log\frac{(f_{O_2})(a_{FeTiO_3}^{ilm})^4}{(a_{Fe_2O_3}^{ilm})^2(a_{TiO_2}^{rut})^4} = -\Delta G_T^P = -(\Delta G_T^0 + \int_1^P \Delta V_S \mathrm{d}P)$$

式中 R 是气体常数($J \cdot mol^{-1} \cdot K^{-1}$);$P$ 为压力(atm);ΔG_T^P 和 ΔG_T^0 分别是在温度 T 和压力 P 及温度 T 和一个大气压下的反应吉布斯自由能变化;ΔV_S 是反应的体积变化($J \cdot atm^{-1}$)。该反应在温度 $700\sim1800\,K$ 和压力达 $6\,GPa$ 下的吉布斯自由能变化可以表达如下:

$$\Delta G_T^P = 496340 - 432.47T + 59.168T\log T - 934.96P - 0.031656PT$$

结合以上两式并整理,得

$$\log f_{O_2} = 22.59 - 25925/T - 3.09\log T + 0.0016535P$$

$$+ 48.836P/T - 4\log a_{FeTiO_3}^{ilm} + 2\log a_{Fe_2O_3}^{ilm} + 4\log a_{TiO_2}^{rut} \tag{5-19}$$

由上式可以看出,只要已知温度、压力和钛铁矿中 $FeTiO_3$、Fe_2O_3 及 TiO_2 的活度就可确定所研究体系的氧逸度。对于金红石中 TiO_2 的活度,一般其 TiO_2 含量在 95% 以上,因此可以用摩尔分数代替活度。而对于钛铁矿中的 $FeTiO_3$ 和 Fe_2O_3,用摩尔分数代替活度将引入一定误差。因此更精确的值还需要采用 Ghiorso(1984)或 Robie 等 (1978)的混合模型进行活度的计算。

二、硅酸盐熔体 Fe^{2+}-Fe^{3+} 氧逸度计

Kress(1991)针对硅酸盐熔体中存在不同价态的铁提出了 Fe^{2+}-Fe^{3+} 氧逸度计。即在硅酸盐熔体中有下述铁的氧化还原反应:

$$2FeO(熔体) + 1/2O_2(气体) \Longrightarrow Fe_2O_3(熔体)$$

上式的热力学平衡表达式可以写成

$$-RT\ln\frac{a_{Fe_2O_3}^{熔体}}{(a_{FeO}^{熔体})^2 \cdot (f_{O_2}^{气体})^{0.5}}$$

$$= \Delta H^0 + \int_{298K,1atm}^{T,P} \Delta C_P \mathrm{d}T - T(\Delta S^0 + \int_{298K,1atm}^{T,P} \Delta C_P \mathrm{d}T) + \int_{298K,1atm}^{T,P} \Delta V \mathrm{d}P$$

整理得

$$- RT\ln\frac{a_{Fe_2O_3}^{熔体}}{(a_{FeO}^{熔体})^2} = -RT\ln\frac{X_{Fe_2O_3}^{熔体}\cdot\gamma_{Fe_2O_3}^{熔体}}{(X_{FeO}^{熔体}\cdot\gamma_{FeO}^{熔体})^2}$$

$$= -0.5RT\ln f_{O_2}^{气体} + \Delta H^0 + \int_{298K,1atm}^{T,P}\Delta C_P dT$$

$$- T\left(\Delta S^0 + \int_{298K,1atm}^{T,P}\Delta C_P dT\right) + \int_{298K,1atm}^{T,P}\Delta V dP$$

从岩浆熔体中铁的含量上看,其行为不可能符合亨利定律。一些研究者(如 Sack et al.,1980;Killine et al.,1983;Kress et al.,1991)通过实验研究以确定它们之间的关系。其中 Kress 等(1991)得到的经验公式如下:

$$\ln\frac{X_{Fe_2O_3}}{X_{FeO}} = a\ln f_{O_2} + \frac{b}{T} + c + \sum_i d_i X_i + e\left(1 - \frac{T_0}{T} - \ln\frac{T_0}{T}\right)$$
$$+ f\frac{P}{T} + g\frac{(T-T_0)P}{T} + h\frac{P^2}{T} \tag{5-20}$$

上式中 T 为温度(K),P 为压力(GPa),T_0 为参考温度(1673 K),X_i 为氧化物中组分 i 的摩尔分数。研究获得的拟合参数 $a\sim h$ 值列于表 5-3 中。

表 5-3　氧逸度与温度和组分之间关系的拟合参数

参　数	系　数	单　位
a	0.196	
b	1.1492×10^4	K
c	-6.675	
d (Al_2O_3)	-2.243	
d (FeO)	-1.828	
d (CaO)	3.201	
d (Na_2O)	5.854	
d (K_2O)	6.215	
e	-3.36	
f	-7.01×10^2	K/GPa
g	-1.54×10^{-1}	1/GPa
h	3.85×10	K/GPa

据 Kress et al.,1991。

第五节　热容、熵、焓和自由能的估算

热力学计算需要基本的热力学参数。目前,主要矿物的热力学参数都可以在文献中获得,但实际研究中仍会遇到缺乏热力学参数的矿物。以下介绍一些文献中较常用的热容、熵、焓和自由能的估算方法。

一、热容的估算

热容被定义为体系的温度升高 δT 时所吸收的热量 δQ。热容是重要的物理化学参数。目前，主要有如下一些估算方法。

1. 氧化物简单加和法

研究表明，一些物质的热容具有氧化物的简单加和性质。其加和方法的表达式如下：

$$C^0_{P_r,T_r,i} = \sum_j \nu_{j,i} C^0_{P_r,T_r,j} \tag{5-21}$$

式中 $C^0_{P_r,T_r,i}$ 是矿物 i 的标准状态热容，$C^0_{P_r,T_r,j}$ 是第 j 种氧化物的标准状态热容，$\nu_{j,i}$ 是矿物 i 中第 j 种氧化物的摩尔分数。

例如，镁橄榄石的热容可以由下式给出：

$$C^0_{P_r,T_r,\mathrm{Mg_2SiO_4}} = 2C^0_{P_r,T_r,\mathrm{MgO}} + C^0_{P_r,T_r,\mathrm{SiO_2}}$$

热容是温度的函数，按照 Berman 等(1985)的方法，其在高温下的热容可用如下表达式进行计算：

$$C_P = K_1 + K_2 T^{-1/2} + K_3 T^{-2} + K_4 T^{-3} \tag{5-22}$$

但上式中的系数 K_1、K_2、K_3、K_4 需要采用以下加和的方法进行计算：

$$K_{1,i} = \sum_j m_{j,i} K_{1,j}$$

$$K_{2,i} = \sum_j m_{j,i} K_{2,j}$$

$$K_{3,i} = \sum_j m_{j,i} K_{3,j}$$

$$K_{4,i} = \sum_j m_{j,i} K_{4,j}$$

式中 i 代表某待计算的矿物，j 代表某氧化物，m 是某氧化物的质量分数。造岩矿物中最常见氧化物的系数值列于表 5-4 中。这些系数值在应用的温度范围内误差在 2% 以内。但需要注意，这些系数值不能应用于有 λ 相变的矿物。

表 5-4　造岩矿物氧化物的 Berman-Brown 多项式的系数（单位：$\mathrm{J \cdot mol^{-1} \cdot K^{-1}}$）

氧化物	K_1	$K_2/10^{-2}$	$K_3/10^{-5}$	$K_4/10^{-7}$
$\mathrm{Na_2O}$	95.148	0	-51.0405	83.3648
$\mathrm{K_2O}$	105.140	-5.7735	0	0
CaO	60.395	-2.3629	0	-9.3493
MgO	58.196	-1.6114	-14.0458	11.2673
FeO	77.036	-5.8471	0	0.5558
$\mathrm{Fe_2O_3}$	168.211	-9.7572	0	-17.3034
$\mathrm{TiO_2}$	85.059	-2.2072	-22.5138	22.4979

氧化物	K_1	$K_2/10^{-2}$	$K_3/10^{-5}$	$K_4/10^{-7}$
SiO_2	87.781	-5.0259	-25.2856	36.3707
Al_2O_3	155.390	-8.5229	-46.9130	64.0084
H_2O^a	106.330	-12.4322	0	9.0628
H_2O^b	87.617	-7.5814	0	0.5291
CO_2	119.626	-15.0627	0	17.3869

注：a. 结构水；b. 层间水。据 Berman and Brown，1985。

2. 简单加减法(交换反应法)

Helgeson 等(1978)提出了另一种估算热容的方法。设有以下反应：

$$CaSiO_3 + MgO \rightleftharpoons MgSiO_3 + CaO$$
$$\text{Wollastonite} \qquad\qquad \text{Clinoenstatite}$$

若已知 $MgSiO_3$，CaO 和 MgO 的热容，则 $CaSiO_3$ 的热容可以由下式估算：

$$C_{P,CaSiO_3} = C_{P,MgSiO_3} + C_{P,CaO} - C_{P,MgO} \tag{5-23}$$

根据 Helgeson 等(1978)的研究，该方法的结果相当准确，且精度好于用简单加和法获得的热容值。表 5-5 是简单加和法和交换反应法的热容估算结果对比。

表 5-5　氧化物简单加和法和交换反应法的热容估算结果对比(单位：$J \cdot mol^{-1} \cdot K^{-1}$)

矿　物	化学式	交换反应法	简单加和法	实验测量
Wollastonite	$CaSiO_3$	84.1	87.4	85.4
Clinoenstatite	$MgSiO_3$	80.3	82.4	79.1
Forsterite	Mg_2SiO_4	116.7	120.9	118.0
Fayalite	Fe_2SiO_4	141.8	143.9	133.1
Diopside	$CaMgSi_2O_6$	164.4	169.5	156.9
Akermanite	$Ca_2MgSi_2O_7$	208.8	212.5	212.1
Merwinite	$Ca_3MgSi_2O_8$	253.6	255.2	252.3
Low albite	$NaAlSi_3O_8$	208.8	207.5	205.0
Microcline	$KAlSi_3O_8$	212.5	215.1	202.9

计算所用反应式有：

$CaSiO_3 + MgO \rightleftharpoons MgSiO_3 + CaO$

$MgSiO_3 + CaO \rightleftharpoons CaSiO_3 + MgO$

$Mg_2SiO_4 + 2CaO \rightleftharpoons \alpha\text{-}Ca_2SiO_4 + 2MgO$

$Fe_2SiO_4 + 2MgO \rightleftharpoons Mg_2SiO_4 + 2FeO$

$CaMgSi_2O_6 \rightleftharpoons MgSiO_3 + CaSiO_3$

$Ca_2MgSi_2O_7 + \alpha\text{-}Al_2O_3 \rightleftharpoons Ca_2AlSi_2O_7 + SiO_2 + MgO$

$Ca_3MgSi_2O_8 \rightleftharpoons Ca_2MgSi_2O_7 + CaO$

$NaAlSi_3O_8 + CaO + 0.5\alpha\text{-}Al_2O_3 \rightleftharpoons CaAl_2Si_2O_8 + SiO_2 + 0.5Na_2O$

$KAlSi_3O_8 + 0.5Na_2O \rightleftharpoons NaAlSi_3O_8 + 0.5K_2O$

据 Giulio Ottonello，1997。

二、熵的估算

1. 简单加和法

类似于热容的简单加和方法，物质的熵也可采用简单氧化物加和的方法进行估计。但由于化学键、结构以及原子或离子的相互作用，该方法的误差较大。

2. 简单加减法

设有如下反应：

$$M_nX + nM^iO \rightleftharpoons M_n^iX + nMO$$

式中 M_nX 和 M_n^iX 是等结构的固体化合物或矿物。其中已知 M_nX、M^iO、MO 的摩尔熵，X 是阴离子，n 是等结构化合物中氧化物的摩尔数。化合物或矿物的熵按下式计算：

$$S_{M_n^iX}^0 = \frac{S_S^0(V_S^0 + S_{M_nX}^0)}{2V_S^0} \tag{5-24}$$

上式中，

$$S_S^0 = S_{M_n^iX}^0 + nS_{MO}^0 - nS_{M^iO}^0 \tag{5-25}$$

$$V_S^0 = V_{M_n^iX}^0 + nV_{MO}^0 - nV_{M^iO}^0 \tag{5-26}$$

其中 S^0 和 V^0 分别是标准摩尔熵和标准摩尔体积。

对于非等结构化合物，Fyfe 等(1958)提出以下计算公式：

$$S_{M_n^iX}^0 = \sum_j n_{j,i}S_j^0 + K(V_{M_n^iX}^0 - \sum_j n_{j,i}V_j^0) \tag{5-27}$$

式中 $n_{j,i}$ 是第 j 种氧化物的摩尔数，V_j^0 是第 j 种氧化物的标准摩尔体积，S_j^0 是第 j 种氧化物的标准摩尔熵。这里的 K 是等温条件下熵对体积的偏导数，即等于膨胀系数与压缩系数的比值：

$$K = \left(\frac{\partial S}{\partial V}\right)_T = \left(\frac{\partial P}{\partial T}\right)_V = \frac{\alpha}{\beta} \tag{5-28}$$

式中 α 和 β 分别为等压热膨胀系数和等温压缩系数。

表 5-6 列出了摩尔熵值的实验测量结果和几种计算方法获得的结果。

表 5-6　298 K 和 1 atm 下一些实验和计算的摩尔熵值(单位：$J \cdot mol^{-1} \cdot K^{-1}$)

矿　物	化学式	实验测量	方法 1	方法 2	方法 3	方法 4
斜顽辉石	$MgSiO_3$	67.8	70.3	61.5	67.2	67.8
硅灰石	$CaSiO_3$	82.0	81.2	82.4	79.3	83.7
单斜辉石	$CaMgSi_2O_6$	143.1	149.4	131.0	144.2	143.9
硬玉	$NaAlSi_2O_6$	133.5	145.6	120.1	134.8	136.0
锰橄榄石	Mn_2SiO_4	163.2	160.7	159.4	162.1	162.3

续表

矿　物	化学式	实验测量	方法 1	方法 2	方法 3	方法 4
钙橄榄石	Ca_2SiO_4	120.5	120.9	128.0	120.5	120.9
硅铍石	Be_2SiO_4	64.4	69.5	64.4	—	69.0
硅锌矿	Zn_2SiO_4	131.4	128.4	131.4	—	131.8
镁黄长石	$Ca_2MgSi_2O_7$	209.2	189.1	195.8	208.0	209.2
默硅镁钙石	$Ca_3MgSi_2O_8$	253.1	228.9	227.2	252.2	250.6
钠长石	$NaAlSi_3O_8$	207.1	187.0	203.8	206.8	203.3
霞石	$NaAlSiO_4$	124.3	104.2	120.1	125.8	125.9
透闪石	$Ca_2Mg_5Si_8O_{22}(OH)_2$	548.9	584.9	554.8	553.2	551.5
高岭石	$AlSi_2O_5(OH)_4$	202.9	213.8	216.7	188.4	201.7

所用反应式有：

$$MgSiO_3 + MnO \Longleftrightarrow MnSiO_3 + MgO$$

$$CaSiO_3 + MnO \Longleftrightarrow MnSiO_3 + CaO$$

$$CaMgSi_2O_6 \Longleftrightarrow MgSiO_3 + CaO + SiO_2$$

$$NaAlSi_2O_6 + CaO + MgO \Longleftrightarrow CaMgSi_2O_6 + 0.5Na_2O + 0.5Al_2O_3$$

$$MnSiO_4 + 2MgO \Longleftrightarrow MgSiO_4 + 2MnO$$

$$Ca_2SiO_4 + 2BeO \Longleftrightarrow Be_2SiO_4 + 2CaO$$

$$Be_2SiO_4 + 2MgO \Longleftrightarrow Mg_2SiO_4 + 2BeO$$

$$Zn_2SiO_4 + 2MgO \Longleftrightarrow Mg_2SiO_4 + 2ZnO$$

$$Ca_2MgSi_2O_7 + Al_2O_3 \Longleftrightarrow Ca_2Al_2SiO_7 + MgO + SiO_2$$

$$Ca_3MgSi_2O_8 + CaO \Longleftrightarrow 2Ca_2SiO_4 + MgO$$

$$NaAlSi_3O_8 + 0.5K_2O \Longleftrightarrow KAlSi_3O_8 + 0.5Na_2O$$

$$NaAlSiO_4 + 0.5K_2O \Longleftrightarrow KAlSiO_4 + 0.5Na_2O$$

$$Ca_2Mg_5Si_8O_{22}(OH)_2 \Longleftrightarrow Mg_3Si_4O_{10}(OH)_2 + 2CaMgSi_2O_6$$

$$Al_2Si_2O_5(OH)_4 + 2SiO_2 \Longleftrightarrow Al_2Si_4O_{10}(OH)_2 + H_2O$$

注：方法 1 为氧化物的简单加和结果；方法 2 和方法 3 为公式(5-23)计算结果；方法 4 为公式计算结果。据 Helgeson et al.，1978。

三、吉布斯自由能的估算

1. 黏土矿物的吉布斯自由能估算

Nriagu(1975)提出了一个针对黏土矿物吉布斯生成自由能的估算方法。该方法是假设黏土矿物形成于硅的氢氧化物与金属氢氧化物的反应。即设蒙脱石按以下反应形成：

$$n_1 \text{NaOH} + n_2 \text{KOH} + n_3 \text{Ca(OH)}_2 + n_4 \text{Mg(OH)}_2 + n_5 \text{Fe(OH)}_3 + n_6 \text{Al(OH)}_3$$

$$+ n_7 \text{Si(OH)}_4 \Longrightarrow \text{Na}_{n_1}\text{K}_{n_2}\text{Ca}_{n_3}\text{Al}_{n_6}\text{Fe}_{n_5}\text{Mg}_{n_4}\text{Si}_{n_7}\text{O}_x(\text{OH})_y + (\sum n_i Z_i - 12)\text{H}_2\text{O}$$

式中 n_i 是第 i 个氢氧化物的反应系数，Z_i 是第 i 个阳离子的电价，$x+y=12$。则蒙脱石的 ΔG_f^0 可由下式计算：

$$\Delta G_f^0(蒙脱石) = \sum n_i \Delta G_f^0(r_i) - (\sum n_i Z_i - x - y)\Delta G_f^0(\text{H}_2\text{O}) - Q \quad (5\text{-}29)$$

式中 $\Delta G_f^0(r_i)$ 是第 i 个氢氧化物的自由能（表5-7），Q 是经验参数（$Q=1.632\times$ 释放出的水的摩尔数）。

例如，由氢氧化物生成高岭石的反应及其生成自由能的计算如下：

$$2\text{Al(OH)}_3 + 2\text{Si(OH)}_4 \Longrightarrow \text{Al}_2\text{Si}_2\text{O}_5(\text{OH})_4 + 5\text{H}_2\text{O}$$

$$\Delta G_f^0(高岭石) = 2(-1147.25) + 2(-1333.02) + 5(237.19) - 5\times1.632$$

$$= -3782.75 \text{ kJ}\cdot\text{mol}^{-1}$$

表 5-7　主要元素的氢氧化物生成自由能（单位：kJ·mol⁻¹）

化合物	ΔG_f^0	化合物	ΔG_f^0	化合物	ΔG_f^0
H_2O	−237.19	Ca(OH)_2	−896.30	Fe(OH)_2	−495.80
KOH	−479.49	Mg(OH)_2	−845.67	Fe(OH)_3	−696.64
NaOH	−429.28	Al(OH)_3	−1147.25	Si(OH)_4	−1333.02

据 Nriagu,1975。

2. ΔO^{2-} 经验参数法

Tardy 和 Garrels(1976,1977)提出用阳离子经验参数 ΔO^{2-} 法计算化合物的生成自由能。该参数定义为

$$\Delta O^{2-} = \frac{1}{x}[\Delta G_f^0(\text{MO}_{x(c)}) - \Delta G_f^0(\text{M}_{aq}^{2x+})] \quad (5\text{-}30)$$

式中 M 为某阳离子，x 为阳离子电价的一半，$\Delta G_f^0(\text{MO}_{x(c)})$ 为氧化物的生成自由能，$\Delta G_f^0(\text{M}_{aq}^{2x+})$ 为水溶液中阳离子 M^{2x+} 的生成自由能。

对于亚硅酸盐，其生成自由能由下式给出：

$$\Delta G_f^0 = \sum \Delta G_f^0(\text{M 氧化物}) - 2.8158[\Delta O^{2-}(阳离子) + 188.28] \quad (5\text{-}31)$$

式中的 ΔO^{2-}（阳离子）值列于表5-8。

类似地，正硅酸盐的生成自由能由下式给出：

$$\Delta G_f^0 = \sum \Delta G_f^0(\text{M 氧化物}) - 4.2258[\Delta O^{2-}(阳离子) + 187.44] \quad (5\text{-}32)$$

表 5-8 各种阳离子的 ΔO^{2-} 值（单位：$kJ \cdot mol^{-1}$）

离　子	ΔO^{2-} 值	离　子	ΔO^{2-} 值	离　子	ΔO^{2-} 值
H^+	-223.63	Fe^{2+}	-154.22	Y^{3+}	-143.09
Li^+	$+27.36$	Co^{2+}	-151.46	La^{3+}	-108.66
Na^+	$+147.19$	Ni^{2+}	-166.48	Ce^{3+}	-118.87
K^+	$+245.68$	Cu^{2+}	-192.17	Eu^{3+}	-142.38
Rb^+	$+273.63$	Zn^{2+}	-174.47	Ti^{3+}	-244.22
Cs^+	$+289.62$	Cd^{2+}	-150.50	V^{3+}	-210.33
Cu^+	-246.77	Hg^{2+}	-222.84	Cr^{3+}	-205.31
Ag^+	-165.06	Pd^{2+}	-250.62	Mn^{3+}	-241.42
Tl^+	-82.51	Ag^{2+}	-257.32	Fe^{3+}	-236.02
Be^{2+}	-225.10	Sn^{2+}	-231.04	Au^{3+}	-234.60
Mg^{2+}	-114.64	Pb^{2+}	-165.02	Ge^{4+}	-246.98
Ca^{2+}	-50.50	Al^{3+}	-203.89	Sn^{4+}	-263.26
Sr^{2+}	-2.51	Ga^{3+}	-228.74	Pb^{4+}	-260.75
Ba^{2+}	$+32.22$	In^{3+}	-207.78	Zr^{4+}	-259.24
Ra^{2+}	$+71.13$	Tl^{3+}	-246.98	Hf^{4+}	-259.41
V^{2+}	-168.62	Bi^{3+}	-225.81	U^{4+}	-226.35
Mn^{2+}	-135.56	Sc^{3+}	-205.64	Th^{4+}	-222.59

据 Tardy and Garrels，1976。

3. 多反应数据截距法

Chen(1975)提出了一种有趣的方法。他认为一种复杂的硅酸盐矿物可以由各种化合物的反应生成。当后者的生成自由能及其反应的自由能变化已知时，则利用生成自由能与反应自由能之间关系的直线截距即可得到复杂硅酸盐矿物的生成自由能（表5-9 和图 5-6）。

表 5-9 多种反应生成钠长石的 $\sum \Delta G_f^0$ 和反应的 ΔG_f^0

反应物	$\sum \Delta G_f^0/(kJ \cdot mol^{-1})$	$\Delta G_f^0/(kJ \cdot mol^{-1})$
$1/2Na_2O+1/2Al_2O_3+3SiO_2$	3548.28	150.32
$1/2Na_2O+1/2Al_2O_5+5/2SiO_2$	3551.22	147.38
$1/2Na_2SiO_3+1/2Al_2O_5+2SiO_2$	3647.86	50.74
$NaAlSiO_4+2SiO_2$	3677.55	21.05
$NaAlSi_2O_6+SiO_2$	3689.67	8.937
$NaAlSi_3O_8$	3698.61	0

据 Chen，1975。

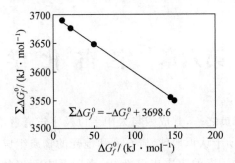

图 5-6　根据不同物质的生成自由能和 $\sum \Delta G_f^0$ 及其反应的

自由能变化 ΔG_f^0 确定钠长石生成自由能的方法图解

（据 Chen，1975 的数据绘制）

拓 展 阅 读

[1]　殷辉安.岩石学相平衡[M].北京：地质出版社,1988.

[2]　马鸿文.结晶岩热力学概论[M].北京：地质出版社,1993.

[3]　饶纪龙.地球化学中的热力学[M].北京：科学出版社,1979.

[4]　Giulio Ottonello. Principles of Geochemistry[M]. New York：Columbia University Press，1991.

[5]　Ganguly J，Saxena S K. Mixtures and Mineral Reactions[M]. Berlin Heidelberg：Springe-Verlag，1987.

复 习 思 考

1. 已知 1143 K 时 α-石英转变为 α-鳞石英，α-石英的摩尔体积为 22.65×10^{-3} L·mol^{-1}，α-鳞石英的摩尔体积为 26.40×10^{-3} L·mol^{-1}，相变热 $\Delta H = 503.2$ J·mol^{-1}。试计算并制作 α-石英转变为 α-鳞石英的相图。（1 J $= 9.869 \times 10^{-3}$ atm·L）

2. 已知 1143 K 时 α-石英（SiO_2）、钙铝榴石（$Ca_3 Al_2 Si_3 O_{12}$）、钙长石（$CaAl_2 Si_2 O_8$）的热力学参数 ΔG_f^0、S^0、V^0，试计算蓝晶石（$Al_2 SiO_5$）的热力学参数。

热力学参数	α-石英	钙铝榴石	钙长石
$\Delta G_f^0/(kJ \cdot mol^{-1})$	−856.24	−6263.31	−3988.51
$S^0/(J \cdot mol^{-1} \cdot K^{-1})$	41.34	247.27	209.62
$V^0/(cm^3 \cdot mol^{-1})$	22.688	125.3	100.79

第六章　宇　宙　化　学

　　地球是太阳系的成员之一,其成因与太阳系以及宇宙有着不可分割的联系,因此对太阳系、宇宙的研究有助于认识地球、岩石圈和地壳的物质组成及其形成和演化。

　　本章的重点是掌握元素的宇宙丰度特征、太阳系内元素的分布特征、陨石研究的意义。

第一节　元素的宇宙丰度特征

一、原子核类型

　　按质子数(Z)和中子数(N)可以分为四种类型,其原子核数量符合以下关系:偶-偶＞偶-奇＞奇-偶＞奇-奇(表6-1)。

表 6-1　原子核的类型及其相对数量

原子核类型	实　例	质子/中子	元素的数量
偶-偶型	$^{16}_{8}O$	8/8	166
偶-奇型	$^{9}_{4}Be$	4/5	55
奇-偶型	$^{7}_{3}Li$	3/4	47
奇-奇型	$^{10}_{5}B$	5/5	5

二、元素的宇宙化学分类

　　根据元素的起源以及太阳或宇宙中元素的分布涉及凝聚温度和亲和性,可以将元素划分为以下类型:

　　1. 挥发性元素

　　(1) 最易挥发亲气元素:H、C、N、F、Cl、Br、I、S、Se;

　　(2) 挥发性亲氧元素:Li(?)、Na、K、Rb、Cs;

　　(3) 挥发性亲硫元素:Zn、Cd、Hg、Tl、Pb、As、Sb、Bi、Te、Ga、Ge、Sn、In。

　　2. 非挥发性元素

　　(1) 亲氧元素:Be、B、Mg、Al、Si、P、Ca、Sc、Ti、Sr、Y、Zr、Nb、Ba、TR、Hf、Ta、Th、U;

（2）亲铁元素：Fe、Co、Ni、Cu、Ag、Au、Mo、Sn(?)、W、Ru(?)、Rh、Pd、Re、Os(?)、Ir、Pt。

三、元素的宇宙丰度特征

图 6-1 示出了太阳系的元素丰度。由图可以看出，宇宙的元素丰度具有如下特征：

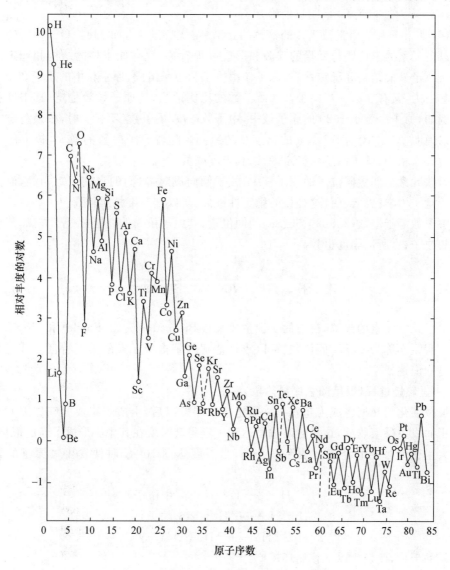

图 6-1　宇宙元素丰度与原子序数关系图

（据 Mason and Moore，1982）

(1) 原子序数 $Z<45$ 的元素丰度随原子序数增大呈指数降低，$Z>45$ 的元素丰度呈缓慢降低；

(2) 原子序数为偶数的元素丰度大于奇数的元素丰度；

(3) H、He 为丰度最高的元素；

(4) Li、Be、B 丰度过低，为亏损元素；

(5) Fe 为过剩元素，呈明显的峰；

(6) 四倍规则：质量数为 4 的倍数的元素具有较高丰度，如 ^{4}He、^{16}O、^{28}Si、^{40}Ca 等。

以上元素的丰度既与元素的起源和形成过程有关，也与原子核的结构和稳定性有关。从原子核的结构和稳定性看，原子核由质子和中子组成，原子核中的质子和中子之间既有引力，又有斥力。当中子数和质子数的比例适当时，原子核较稳定，其丰度也较高。例如，原子序数小于 20 的原子核中，中子数(N)/质子数$(Z)=1$ 时，核最稳定。由此可以说明 $^{16}_{8}$O、$^{24}_{12}$Mg、$^{28}_{14}$Si、$^{40}_{20}$Ca 的丰度高的原因。随着原子序数的增大，核内质子间的斥力大于核力，核子趋于不稳定，所以其丰度降低。

偶数元素与偶数同位素的原子核中，核子倾向成对，它们的自旋力矩相等，而方向相反。量子力学已经证明，这种核的稳定性最大，所以其丰度相对较高。

中子数等于幻数(2、8、20、50、83)的同位素，其原子核中的壳层被核子充满，形成最稳定的原子核，所以丰度也较高。

第二节　元素起源

关于化学元素的起源，目前的认识主要来自 Burbridge 夫妇，Fowler 和 Hoyle 的假说。该假说亦称为 B_2FH 假说，它可以较好地解释宇宙中元素的丰度特征。其元素的形成过程简述如下。

1. 氢燃烧过程(恒星的主序星阶段，温度：10^6 K)

恒星演化的晚期将成为超新星。当超新星爆发以后，由质子组成的气体因万有引力作用而发生凝聚收缩，这种收缩过程达到一定程度时就在其中心形成了新的恒星，同时其大量引力势能的释放而使温度升高，当温度达到 10^6 K 时便发生氢原子的聚变反应：

$$^1H + {}^1H \longrightarrow {}^2D + \beta^- + \mu(\text{中微子})$$
$$^2D + {}^1H \longrightarrow {}^3He + \gamma(\gamma \text{ 粒子})$$
$$^3He + {}^3He \longrightarrow {}^4He + 2{}^1H + \gamma$$

随着氦的形成，便发生以下核循环反应：

$$^3He + \alpha \longrightarrow {}^7Be + \gamma$$
$$^7Be + \beta^- \longrightarrow {}^7Li + \mu$$

$$^7\text{Li}+^1\text{H} \longrightarrow ^8\text{Be}+\gamma$$

$$^8\text{Be} \longrightarrow 2\,^4\text{He}$$

或以下反应：

$$^7\text{Be}+^1\text{H} \longrightarrow ^8\text{B}+\gamma$$

$$^8\text{B} \longrightarrow ^8\text{Be}+\beta^++\mu$$

$$^8\text{Be} \longrightarrow 2\,^4\text{He}$$

由于质量数为 5 和 8 的核不稳定，因此该阶段主要形成氦核。

2. 氦燃烧过程（红巨星阶段，温度：10^8 K）

氢原子的聚变反应形成氦核后，恒星进入红巨星阶段，此时的温度达到 10^8 K 而发生氦的燃烧反应：

$$3\,^4\text{He} \longrightarrow ^{12}\text{C}$$

$$^{12}\text{C}+^4\text{He} \longrightarrow ^{16}\text{O} \quad (\text{能量释放}=7.2\,\text{MeV})$$

$$^{16}\text{O}+^4\text{He} \longrightarrow ^{20}\text{Ne} \quad (\text{能量释放}=4.7\,\text{MeV})$$

$$^{20}\text{Ne}+^4\text{He} \longrightarrow ^{24}\text{Mg} \quad (\text{能量释放}=9.3\,\text{MeV})$$

$$^{24}\text{Mg}+^4\text{He} \longrightarrow ^{28}\text{Si}$$

$$^{28}\text{Si}+^4\text{He} \longrightarrow ^{32}\text{S}(^{36}\text{Ar},^{40}\text{Ca 等})$$

氦燃烧一方面形成了 Li、Be、B 后面的元素。另一方面造成了质量数为 4 的倍数的元素具有较高的丰度。

3. 碳和氧的"燃烧过程"（温度：10^9 K）

氦燃烧以后，温度继续升高到 10^9 K，便发生碳和氧的燃烧：

$$^{12}\text{C}+^{12}\text{C} \longrightarrow ^{23}\text{Na}+\text{p} \qquad \nearrow\ ^{20}\text{Ne}+\alpha \qquad \searrow\ ^{23}\text{Mg}+\text{n}$$

$$^{16}\text{O}+^{16}\text{O} \longrightarrow ^{31}\text{P}+\text{p} \qquad \nearrow\ ^{28}\text{Si}+\alpha \qquad \searrow\ ^{31}\text{S}+\text{n}$$

4. 硅燃烧过程（统计平衡过程，温度：3.8×10^9 K）

形成 V、Cr、Mn、Fe、Co、Ni 等元素，如：

$$^{28}\text{Si}+^{28}\text{Si} \longrightarrow ^{55}\text{Co}+\text{p} \qquad \nearrow\ ^{52}\text{Fe}+\alpha \qquad \searrow\ ^{55}\text{Ni}+\text{n}$$

该过程可以形成平均结合能最高的元素：铁、钴、镍等（图 6-2）。

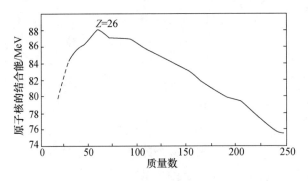

图 6-2　结合能与质量数的关系图解

5. 中子俘获过程

质量数比 ^{56}Fe 大的原子核,由于它们的平均结合能随质量数的增加而减小,而且库仑斥力增大,因此不可能以核聚变或俘获 α 粒子等带电粒子所生成。铁以后的元素是通过中子俘获过程形成的。按反应过程不同,可以分为慢中子俘获和快中子俘获过程(图 6-3)。

(1) 慢中子俘获(s 过程):一个原子的前一次和后一次俘获中子的时间之间有足够的时间发生(衰变而形成原子序数增加 1 的原子),该过程可合成至 $A=209$ 的元素。

(2) 快中子俘获(r 过程):前一次与后一次之间俘获中子的时间很短,以致来不及发生 β 衰变,该过程可合成 $A=209$ 以后的元素。

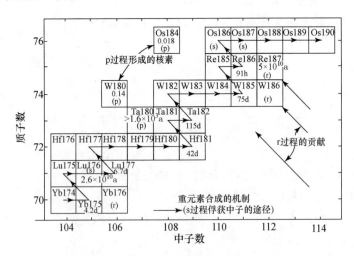

图 6-3　快中子和慢中子核合成的路径图

综上所述,在元素的合成过程中,氦的燃烧使质量数为偶数的元素具有较高的丰度,铁具有最大结合能使铁在较重元素中具有较高的丰度。Li、Be、B 的贫乏可能是由于氢燃烧过程的循环外,也可能与以下反应有关:

$$^6Li + {}^1H \longrightarrow {}^4He + {}^3He$$

$$^7Li + {}^1H \longrightarrow 2{}^4He$$

$$^9Be + {}^1H \longrightarrow {}^6Li + {}^4He$$

$$^{10}B + {}^1H \longrightarrow {}^7Be + {}^4He$$

第三节 太阳星云的化学演化

一、太阳系的物质来源

1. 太阳系物质的同源性

按照恒星中元素的合成及其恒星演化历史的复杂性,不同恒星区域内的物质组成必然存在着明显的差异。因此,对比太阳系内的物质组成可了解其物质组成的同源性。目前,根据已有的宇宙化学研究成果,太阳系内的地球、月球、陨石的 $^{135}Ba/^{136}Ba$ 只在 0.01% 范围内变化,因此可以认为太阳系的物质基本上是同源的。

2. 太阳系外物质的污染

太阳系内物质的一些同位素丰度和短寿命核素具有如下特征:

(1) ^{16}O 存在过剩,研究认为其过剩与核反应 $^{12}C + {}^4He \longrightarrow {}^{16}O$ 有关。

(2) ^{26}Al、^{107}Pd、^{129}I 过剩。它们都是短寿命放射性核素,其中 ^{26}Al:半衰期为 16 Ma;^{107}Pd:半衰期为 83 Ma;^{129}I:半衰期为 7.3 Ma。因此它们可能来自太阳系外某个恒星。

(3) 陨石中 $^{26}Mg/^{24}Mg$ 比值异常高,研究认为其与 ^{26}Al 的 β 衰变反应:$^{26}Al \longrightarrow {}^{26}Mg + \beta^+$ 有关。

上述特征可能反映太阳系物质受到了外来物质的污染,但其污染量小于 10^{-5}。

二、太阳星云的凝聚过程及物质分异

天文观测和理论研究认为,前太阳物质的爆发形成了气态的太阳星云。随着温度的降低,太阳星云物质发生凝聚收缩,经过收缩并发生旋转形成星云盘,同时由于收缩使自转不断加速而形成星云盘和原太阳,另一方面收缩过程引力势能的释放引起温度的增高并引起星云盘内的物质发生分馏。

由于受太阳光、热辐射和太阳风的驱动,使元素的丰度沿径向呈规律变化。即靠近太阳处具有相对多的难熔元素,而远离太阳的外行星区具有相对多的挥发性元素。

随着星云盘温度的降低,元素不断凝聚成矿物并相互碰撞增大形成小星子,小星子的互相碰撞和吸引形成行星胎和太阳系各行星。

三、太阳星云的凝聚模型

关于太阳星云的凝聚及其行星的形成演化仍存在着争论,目前主要有以下两种观点:

(1) 均一的太阳星云凝聚模型:该模型认为太阳星云的初期其成分是均一的,以后在凝聚和碰撞吸积过程发生了成分的分异(Cameron,1963)。

(2) 非均一的太阳星云凝聚模型:该模型认为太阳星云形成的初期其成分就是不均一的,然后通过冷凝聚形成太阳系各天体。该模型的证据可以较好地解释太阳系物质中存在的原始同位素异常。

第四节　行　星　化　学

一、行星的起源及形成方式

(一) 行星形成过程

行星形成过程如下:尘粒的碰撞聚集→星子碰撞吸积→行星胎的形成(区域内出现最大的星子)→行星胎的引力吸积(半径达近 1 km)→不同区域内形成不同大小、密度和成分的行星。支持这种成因的证据如下:

(1) 陨石中矿物的波状消光,陨石中矿物的破裂及冲击页理;

(2) 水星、火星、月球表面的陨石坑;

(3) 行星自转轴与公转轴的交角,如地球,23°27′;天王星,97°55′;金星,177°(表6-2)。

表 6-2　行星的自转轴与公转轴的交角

	水星	金星	地球	火星
内行星自转轴与公转轴交角/(°)	7.0	177.4	23.5	23.98

	木星	土星	天王星	海王星	冥王星
外行星自转轴与公转轴交角/(°)	3.08	26.73	97.92	28.8	50(?)

(二) 行星形成方式

1. 不均一的吸积说

该观点认为行星吸积星云凝聚物是不均一的,因为当时太阳星云中的铁和硅酸盐已经分馏,原始星云物质在冷却过程中开始凝聚碰撞吸积形成行星胎。行星胎最先吸积铁、镍形成原始的地核。吸积过程释放的引力能使物质熔融并减缓周围星云物质的冷却。随后被吸积的物质为铁和硅酸盐。金属和硅酸盐不混溶形成了核、幔界面。地球胎继续吸积硅酸盐,形成下地幔。由于吸积的物质逐渐减少,并伴随着原始地球表面和周围星云的温度降低,一部分低温凝聚物也被地球吸积形成上地幔和地壳。即地球形成时就已具有明显的核、幔和壳的结构。

该模式遇到的主要问题是:① 由于铁的凝聚温度为 400 ℃,远远低于硅酸盐的凝聚温度(1000～1200 ℃),因此该模式无法解释地核主要成分为铁的事实;② 根据地球物理资料,地核中必须有轻元素,如 Si、S、C、K、O 等,而这些元素只能在铁质地核形成以后才能凝聚;③ 按照不均一增生模式,硫应该是上地幔中的主要成分,但已有的资料表明硫在上地幔中的含量很低。

2. 均一的吸积说

该模式认为地球增生过程的物质成分是均匀的,核、幔是在后来的分异演化过程中形成的。均一的吸积说可以较好地解释地球中的元素丰度。图 6-4 示出了 Ringwood (1979)提出的地球增生的五阶段模式。

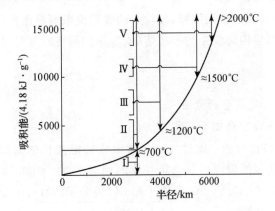

图 6-4 地球增生能与其半径生长的关系图

(据 Ringwood, 1979)

图中各阶段的作用过程为:Ⅰ. 冷却的氧化性富挥发物质的地核;Ⅱ. 氧化铁还原为铁,碰撞过程中星子脱气形成原始大气;Ⅲ. Na、K、Rb、Cs、Pb、Bi、Tl、In 挥发性元素进入原始大气;Ⅳ. $SiO_2 \pm Mg$ 选择性挥发;Ⅴ. 地核放热使地幔分异,挥发性元素进入原始大气

Ringwood(1966)认为,形成地球的星云区域存在着 A 类(15%的 Ⅰ 型碳质球粒陨石成分的低温物质)和 B 类(85%的高度还原的金属和难挥发组分)两类物质。在地球吸积早期,由于体积小,吸积能小,多俘获 A 类物质。当地球吸积到现在质量的 1/10 时,引力场较强,星子以较大的速度撞击地面,使当时的地表强烈加热和挥发物蒸发,碰撞体破碎使 A 和 B 两类物质混合。地球在吸积、聚集物质和成长的过程中,地表的温度超过水的沸点,使大量的气体(如 H_2O、N_2、NH_3、CO、CO_2 和稀有气体)形成原始大

气。当星子通过原始大气层撞击地表时,产生瞬时高温,引起 $Fe+H_2O \longrightarrow FeO+H_2$ 反应,H_2 逃离地球。若地球吸积时间为 $10^6 \sim 10^8 a$,地球内部在 $1000 \sim 2000\,km$ 深处温度最高。该处的 Fe-FeO 共熔体开始熔融下沉形成地核,而硅酸盐则上升。由于分异过程的地幔处于化学平衡状态和对流作用下,因此地幔的成分是较均匀的。在形成地核的过程中,碳将氧化铁和一部分硅还原,使之成为 $Fe+Fe(Si)$ 合金而进入地核,而 C 则呈 CO 向大气圈迁移。

地球吸积生长的初期应该是均一的吸积。因为在太阳星云盘的尘层内各区的星子有大致相同的组成,地球胎最初是在近于圆形轨道上运行,因此吸积的星子成分相近,但后期各区的星子受大星子和行星胎的摄动,使有些星子改变轨道而移到其他区域。在地球生长的后期,也必然会有相当数量的其他区的星子(例如邻近金星区和火星区的星子)轨道通过地球区,并被地球胎所俘获。因此在地球生长的后期,吸积的星子不完全来自比较均一的地球区域。

关于行星核、幔和壳的成因解释,按均一的吸积说来解释比较合理,并把核、幔和壳的形成过程看作是行星内部发生的多次熔融、分异和调整的过程。

二、行星大气成分

(一) 确定行星大气成分的方法

行星大气成分的确定有如下一些方法:

(1) 紫外、红外波谱分析:通过气态元素吸收特定波长的太阳辐射可以进行元素的定性分析。吸收谱线的强度可以确定气体的相对丰度。例如,紫外光谱分析可以测定行星大气的 H、He、O、C、Ne、Ar 等原子和 CO 等分子。红外光谱分析可以测定大气圈中的水蒸气和二氧化碳。

(2) 偏光性分析:通过偏光性研究可以确定大气圈中的云雾颗粒的形状、大小和折射率,并用于研究大气的组成。

(3) 质谱分析:通过太空探测器中的质谱仪在穿过行星大气时进行测定。例如,海盗号登陆舱在火星上软着陆时曾经使用该方法测定了火星大气的 H_2、He、Ne、Ar、CH_4、CO_2。

(二) 行星的大气成分特征

从已知的数据(表 6-3)看,内行星与外行星相比,外行星的大气具有相对高的 H_2、He、CH_4。这与太阳系中挥发元素的分布一致。内行星之间相比,水星大气中的 H_2、He、H_2O 具有较高的含量(但气压远低于金星和地球)。这可能与其距离太阳较近,接受到太阳风的物质所致。与金星和火星相比,地球的 CO_2 较低而 O_2 较高。这是因为地球存在着生命。

表 6-3　行星大气成分的体积分数

	水星	金星	地球	火星	木星	土星
相对质量	0.0536	0.816	1	0.108	318	95.2
大气压/(10^5 Pa)	0.003	99	≈ 1	0.005~7	0.05~0.5	0.05~0.5
温度/K	600~700	650~700	240~320	203~295	130	125
H_2	58%		5.0×10^{-5}		89%	88%
He	4.1×10^{-1}		5.24×10^{-4}		11%	12%
CH_4			1.5×10^{-4}		6.0×10^{-2}	7.0×10^{-2}
CO_2	1.20%	96.40%	3.10×10^{-2}	95.32%	1.20×10^{-3}	
N_2		3.41	78%	2.70%		
O_2	5.90×10^{-2}	69.3×10^{-6}	20.90%	1.30×10^{-1}		
CO	1.20%	20×10^{-6}	1×10^{-6}	7.0×10^{-2}		
Ar	2.9		9.34×10^{-1}		9.7×10^{-4}	
H_2O	18%	1.35×10^{-1}	0.1%~2.8%	3.0×10^{-2}	8.8×10^{-11}	

（三）行星大气的起源

1. 行星大气的保存及影响因素

行星大气的保存与大气物质的粒子速度和行星对大气物质的引力有关。这可以通过特定条件下粒子的运动速度和逃离行星的速度进行分析。

（1）物体或粒子的逃逸速度：

$$v_P = \sqrt{2gR} \tag{6-1}$$

式中 g 为重力加速度，R 为行星半径。由式可以看出，行星质量越大，气体粒子的逃逸越困难。

（2）大气粒子的平均速度：

$$v_O = \sqrt{\frac{2KT}{m}} \tag{6-2}$$

式中 K 为玻尔兹曼常数（1.381×10^{-16} 尔格/度）；T 为绝对温度（K）；m 为粒子质量。

以上两式表明，在相同的行星质量条件下，大气粒子的质量越小，其平均速度越大，因此也就越易逃离行星的引力作用（表 6-4）。

表 6-4　类地行星及月球的质量、粒子逃逸速度和大气压

	质量/(10^{22} kg)	逃逸速度/(km·s^{-1})	大气压/atm
月球	7.35	2.4	≈ 0
水星	32.03	4.2	<0.003
火星	64.53	5.0	0.005~0.007
金星	487.56	10.0	≈ 100
地球	597.5	11.2	$\approx \sim 1$

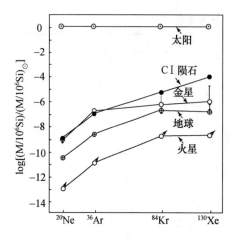

图 6-5　类地行星大气的惰性气体
元素的丰度特征

（据欧阳自远，1988）

2. 行星大气的来源

由上述行星大气保存的影响因素可以看出：类地行星由于其距太阳近，温度较高，重力加速度和半径又较小，因此质量较小的气体（如惰性气体原子或气体分子）更容易逃逸。这与类地行星随着离太阳越远，其大气压增大以及惰性气体中具有较低质量的元素相对更亏损的现象一致（图 6-5）。因此，目前一般认为类地行星的气体是次生的。

类木行星的温度较低，重力加速度和半径较大，其行星大气中即使氢也难以逃逸丢失，因此它们基本上具有原始太阳星云的气体成分。

三、行星的化学成分特征

表 6-5 是水星、金星、地球的模式化学成分表。

总体上看，太阳系行星随着与太阳距离的增加有如下规律（Morgan，1980）：

（1）Fe、Co、Ni、Cr 等行星核的元素减少；

（2）相对于行星核的组成，REE、Ti、V、Th、U、Zr、Hf、Nb、Ta、W、Mo、Re、Pt 增多；

（3）形成壳-幔的元素 Si、Mg、Al、Ca 增多；

（4）亲铜和碱金属元素 Cu、Zn、Pb、Tl、Bi、Ga、Ge、Se、Te、As、Sb、In、Cd、Ag 在 1.5AU 范围内有增多趋势，后减少；

（5）氧有向外增多趋势，铁的价态变化趋势为：$Fe^0 \rightarrow Fe^{2+} \rightarrow Fe^{3+}$。

表 6-5　水星、金星、地球的模式化学成分

组　分	水　星	金　星	地　球
中间层和表层/%	32.0	68.0	67.6
SiO_2/%	47.1	49.8	47.9
TiO_2/%	0.33	0.21	0.20
Al_2O_3/%	6.4	4.1	3.9
Cr_2O_3/%	3.3	0.87	0.9
MgO/%	33.7	35.5	34.1
FeO/%	3.7	5.4	8.9
MnO/%	0.06	0.09	0.14

续表

组 分	水 星	金 星	地 球
CaO/%	5.2	3.3	3.2
Na_2O/%	0.08	0.28	0.25
H_2O/%	0.016	0.22	0.21
$K/10^{-6}$	69	221	200
$U/10^{-6}$	0.034	0.022	0.021
$Th/10^{-6}$	0.122	0.079	0.076
核部$/10^{-6}$	68	32.0	32.4
Fe/%	93.5	88.6	88.8
Ni/%	5.4	5.5	5.8
S/%	0.35	5.1	4.5
Co/%	0.25	0.26	0.27
P/%	0.57	0.58	0.62

据魏菊英,1986。

四、行星演化的能源和热历史

行星形成以后,其内部的温度对于行星内部物质运动、分异及其演化具有重要意义。地球之所以至今还存在着板块运动、壳幔之间的物质交换以及存在着生命均与地球内部处于"热"的状态有关。行星内部的热状态除了与其内部存在放射性物质的衰变有关外,还决定于行星的质量及其化学组成。从类地行星的内部结构看,它们都存在着行星幔和行星核。相对于金属,硅酸盐具有较小的导热系数,因此较厚的行星幔有利于阻碍其内部热量的快速散失(表 6-6)。另一方面,较大的质量亦是减缓行星热量散失的重要因素。表 6-7 和图 6-6 中太阳系一些行星的大小与其热演化历史大致反映了它们之间的关系。

表 6-6　太阳系一些行星的金属核与其半径的比值

水 星	金 星	地 球	火 星
0.8	0.53	0.55	0.4

表 6-7　太阳系一些行星及月球的相对半径大小

月 球	水 星	火 星	金 星	地 球
0.274	0.38	0.53	0.958	1

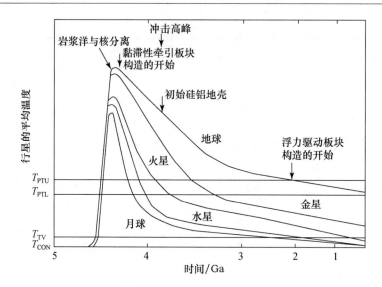

图 6-6　类地行星平均温度随时间的演化

(据 Condie,1982)

　　侯德封等(1974)根据地球物质中各种短、中、长寿期核素的衰变能和 ^{235}U 诱发裂变能随时间变化的计算(图 6-7)认为,地球内部总能量随时间的减少是不连续的,即在 4.5 Ga 和 2.3～2.6 Ga 时存在着突变。这种不连续对地球岩石圈的地球化学及其演化

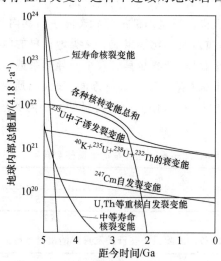

图 6-7　各种核转变能随时间的变化

(据侯德封等,1974)

　　由图可以看到,各种核转变能总和的演化存在两个突变点。它们分别在约 4.5 Ga 和 2.5 Ga 处。其中后者与地壳中记录的地球化学存在突变一致(参见图 7-16)

产生了深远的影响(详见第七章第五节)。

第五节　月　球　化　学

月球是距离地球最近的天体。对月球的认识将有助于了解和探索月球的成因及其演化历史,同时也可以提供地球起源以及太阳系演化等方面的信息。

地球与月球之间的距离变化于 356 410～406 740 km 之间。月球没有大气圈和水圈。月岩中发现有多种有机化合物和氨基酸,但不存在生命物质。其他有关月球的资料列于表 6-8 中。

表 6-8　月球的数据

	绝对值	相对于地球的值
半径(平均)	1738 km	0.272
体积	2.2×10^{10} km³	0.020
质量	7.35×10^{25} g	0.012
密度	3.34 g·cm⁻³	0.605
表面重力	162 cm·s⁻²	0.165
逃逸速度	2.35 km·s⁻¹	0.21
反照率	0.07	0.2
月壳厚度	≈60 km(平均)	
岩石圈厚度	≈1300 km	
月核半径	≤350(?)km	

据 Henderson,1982。

一、月岩的类型及化学组成

根据宇宙飞船从月球表面不同地点采集的样品,月球的岩石按成分差异可以划分为以下几种类型:月海玄武岩、高地斜长岩和克里普玄武岩。另外还有非常少量的富 SiO_2 的岩石。

表 6-9 给出了月壳和地壳的成分。由表可以看出,它们的主要元素和难熔元素含量很接近,但月壳的硅不如地壳相对富集。月壳与地壳之间较明显的差异是月壳明显贫乏挥发性元素。这可能反映了月球其他挥发性元素也是亏损的。

表 6-9　月壳与地壳成分对比

	月球高地月壳	月球月海玄武岩	地球大陆地壳	地球洋壳
主要元素/%				
Mg	4.10	3.91	2.11	4.64
Al	13.0	5.7	9.5	8.47
Si	21.0	21.6	27.1	23.1
Ca	11.3	8.4	5.36	8.08
Na	0.33	0.21	2.60	2.08
Fe	5.1	15.5	5.83	8.16
Ti	0.34	2.39	0.48	0.90
难熔元素/10^{-6}				
Sr	120	135	400	130
Y	13.4	41	22	32
Zr	63	115	100	80
Nb	4.5	7	11	2.2
Ba	66	70	350	25
La	5.3	6.8	19	3.7
Yb	1.4	4.6	2.2	5.1
Hf	1.4	3.9	3.0	2.5
Th	0.9	0.8	4.8	0.22
U	0.24	0.22	1.25	0.10
挥发性元素/10^{-6}				
K	600	580	12500	1250
Rb	1.7	1.1	42	2.2
Cs	0.07	0.04	1.7	0.03

据 Taylor,1982;Taylor and McLennan,1985。

二、月球的化学组成

关于月球的化学组成,Wanke 等(1973)、Ganapathy 和 Anders(1974)以及 Taylor(1975)都曾经进行了研究,并给出了估算的月球元素丰度。

Wanke 等(1973)发现月岩样品的元素比值具有近于恒定的比值,它们大致可以划分为两组,即难熔元素和挥发性元素。其中多数样品的 K/La 比值为常数,且月球样品的难熔元素比值与碳质球粒陨石一致,而碱金属元素之间的比值与 CⅠ型球粒陨石一致。因此他们提出月球是由难熔组分(相当于 Allende 陨石)和易挥发组分(球粒陨石)两种物质组成。根据这两种物质中 K 和 La 的丰度及月球的 K/La 比值可以用下式计算难熔元素和易挥发元素的分数 A:

$$K/La = 70 = \frac{A[K]_{CC} + (1-A)[K]_{HTC}}{A[La]_{CC} + (1-A)[La]_{HTC}} \tag{6-3}$$

式中 A 是两种组分中球粒陨石所占的分数；$[K]_{CC}$ 和 $[La]_{CC}$ 分别是球粒陨石中 K 和 La 的含量（分别为 800×10^{-6} 和 0.35×10^{-6}）；$[K]_{HTC}$ 和 $[La]_{HTC}$ 分别是高温凝聚物中 K 和 La 的含量（分别为 0 和 4.9×10^{-6}）。由该分数计算得到了月球的元素丰度（表6-10）。

表 6-10　月球的化学组成

元　素	Wanke et al. (1973)	Ganapathy and Anders(1974)	Taylor (1975)
O/%[a]	—	41.42	—
Mg	8.9	17.37	18.7
Al	12.0	5.83	4.3
Si	15.0	18.62	20.6
S	—	0.39	
Ca	12.8	6.37	4.3
Fe	8.6	9.00	8.2
Li/10^{-6}[b]		8.7	—
F	—	30	
Na	1770	900	—
P	—	538	
K	250	96	100
Sc	81	40	20
Ti	7000	3380	1800
V	440	340	48
Cr	—	1200	1330
Mn	700	330	1000
Co	—	240	
Ni		0.51	
Rb	0.87	0.33	0.29
Sr	93	60	43
Y	24	10.9	7.5
Zr	67	65	30
Nb	4.8	3.3	2.2
Cs	0.039	33	13
Ba	33	16.8	17.5
La	3.5	1.57	1.1
Sm	—	0.86	0.75
Eu	0.81	0.33	0.27
Tb	—	0.22	0.18
Yb	—	0.95	0.73
Lu	—	0.160	0.11
Hf	2.4	0.95	0.67
Th	—	210	230
U	0.086	59	60

a. O～Fe 的单位均为%；b. Li～U 的单位均为 10^{-6}。

Ganapathy 等(1974)根据月球岩石的元素比值为常数提出了一种模式,即月球是由三种原始凝聚物质组成:早期凝聚物、金属镍-铁、镁硅酸盐。在太阳星云冷却过程中形成金属凝聚物质,部分反应形成硫化物;在冷却的最后阶段,挥发组分凝聚。其中在凝聚前或凝聚期间,硅酸盐和金属相发生熔融而丢失挥发组分。按照该模式以及月球岩石的元素比值,如根据 U 含量可确定早期凝聚物所占的分数;根据 Tl/U 比值可确定挥发组分占的分数。Ganapathy 等由上述方法获得了如下各种组分的分数:早期凝聚物(0.301);未熔态金属(0);硫化物(0.011);未熔态硅酸盐(0.070);熔融态硅酸盐(0.557);富挥发性凝聚物(0.0004),包括 Cd、Hg、B、In、Tl、Pb、Bi、Cl、Br、I、H、C、N、Ar、Kr、Xe。其估算结果列于表 6-10。

Taylor(1975) 提出了月球是均匀增生的假设,并根据各种数据认为月球的难熔元素含量是 CI 型碳质球粒陨石的 5 倍。因此月球的挥发性元素含量可以根据其与难熔元素的比值来确定(表 6-10)。

三、月球的成因

关于月球的成因,目前有三种假说:

(1) 在地球历史的早期从地球分离出月球。如 O'Keefe(1970)根据月球玄武岩和地球玄武岩中亲铁元素 Co、Ni、Pt 的相似性提出,月球是在地幔形成后从地球分离出来的。该假说的主要问题是,它无法解释月球和地球玄武岩中具有不同的 Fe/Mg 和 K/Na 比值。而且某些元素,如 Au 和 Ge 在月球玄武岩中也明显低于地球玄武岩。

(2) 月球和地球的同源说,即地球与月球是同一气体尘埃云凝聚而成。

(3) 地球俘获月球假说,即月球在远离地球的运行轨道形成,在其运行过程中接近地球,由于引力作用被地球俘获形成地球的卫星。

上述月球成因假说中,月球被地球俘获说可以较好地解释月球具有比地球明显亏损挥发性元素的特征。即月球曾经应在更靠近太阳附近的轨道上运行。

第六节　陨石化学

一、陨石研究的意义

陨石是目前人类可以直接进行研究的主要地外物质。陨石携带有丰富的有关太阳系的平均化学成分、太阳系的形成和演化、有机质的起源、太阳系的空间环境、陨石穿越大气层的过程、冲击变质作用等科学信息。因此,陨石的研究对于认识太阳系的物质组成,地球的结构、组成和形成演化,生命的起源以及防止自然灾害等均具有重要意义。

据统计,每年大约有 550 个陨石落到地球上,但只有少部分落在可收集区,因此大约每年仅回收 5～6 个陨石。可见,陨石的收集非常不易。不过,自从 1969 年日本在南极大和峰发现 9 个陨石后，至 1980 年日本和美国科学家共在南极收集到 4700 块陨石标本。

二、陨石的分类

（一）石陨石

石陨石包括球粒陨石和无球粒陨石两类。

1. 球粒陨石

球粒陨石是由石质小球和周围的基质组成。球粒的大小一般在 1 mm 左右，主要由橄榄石、低钙辉石和硅酸盐玻璃组成，含极少量的金属 Fe-Ni 和硫化物。基质主要由细粒他形硅酸盐矿物及细粒的金属和硫化物组成。

球粒陨石可以分为三大类：普通球粒陨石、顽火辉石球粒陨石和碳质球粒陨石。从化学成分上可以分为 E、H、L、LL、C 五个化学群（表 6-11），其成分变化代表氧化程度依次增高。

表 6-11　球粒陨石的分类

陨石类型	顽火辉石 球粒陨石	古铜辉石 球粒陨石	紫苏辉石 球粒陨石	橄榄辉石 球粒陨石	碳质 球粒陨石
TFe/SiO_2	0.77	0.77	0.55	0.40	0.77
FeO/TFe	0.80	0.63	0.33	0.08	$0\sim0.1$
化学群	E	H	L	LL	C

碳质球粒陨石以含有高含量的挥发性元素和挥发性化合物为特征，其中包括不同种类的碳氢化合物和氨基酸。已有的研究表明，这些化合物为非生物成因的，是由简单分子如 CO、H_2、NH_3 等受尘埃粒子表面的镍铁和磁铁矿（Fe_3O_4）的催化作用形成的（Hayatsu and Anders，1972）。因此，碳质球粒陨石包含了太阳系早期复杂碳化物的非生物合成作用及与生命起源有关的信息。

2. 无球粒陨石

按其成分中的钙含量可以分为以下两类：

（1）贫钙无球粒陨石：其 CaO 含量介于 5％～30％之间。主要矿物为：顽火辉石、紫苏辉石、橄榄石等。

（2）富钙无球粒陨石：由于富钙，陨石中含有单斜辉石或斜长石。

（二）石-铁陨石

石-铁陨石是既含有硅酸盐相，又含有金属相的陨石。它们的硅酸盐相/Fe-Ni 金属相为 80％～50％之间。按硅酸盐相与金属相的含量大致可以分以下三种：

（1）橄榄-陨铁陨石；

（2）中陨铁陨石；

（3）其他陨石（古英铁镍陨石、古铜橄榄陨石）。

（三）铁陨石

铁陨石主要由 Fe-Ni 金属及少量铁、硫、磷的化合物组成。按 Ni 含量可以划分为以下三类：

（1）方陨铁组（Ni 含量为 4%～6%）；

（2）八面体式陨铁组（Ni 含量为 6%～14%）；

（3）镍铁陨石组（Ni 含量＞12%～14%）。

陨硫铁较富集以下元素：Co、Cu、Zn、As、Se、Te、Hg、Ti、Pb、Bi。金属相较富集以下元素：Os、Ir、Pt、Ru、Rh、Pd、Au、W、Mo、Re。

三、陨石的成因

1. 球粒陨石的成因

关于球粒的成因，仍有争论，概括起来有：陨石母体中的火山喷发、液滴冷凝、母体碰撞、原始太阳星云中尘埃的冲击和重熔等。目前，许多学者认为球粒的形成主要与下列过程有关：

（1）星云物质凝聚成液滴后冷凝可以形成球粒。太阳星云的温度下降到金属-硅酸盐凝聚阶段，星云中的矿物发生凝聚形成液滴状的球粒，或胶结球粒成为陨石基质。陨石的球粒和基质的矿物组成相同，特别是二者的橄榄石、辉石成分相似，表明它们经历了同样的凝聚和后期的热变质过程。

（2）由星云凝聚形成的各种固态物质，高速碰撞而重熔，再由重熔的液滴冷凝形成球粒。

（3）在太阳星云凝聚的晚期，由于星云的放电和太阳能的辐射使星云中的固体凝聚物重熔而形成液滴。液滴缓慢冷却成为晶质球粒或迅速淬火成为玻璃球粒。

2. 无球粒陨石和铁陨石的成因

无球粒陨石和铁陨石都属于分异型陨石，它们都曾经经历过部分熔融作用和岩浆结晶分异作用。部分可能经历了在较大星体内部的铁镍核与硅酸盐熔体的分异作用。

四、陨石的母体及源区

1. 小行星带

在围绕着太阳的火星与木星之间的轨道上存在着数量达 5021 个小行星。在这些小行星中，直径大于 100 km 达 200 个，直径大于 10 km 达 2000 个，其中最大的谷神星直径为 1025 km，其次是智神星（583 km）。

2. 小行星的类型

根据小行星的反射光谱、偏光性、红外和紫外-可见光谱测量数据，可以将小行星划分为以下类型：

(1) C 型：其成分类似碳质球粒陨石；

(2) S 型：其成分相当于硅酸盐；

(3) M 型：其成分以金属铁为主；

(4) E 型：顽火辉石为主；

(5) O 型：普通球粒陨石为主。

这些小行星在轨道上的分布有如下规律：即 S 型小行星较 C 型小行星更靠近太阳。

3. 小行星的起源

关于小行星的起源，目前比较公认的观点可以描述如下：小行星带的小行星体总成分相当于碳质球粒陨石。因此，小行星带的物质在还没有聚集成为较大的星体以前，木星就已经形成了相当大的星体。质量非常大的木星对小行星带的摄动将增大其轨道的偏心率，从而增大了小行星之间的碰撞速度，并阻止它们之间的聚集。

五、陨石的化学成分

1. 碳质球粒陨石

碳质球粒陨石常常含有较多的挥发性元素。其中 C I 型碳质球粒陨石的成分除 H、He 外，与太阳成分基本一致（图 6-8），因此它们应当代表着太阳系早期的物质。

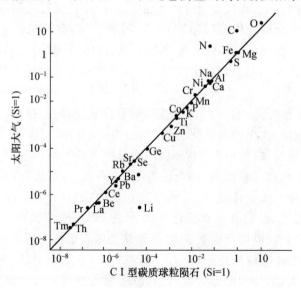

图 6-8　C I 型碳质球粒陨石元素丰度与太阳元素丰度对比

（据 Richardson et al.，1989）

2. 石陨石

石陨石和地球的地幔在主要元素含量上具有以下递减的排列顺序:

(1) 顽火辉石无球粒陨石:O Si Mg Na Fe Ca Al K;

(2) 紫苏辉石无球粒陨石:O Si Mg Fe Ca Al Na K;

(3) 橄榄石无球粒陨石:O Si Mg Fe Al Ca Na K;

(4) 透辉橄榄无球粒陨石:O Si Fe Mg Al Ca Na K;

(5) 地球的地幔:O Si Mg Fe Ca Al Na K。

由上述可以看出,石陨石的组成非常类似于地幔的物质组成,其中紫苏辉石无球粒陨石的八种主要元素的含量排列顺序与地幔完全相同。

3. 铁陨石

铁陨石的主要成分为:Fe、Ni、Co、C、P、S。它们的含量范围如下:

Fe:$79\% \sim 92\%$;Ni:$6\% \sim 18\%$;Co:$0.4\% \sim 1\%$;C:$0.1\% \sim 0.2\%$;P:$0.1\% \sim 0.3\%$;S:0.7%。

4. 星际有机分子与陨石中的有机质

星际有机分子和陨石中有机质的研究,对探讨行星际和恒星际之间有机质的来源与存在状态、生命前期的化学演化过程、生命的起源以及太阳星云的凝聚过程均有重要意义。

(1) 星际分子:一般泛指存在于星际空间的无机和有机分子。星际云中的 CH、CN 和 CH^+ 是 20 世纪 30 年代发现的。在随后的 60 年代通过光谱(1.3 cm)方法观测到星际中存在氨、水分子和甲醛(H_2CO)。至 70 年代末,已经观测并经过证实的星际分子有 50 多种。在发现的星际分子中,大部分是有机分子,其中最重的是由 11 个原子组成的 HC_9N 分子,且有些是地球上没有且在实验室中也难于稳定的分子(如 HC_9N、NOH^+、HCO^+ 和 C_2)。

(2) 陨石中的有机质:自从 1806 年发现球粒陨石中存在有机组分以来,目前在碳质球粒陨石中已发现 60 多种有机化合物(如脂肪烃、芳香烃、脂肪醇、脂肪酸、色素卟啉、氨基酸、嘌呤、嘧啶碱)和一些结构不清的有机物。

关于陨石中有机质的成因,目前众说纷纭。Urey(1952)认为,地球原始大气是高度还原性的,主要由 CH_4、NH_3、H_2O、H_2、CO 组成,在紫外光照射和放电下,它们形成自由基和处于激发态,最后合成有机化合物。Urey(1953)实验证实了从 CH_4、NH_3、H_2O、H_2、CO 经火花放电可合成氨基酸,从而认为陨石中的有机质是在星云中通过放电而合成,即属于非生物成因的。

自 1964 年以来,M. H. Studier 和 E. Anders 等人提出了催化合成有机质的理论,他们在 H/C 比约为 2 的条件下实验合成出 $C_{20}H_{42}$(称为 Fisher and Tropsch Type 合成或 FTT 合成)。FTT 合成的有机化合物与陨石中发现的各类有机化合物十分近似。

六、地外物体撞击事件对地球的影响

陨石或小行星撞击地球可以掀起惊人数量的尘土,尘埃悬浮在大气中会掩蔽阳光;若持续比较久将会使植物的光合作用停止,致使生物链破坏并引起成批动物的灭绝。另外,小行星撞击所产生的瞬时高温高压和冲击波可即刻使生物成批死亡。目前,已经有一些关于地质历史时期中地外物质撞击地球的地球化学证据。例如,一些沉积界面,如寒武-奥陶纪,泥盆-石炭纪,二叠-三叠纪,三叠-侏罗纪,白垩-第三纪等界面上发现了存在有地外物质撞击地球的证据。

另外,地外物质撞击地球将引起地壳或上地幔中局部的微量元素的分布异常(如Ir、Os、Pt 等亲铁元素),产生冲击坑及形成高压矿物等。

第七节 彗 星 化 学

彗星是太阳系中一类奇特的小天体。它们大多沿扁长的椭圆,甚至沿抛物线、双曲线轨道运行,其轨道的半长轴、偏心率和倾角较大。彗星公转的方向多为顺向,但也有逆向。彗星富含挥发组分。这说明彗星形成在太阳星云的低温区且保存在远离太阳的区域(温度<100 K)。彗星至今仍保留着许多太阳星云凝聚物的化学成分和结构特征。因此彗星对于研究太阳系的起源和早期状况,对探讨陨石、宇宙尘(埃)、流星体和黄道光的来源都有重要意义。

太阳系内约有 $10^{12} \sim 10^{14}$ 个彗星。

1. 彗星的类型

(1) 短周期:其公转周期为 $10 \sim 200\,a$,多数远日点靠近木星。

(2) 长周期:其公转周期大于 $200\,a$,远日点可达 $50\,000\,AU$。

2. 彗星的结构

彗星的主体是彗核,当彗星运行接近太阳时,由于受到太阳的光、热辐射和太阳风的作用,因此产生彗发和彗尾,成为壮观的彗星(图6-9)。

(1) 彗核:彗核一般直径为 $0.3 \sim 4\,km$。短周期彗星的彗核直径大多为 $1 \sim 2\,km$,密度约为 $2\,g \cdot cm^{-3}$。彗核主要由冰物质和岩石细小颗粒组成。周期性彗星回归一次大约丢失 $0.1\% \sim$

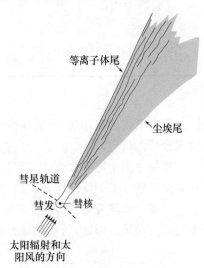

图6-9 彗星的构造

注:彗核不是按比例画的。彗发比彗头约大 $100 \sim 10\,000$ 倍,图上没有画出围绕彗发的氢气云,它又是彗发直径的 $100 \sim 1000$ 倍或近似于太阳的直径

1%的质量。彗核中央可能还有一个核,直径为 0.1~1 km,由冰和尘的混合物组成,外层是夹有许多岩石颗粒的不规则层状冰物质。

(2) 彗发:直径可达 $10^4 \sim 10^5$ km,由化合物基团(OH_2、C_2、C_3、CH、CN)、原子(C、H、O、S、He)、分子(HCN、H_2O 等)、离子(CO^+、CH^+、CO_2^+ 等)组成。彗发是由于太阳的光、热辐射以及太阳风的作用,使部分彗核物质产生光化学离解、电离等作用造成的,其直径是与日心距离的函数。

(3) 彗尾:彗尾长达 10^8 km,彗尾的成分为等离子体 CO^+、CO_2^+、H_2O^+、OH^+、CH^+、CN^+、N_2^+、C^+、Ca^+;尘埃彗尾为 H、C、N、Fe、Si、Mg、Ca、Ni。

3. 彗星的化学成分

表 6-12 列出了彗星的成分、元素的宇宙丰度和球粒陨石的成分。由表可以看出,除了氧以外,彗星的挥发性元素含量均介于元素的宇宙丰度和球粒陨石的含量之间。即与陨石相比,其更富挥发性元素。

表 6-12　彗星元素原子丰度(Si＝1)及与宇宙丰度的对比

元　素	元素宇宙中丰度	彗星中丰度	碳质球粒陨石中的丰度(Mason,1971)		
			C I	CM	CV CO V
H	26600.00	24.3	2.00	1.00	1.00
C	11.70	3.73	0.70	0.40	0.08
N	2.31	1.51	0.05	0.04	0.01
O	18.40	22.30	7.50	5.30	4.10
S	0.50	0.55	0.50	0.23	0.12
Si	1.00	1.00	1.00	1.00	1.00

4. 彗星的成因和意义

彗星的成因仍不明确,其中一种观点是其形成于海王星-冥王星区域,由于摄动而进入地球的轨道。

彗星主要由冰物质组成,吸附和包裹着相当数量的尘埃和挥发分。它形成和保存在太阳系较外层的低温区,具有较高的原始程度。

目前一些研究者认为,1908 年 6 月 30 日发生的西伯利亚通古斯爆炸即是彗星撞击地球的结果。因此,彗星被认为是地球挥发性元素的主要来源。

拓 展 阅 读

[1] 欧阳自远.天体化学[M].北京:科学出版社,1988.

[2] 侯渭,谢鸿森.陨石成因与地球起源[M].北京:地震出版社,2003.

[3] Condie K C. Plate Tectonics and Crustal Evolution[M]. 2nd ed. New York:Pergamon Press,1982.

复 习 思 考

1. 元素是如何形成的？
2. 试述元素的宇宙丰度特征。
3. 试述地球的元素丰度特征及估算方法。
4. 试述陨石研究对于认识太阳系物质组成及地球物质组成的意义。
5. 如何解释宇宙元素丰度中的 Li、Be、B 亏损？
6. 如何解释宇宙元素丰度的四倍规则？
7. 如何解释宇宙元素丰度中的"铁峰"？

第七章　地壳与地幔地球化学

地壳和地幔是与人类最密切相关的固体地球部分。例如,其涉及人类生存环境的火山、地震以及金属、非金属和能源矿产等。本章的重点是了解地壳和地幔的物质组成及其研究方法。

第一节　地球的圈层构造及化学组成

一、地球的圈层构造

地震波传播速度在地球内部的变化显示出的间断面,以及地球物质密度等的不均匀分布,表明地球具有圈层结构——地球由地壳、地幔和地核组成(图 7-1 和表 7-1)。

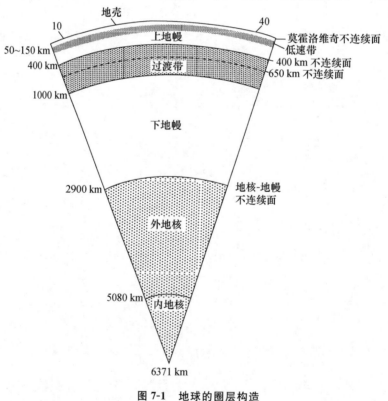

图 7-1　地球的圈层构造

(据 Ringwood,1975)

表 7-1 地球内部的圈层构造及质量

圈层	深度/km	体积分数/%	质量/10^{25} g	总质量分数/%	地幔、地壳的质量分数/%
地壳	0～莫霍面	0.008	2.4	0.004	0.006
上地幔	莫霍面～400	0.16	62	0.10	0.15
过渡带	400～1000	0.22	100	0.17	0.24
下地幔	1000～2900	0.44	245	0.41	0.6
外地核	2900～5100	0.154	189[a]	0.32[a]	
内地核	5100～6371	0.008			

a. 为地核的总数值。据 Ringwood，1975。

地球内部莫霍面以上部分为地壳。根据布伦的地球模型，地幔分为 B、C、D 层。莫霍面以下的岩石圈和软流层为 B 层，即上地幔。C 层为中地幔（约 400～1000 km，亦称过渡带）。D 层（约 1000～2900 km）为下地幔。目前对地核组成的设想是：在 2900～5100 km 深度范围存在着液态的镍铁，即外核（E 层），因为地震 S 波在其中消失；而在 5100 km 深度以下为内核（G 层），内核也由镍铁组成，但处于固态。内核和外核间有一过渡层（F 层）。实际测得的内核密度比镍铁核的理论密度低 10%，推测内核含有相当数量（10%～20%）的轻元素，如 S、C、K、Si 和 O 等。

二、地球的元素丰度

地球的元素丰度是估算得到的，目前有如下几种估算方法：

1. 陨石类比法

该估算方法是建立在以下假设基础上的：

（1）陨石是在太阳系内形成的产物；

（2）陨石与小行星带物质成分相同；

（3）陨石是星体的碎片；

（4）陨石母体的内部结构和成分与地球相似。

表 7-2 地球元素丰度推荐值

序号	元素	丰度	序号	元素	丰度	序号	元素	丰度
1	H	260×10^{-6}	33	As	1.7×10^{-6}	65	Tb	0.067×10^{-6}
2	He		34	Se	2.7×10^{-6}	66	Dy	0.46×10^{-6}
3	Li	1.1×10^{-6}	35	Br	0.3×10^{-6}	67	Ho	0.1×10^{-6}
4	Be	0.05×10^{-6}	36	Kr		68	Er	0.3×10^{-6}
5	B	0.2×10^{-6}	37	Rb	0.4×10^{-6}	69	Tm	0.046×10^{-6}

序 号	元 素	丰 度	序 号	元 素	丰 度	序 号	元 素	丰 度
6	C	730×10^{-6}	38	Sr	13×10^{-6}	70	Yb	0.3×10^{-6}
7	N	55×10^{-6}	39	Y	2.9×10^{-6}	71	Lu	0.046×10^{-6}
8	O	29.7%	40	Zr	7.1×10^{-6}	72	Hf	0.19×10^{-6}
9	F	10×10^{-6}	41	Nb	0.44×10^{-6}	73	Ta	0.025×10^{-6}
10	Ne		42	Mo	1.7×10^{-6}	74	W	0.17×10^{-6}
11	Na	0.18%	43	Tc		75	Re	0.075×10^{-6}
12	Mg	15.4%	44	Ru	1.3×10^{-6}	76	Os	0.9×10^{-6}
13	Al	1.59%	45	Rh	0.24×10^{-6}	77	Ir	0.9×10^{-6}
14	Si	16.3%	46	Pd	1×10^{-6}	78	Pt	1.9×10^{-6}
15	P	1100×10^{-6}	47	Ag	0.05×10^{-6}	79	Au	0.16×10^{-6}
16	S	6345×10^{-6}	48	Cd	0.08×10^{-6}	80	Hg	0.02×10^{-6}
17	Cl	76×10^{-6}	49	In	0.007×10^{-6}	81	Tl	0.012×10^{-6}
18	Ar		50	Sn	0.25×10^{-6}	82	Pb	0.23×10^{-6}
19	K	160×10^{-6}	51	Sb	0.05×10^{-6}	83	Bi	0.01×10^{-6}
20	Ca	1.71%	52	Te	0.3×10^{-6}	84	Po	
21	Sc	10.9×10^{-6}	53	I	0.05×10^{-6}	85	At	
22	Ti	810×10^{-6}	54	Xe		86	Rn	
23	V	95×10^{-6}	55	Cs	0.035×10^{-6}	87	Fr	
24	Cr	4700×10^{-6}	56	Ba	4.5×10^{-6}	88	Ra	
25	Mn	720×10^{-6}	57	La	0.44×10^{-6}	89	Ac	
26	Fe	31.9%	58	Ce	1.13×10^{-6}	90	Th	0.055×10^{-6}
27	Co	880×10^{-6}	59	Pr	0.17×10^{-6}	91	Pa	
28	Ni	18220×10^{-6}	60	Nd	0.84×10^{-6}	92	U	0.015×10^{-6}
29	Cu	60×10^{-6}	61	Pm		93	Np	
30	Zn	40×10^{-6}	62	Sm	0.27×10^{-6}	94	Pu	
31	Ga	3×10^{-6}	63	Eu	0.1×10^{-6}	95	Am	
32	Ge	7×10^{-6}	64	Gd	0.37×10^{-6}	96	Cm	

据因特网国际地球化学参考模型数据,1998;转引自韩吟文,2003。

各类陨石所占比例不同会直接影响计算结果。例如,Ahrens(1965)用单一陨石法估算了地球的元素丰度,他只用球粒陨石平均元素含量(维诺哥拉多夫,1962)来代表地球的元素丰度,结果铁的丰度明显偏低。

2. 地球模型和陨石的类比法

在地球模型基础上求出各地圈的质量和比值,利用陨石类型或陨石相的成分计算各圈层的元素丰度,最后用质量加权平均法求出全球的元素丰度。

华盛顿(1925)用该方法计算了地球元素丰度,得出铁的地球丰度值为 31.8%。

Mason(1996)根据现代地球模型,认为地球的总成分取决于地幔和地核成分的相对质量。他假定:① 球粒陨石中的陨硫铁可代表地核的成分;② 球粒陨石中硅酸盐的平均成分代表地幔和地壳的成分。他按地幔和地壳占地球总质量的 67.6%,计算了地球的平均化学成分。这一方法以陨石的硅酸盐相(silicate phase)、金属相(metal phase)和陨硫铁相(torilite phase)的分析资料为基础,故又称 SMT 法。

第二节　地壳的平均化学成分

一、基本概念

克拉克值:指地壳的平均化学成分。这是为了表彰美国地球化学家克拉克的卓越贡献而进行的命名。按照不同的表示方法,可以分为:

重量克拉克值:指地壳中元素的重量平均含量;

原子克拉克值:指地壳中元素的原子平均含量。

二、地壳平均化学成分的确定方法

1. 岩石平均化学组成法

克拉克将岩石圈的全部岩石分为两类:火成岩(包括正变质岩),质量占 95%;水成岩(包括副变质岩),质量占 5%。克拉克(1924)将世界各地收集来的 8600 个岩石化学资料中选用了 5159 件火成岩样品和 676 件沉积岩组合样品,通过分区并按岩石质量比例计算出地壳上部 16 km 的地壳成分。

2. 细粒碎屑岩法

戈尔德施密特认为,细碎屑岩是沉积物源区出露岩石经过剥蚀、搬运并均匀混合的产物,其成分可以代表物源区地壳的平均化学组成。因此他对挪威南部由冰川融化后沉淀出的细粒冰川黏土样品的 77 件样品进行了化学分析,获得了平均化学成分。其大部分元素的含量与克拉克和华盛顿的结果相当一致,但 Na_2O 和 CaO 含量偏低。Taylor 和 McLennan(1985)则用细粒碎屑沉积岩,特别是泥质岩作为上地壳的混合样品进行了研究。这一方法的可

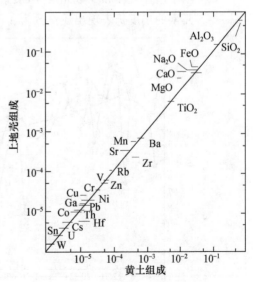

图 7-2　上地壳组成与黄土组成关系图

(据 Taylor and McLennan, 1985,略有修改)

行性在于：后太古宙的泥质岩、深海沉积物和黄土中的稀土元素组成模式与现代大陆上地壳几乎完全一致（图7-2）。该方法有两个显著的特点：一是可以研究地球早期地壳的组成及其随时间的演化；二是所需要的样品数相对较少。

3. 地壳模型法

Taylor 和 McLennan(1985)提出：现今大陆地壳质量的 75% 在太古宙时形成，25% 是后太古宙（<25%）形成的。后太古宙的大陆生长主要发生在岛弧地区，代表性物质是岛弧安山岩。他们由此计算了现代大陆地壳的元素丰度。但目前对于大陆地壳生长历史以及不同地质时期大陆地壳的原始物质的认识不尽相同，因此其结果有一定差异。

三、地壳元素的丰度特征

对比元素的宇宙丰度和地壳的元素丰度（表7-3和图7-3），可以看出其具有如下特征：

(1) 地壳中各种元素丰度是极不均匀的，其中，仅前三种元素 O、Si、Al 就占了 82%，前八种元素的 O、Si、Al、Fe、Ca、Na、K、Mg 就占了 98% 以上，另外，丰度最高的 O 与丰度最低的 Rn 二者的丰度相差 10^{17} 倍。

(2) 随原子序数的增加其丰度趋于降低，但 Li、Be、B 的丰度仍表现为亏损。

(3) 除了惰性气体和少数元素外，质量数为偶数的元素丰度大于奇数。

(4) 元素的丰度仍表现出质量数为 4 的倍数的元素占主导地位：

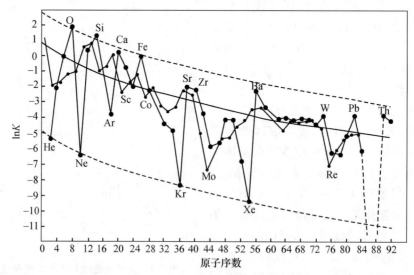

图 7-3　地壳中原子克拉克值随原子序数的变化

(据赵伦山，1988)

表 7-3　大陆上地壳的元素丰度

主要氧化物/wt%	T & M	Wedepohl	标准矿物/wt%	T & M
SiO_2	66.0	64.9	Quartz	15.7
TiO_2	0.5(0.76)	0.52	Orthoclase	20.1
Al_2O_3	15.2	14.6	Albite	13.6
FeO	4.5	3.97	Diopside	6.1
MgO	2.2	2.24	Hypersthene	9.9
CaO	4.2	4.12	Il	0.95
Na_2O	3.9	3.46		
K_2O	3.4	4.04		

	T & M	Wedepohl		T & M	Wedepohl		T & M	Wedepohl
Li	20	22	Ga	17	14	Nd	26	25.9
Be	3	3.1	Ge	1.6	1.4	Sm	4.5	4.7
B	15	17	As	1.5	2	Eu	0.88	0.95
C		3240	Se	0.05	0.083	Gd	3.8	2.8
N		83	Br		1.6	Tb	0.64	0.5
F		611	Rb	112	110	Dy	3.5	2.9
Na/%	2.89	2.57	Sr	350	316	Ho	0.8	0.62
Mg/%	1.33	1.35	Y	22	20.7	Er	2.3	
Al/%	8.04	7.74	Zr	190	237	Tm	0.33	
Si/%	30.8	30.35	Nb	25(13.7)	26	Yb	2.2	1.5
P	700	665	Mo	1.5	1.4	Lu	0.32	0.27
S		953	Pd	0.5		Hf	5.8	5.8
Cl		640	Ag	50	55	Ta	2.2(0.96)	1.5
K/%	2.8	2.87	Cd	98	102	W	2	1.4
Ca/%	3	2.94	In	50	61	Re	0.4	
Sc	11	7	Sn	5.5	2.5	Os	0.05	
Ti	3000(4560)	3117	Sb	0.2	0.31	Ir	0.02	
V	60	53	Te			Au	1.8	
Cr	35	35	I		1.4	Hg		56
Mn	600	527	Cs	3.7(7.3)	5.8	Tl	750	750
Fe/%	3.5	3.09	Ba	550	668	Pb	20	17
Co	10	11.6	La	30	32.3	Bi	127	123
Ni	20	18.6	Ce	64	65.7	Th	10.7	10.3
Cu	25	14.3	Pr	7.1	6.3	U	2.8	2.5
Zn	71	52						

注：表中除已标明的%单位外，其他元素丰度的单位均为 10^{-6}。T & M：Taylor and McLennan，1985，1995；Wedepohl：Wedepohl，1995。括号中的数据是 Plank 和 Langmuir 根据 T&M 数据的修改结果。

4A 型：^{12}C，^{16}O，^{24}Mg，^{28}Si，^{32}S，^{40}Ca，^{48}Ti，^{52}Cr，^{56}Fe，^{140}Ce，^{232}Th，共占 87%；

4A＋3 型：^{7}Li，^{11}B，^{19}F，^{23}Na，^{27}Al，^{31}P，^{35}Cl，^{39}K，^{51}V，^{55}Mn，^{59}Co，^{63}Cu，^{75}As，^{107}Ag，共占 13%；

4A＋2 和 4A＋1 型：仅占 $0.1n$%（n 为 1～9 的整数）。

（5）相对于地球整体，地壳最亏亲铁元素，其次亲铜元素和少数亲氧相容元素；富集亲氧不相容元素（图 7-4）。

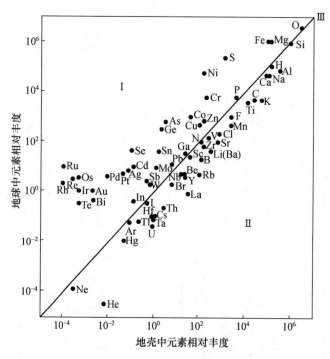

图 7-4　地球和地壳中元素相对丰度对比图

（据黎彤等,1990）

四、地壳中某些元素丰度的偶数规则被破坏的原因

（1）惰性气体元素丰度异常低的原因：与其他元素相比，地壳中惰性气体元素的丰度明显偏低。这一现象与该类元素的"惰性"有着明显的成因联系。该现象可以解释为惰性气体元素不与或不易与其他元素结合，因此在漫长的地球演化历史中它们易于从固体地球内部不断地通过排气作用进入大气圈中，并通过逃离地球的引力作用而释放到宇宙空间。

（2）地壳中某些质量数为偶数的元素丰度出现异常的原因：地壳中某些质量数为偶数的元素丰度存在着明显的异常。例如地壳元素丰度出现了 $^{26}_{13}Al > ^{24}_{12}Mg$、$^{46}_{23}V >$ $^{52}_{24}Cr$、$^{50}_{25}Mn > ^{52}_{24}Cr$、$^{70}_{35}Br > ^{80}_{34}Se$、$^{127}_{53}I > ^{130}_{52}Te$ 等原子序数为奇数的元素丰度高于偶数的反常现象。这一现象可以解释为地壳与地幔之间或地幔与地核之间的分异作用所致。例如，地壳中 $^{24}_{12}Mg$、$^{52}_{24}Cr$ 的亏损与其是较强的相容元素而在地幔部分熔融作用中仍残留在地幔中有关；地壳中 $^{80}_{34}Se$、$^{130}_{52}Te$ 丰度的偏低与这些元素属于亲硫元素，在地核与地幔的分异作用中进入地核中有关。

五、元素克拉克值在地球化学研究中的意义

1. 决定元素的地球化学行为

元素的克拉克值决定了元素的地球化学行为。克拉克值高的元素可以形成独立矿物，而克拉克值低的元素只能以类质同像的形式存在于主要矿物的晶格中（表7-4）。因此，克拉克值高的元素只受矿物稳定性的控制，而克拉克值低的元素除了受矿物的稳定性控制外，还受类质同像的规律控制。

表 7-4　元素的克拉克值与可形成矿物种数的关系

克拉克值/wt%	每种元素可形成的矿物数	克拉克值/wt%	每种元素可形成的矿物数
>10	729	$10^{-3} \sim 10^{-4}$	23
$1 \sim 10$	239	$10^{-4} \sim 10^{-5}$	28
$1 \sim 10^{-1}$	139	$10^{-5} \sim 10^{-6}$	23
$10^{-1} \sim 10^{-2}$	31	$10^{-6} \sim 10^{-7}$	2
$10^{-2} \sim 10^{-3}$	28	$<10^{-7}$	<1

2. 作为元素集中分散的标尺

在进行区域元素丰度对比时，常常需要一个参照物或标尺。元素的克拉克值即可以作为元素集中或分散的标尺。实际应用中常常用到浓度克拉克值，其定义为

$$浓度克拉克值＝观测值/克拉克值$$

即浓度克拉克值是观测值与克拉克值的比值。因此，若某元素的浓度克拉克值大于1，表明该元素发生了富集或集中；若其浓度克拉克值小于1，则表明该元素发生了贫化或分散。

3. 标示地壳中元素的富集和成矿的能力

元素的富集和成矿能力对于认识和理解地球历史中一些矿床的时控性具有重要意义。实际研究中常常用"浓集系数"作为指标来确定元素富集成矿的能力。浓集系数的定义为

$$浓集系数＝矿石边界品位/克拉克值$$

浓集系数的实质是地壳中某元素成为可开采利用的矿石所需要富集的倍数。表7-5列出了一些元素的浓集系数。由表可以看出,浓集系数低的元素较容易富集成矿。例如,Si、Al、Fe 分别仅需富集 1.5,3,6 倍即可达到工业开采品位,因此这类矿床可以形成于前寒武纪。而 Cu、Zn、Ag 分别需要富集 50,600,2000 倍才可达到工业开采品位,因此这类矿床的形成需要使地壳中的元素经过多旋回和多次的富集作用才能达到工业开采品位,这也是它们多形成于古生代以后的原因。

表 7-5　一些元素的浓集系数值

Si	Al	Fe	K	Na	V	Cu
1.5	3	6	12	15	30	50
Ba	Zn	Ag	As	Au	Hg	
600	600	2000	4000	6000	14000	

六、主要类型岩石中元素的丰度特征

1. 主要类型岩浆岩中元素的丰度特征

(1) 超基性岩富集的元素:Mg、Cr、Ni、Co、Fe、Ru、Rh、Pd、Os、Ir、Pt、Au;

(2) 基性岩富集的元素:Ca、Al、V、Ti、Mn、Cu、Sc、P、Zn、Mo、Ag;

(3) 中性岩富集的元素:Sr、Zr、Nb、Ga、Na;

(4) 酸性岩富集的元素:Li、Be、B、F、Si、K、Rb、Y、Sn、Cs、Ba、Hf、Ta、W、Tl、Pb、Th、U;

(5) 各种类型岩浆岩中 Ge、Sb、As 的丰度均较接近。

从上述各种类型岩浆岩中富集元素的特征可以概括出以下规律:

(1) 超基性岩富集亲铁元素和亲氧元素中的相容元素;

(2) 基性岩富集亲铜元素和分配系数近于 1 的亲氧元素(如 Mn 和 Sc);

(3) 酸性岩富集不相容的亲氧元素(离子电位最低和离子电位较高)和挥发性元素。

一般规律:周期表中同族上部的元素在偏基性岩中含量高,下部的元素在酸性岩中含量高。

2. 主要类型沉积岩中元素的丰度特征

(1) 砂岩中富集的元素:Si、Zr;

(2) 碳酸岩中富集的元素:Mg、Ca、Sr、Mn;

(3) 页岩中富集的元素:Al 及大多数微量元素,如 V、Ni、Co、Cu、Ag、Au、Mo、U、Cd、As、Sb。

沉积岩的元素丰度特征较简单。即砂岩富集抗风化的矿物,如石英、锆石等;碳酸

岩富集构成其矿物的主要元素和能够类质同像的 Sr 和 Mn;页岩中富集构成黏土矿物的 Al 和易于被吸附的许多成矿元素。

3. 元素在岩石中的分布及其意义

元素在各种岩石中的分布很大程度上受矿物和该矿物的数量控制。为了清楚认识该问题,我们首先引入载体矿物和富集矿物的概念:

(1) 载体矿物:在岩石中某元素主要赋存的矿物;

(2) 富集矿物:某元素的含量远远高于岩石平均含量的矿物。

由表 7-6 可以看到,长石是 Pb 的富集矿物,同时也是 Pb 的载体矿物。然而,对于 Zn 来说,磁铁矿是富集矿物而不是载体矿物。由于长石在岩石中的数量较多,因此 Zn 的载体矿物却是长石。上述现象表明,对于元素,某矿物是否为载体矿物很大程度上还取决于该矿物在岩石中的含量。

表 7-6　Pb、Zn 在花岗岩矿物中的分配

矿　物	岩石中矿物的含量 /wt%	矿物中 Pb 的含量 /(g·t^{-1})	矿物中 Pb 含量占岩石中 Pb 含量的百分数/%	矿物中 Zn 的含量 /(g·t^{-1})	矿物中 Zn 含量占岩石中 Pb 含量的百分数/%
石英	35.0	4	5.5	7	26.4
长石	60.3	40	94.1	10	66.1
磁铁矿	0.6	17	0.4	100	7.4

据武汉地质学院,1979 中表 1-20 略修改。

第三节　地幔地球化学

一、地幔的结构和低速层

(一) 地幔的结构

由于地幔处于地球的较深部位,因此对地幔结构等的认识主要来自地球物理的研究,且仍存在着许多争论。目前,较广泛接受的地幔岩模型是 Ringwood 提出的橄榄岩地幔模型和 Anderson 提出的榴辉岩-橄榄岩互层地幔模型。

1. 橄榄岩地幔模型

Ringwood(1975)根据以下事实:

(1) 实验测定的橄榄岩平均零压密度与由地球物理资料推算的上地幔密度较接近;

(2) 高温高压实验所得到的辉长岩-榴辉岩相转变线与莫霍面深度不吻合;

(3) 地幔源超镁铁质包体中橄榄岩的数量远远多于榴辉岩。

而将地幔划分为三个带,各带之间均为等化学的相转变关系:

（1）上地幔（莫霍面～400 km 处）：由橄榄石→斜方辉石→单斜辉石→石榴子石组成。其最上部的橄榄岩是熔出玄武岩浆的难熔残余，主要为方辉橄榄岩。

（2）过渡带（400～1000 km 处）：其内 Pyrolite 的矿物发生了相转变，350～400 km 深处的地震波不连续面与橄榄石→β 相（尖晶石结构）辉石→石榴子石复杂固溶体的相转变对应。670 km 深处的地震波不连续面则与辉石、橄榄石转变为钛铁矿和钙钛矿结构的辉石相变带吻合。

（3）下地幔（1000～2900 km）：是结构极为致密的铁镁硅酸盐组合（钙钛矿结构）。

其中上部的亏损橄榄岩是拉斑玄武岩的源区，下部的亏损橄榄岩是碱性玄武岩的源区。

2. 榴辉岩-橄榄岩互层地幔模型

Anderson 根据地震波速和密度计算发现，在 220～670 km 深度的橄榄岩的 Vp、Vs 计算值与实际的地震波不一致，分别高 4%～5% 和 3%～7%。而橄榄榴辉岩的 Vp、Vs 计算值与实测值一致；而且橄榄岩地幔岩的相转变所造成的密度和波速变化与 400 km 及 670 km 两个地震波不连续面的实际变化不吻合。因此他将地幔分为三层："富集"的橄榄岩上地幔（莫霍面～220 km）、"亏损"的橄榄榴辉岩"过渡带"（220～670 km）、"亏损"的橄榄岩下地幔。

图 7-5 和 7-6 给出了上述两种地幔岩模型的对比图解。

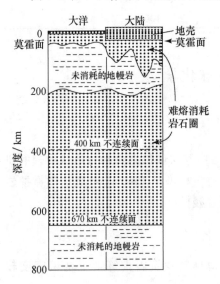

**图 7-5　Ringwood（1975）提出的
橄榄岩地幔模型**

该模型与同位素资料相吻合

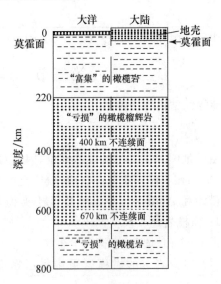

**图 7-6　Anderson 提出的榴辉岩-橄榄岩
互层地幔模型**

他发现地震波速度计算获得的 220～650 km 的密度
与橄榄岩不一致（Vp 和 Vs 分别约低 4%～5% 和 3%～7%）

（二）地幔低速层

地幔低速层是地球独有的现象，它对于板块运动、岩浆形成和大陆地壳演化具有重要意义。地球物理探测资料表明，地幔低速层具有如下性质和特点：低的地震波速；高的电导率；高的热流值；低速层越浅，热流越大。

关于地幔低速层的成因，按照 Ringwood 的解释，可以概括如下（参考图 7-5）：

（1）按照现代地热增温率，地幔岩石不能发生熔融。只有地幔中含水降低了岩石的熔点才能发生地幔岩石的部分熔融。

（2）较低压下（<75 km），水存在于含水矿物，如角闪石中。由于无自由水，因此不会降低地幔岩石的熔点。

（3）75～150 km 深度的压力范围内角闪石脱水而存在自由水，并大大降低地幔岩石的熔点而发生熔融。

（4）在大于 150 km 深度的压力下形成了更高压的含水矿物而缺乏自由水，因此地幔不发生熔融作用。

（三）地幔柱

按照 Morgan 提出的"地幔柱"定义，地幔柱是来自地球深部的物质，由于其中的放射性元素衰变释放出的热能而形成的圆筒状物质流。地幔柱的主要特征为：地壳上隆并伴随着碱性玄武岩、流纹岩及深海拉斑玄武岩等火山作用；重力高；高热流；地幔柱可出露于大洋或大陆。

地幔柱呈柱状经过地幔上升到地壳或岩石圈的底部，并呈盆状向外张开为巨大的球状顶冠。地幔柱顶冠再向上接近地表处，则扩展成顶盘。其直径约 1500～2500 km，厚 100～200 km。地幔柱顶冠上升时会引起地壳上隆，形成大量溢出的熔岩。

地幔柱的起源一直存在着争论。目前一般认为，地幔柱起源于地幔中的热-化学边界层或者地核与地幔的边界。例如，Maruyanma（1994）根据地震层析成像研究结果认为有两种类型的地幔热柱：一种来自 400 km 的不连续面，另一种来自核-幔边界。Ringwood（1989）认为，在 670 km 深度界面处，由于再循环的岩石圈冷物质堆积，形成巨大岩石块体，随后的加热可形成具浮力的热柱，并成为大洋下面板内的热点（hot spot）。

二、地幔的化学成分

（一）地幔成分的研究方法

1. 上地幔成分的确定

目前，已有的上地幔成分资料主要来自以下方面：幔源的玄武岩及其所携带的地幔岩石包体，或通过构造推覆上来的地幔岩块。

2. 下地幔成分的确定

目前,有关下地幔成分的确定主要来自以下两方面:一是根据实测的地球内部地震波速资料和高温高压下矿物或岩石的原位声速测量资料进行综合研究获得;二是根据宇宙化学资料研究获得。

地震波速实测结果和高温高压下矿物的声速测量和密度的研究结果表明,在 0~400 km 范围内橄榄石的声速与实测的地震波速相当吻合,而在 600~1000 km 范围内,则是钙钛矿结构的辉石与实际声速吻合得很好(图 7-7)。因此下地幔应该是具有钙钛矿结构的辉石岩。

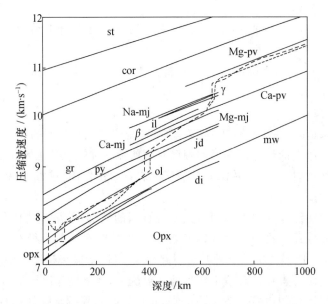

图 7-7　不同压力下矿物的压缩波速度与实测的地幔地震波速关系

(据 Duffy and Anderson, 1988)

图中 di:透辉石;mw:镁方铁矿;ol:橄榄石;jd:硬玉;Mg-mj:镁铁榴石;Ca-pv:钙钛矿;Mg-pv:镁钙钛矿;py:辉石;gr:石榴石;Ca-mj:钙镁铁榴石;Na-mj:钠镁铁榴石;cor:刚玉;st:斯石英;il:钛铁矿;γ:γ尖晶石;β:β尖晶石

3. 原始地幔成分的确定

原始地幔是指地球增生及核幔分离后,但还没有分离出地壳时的地幔。原始地幔的成分是重要的地球化学参照系,是研究地球的成因及岩石圈演化的基础,因此许多研究者进行了这方面的研究。其研究基本上都是建立在以下假定的基础上的:

(1) 金属相与硅酸盐相的分离发生在行星初期;

（2）挥发性元素（如 K、Rb 等）相对于难熔元素（如 U、Sr 等）的亏损是发生在地球增生以前；

（3）在行星初期阶段不会发生难熔元素之间的分异作用，因此地球整体的亲氧元素比值与球粒陨石相同；

（4）亲铜元素主要进入硫化物相。

根据以上假定，不同的学者提出了一些不同的估算方法：

（1）原始未亏损样品法：Jagoutz(1979)通过对来自地幔的尖晶石二辉橄榄岩包体的研究，找到了五个没有明显亏损 Ca 和 Al 的样品，因此他认为这些样品具有原始地幔的成分特征。其中美国亚利桑那州 San Carlos 的样品（SC1）具有 CⅠ球粒陨石的亲氧元素和同位素比值，并用该样品的成分与地壳成分进行混合计算获得了原始地幔中57 种元素的丰度。

（2）地幔模型法：Anderson(1983)根据以下五种类型岩石并结合宇宙化学限制条件计算获得了原始地幔的成分及五种类型岩石的份额：超镁铁质岩（32.6%）；平均地壳岩石（0.56%，现代地壳为 0.6%）；洋中脊玄武岩（6.7%，与 40 亿年消减洋壳相当）；金伯利岩（0.11%）；斜方辉石岩（59.8%）。

有趣的是，计算的平均地壳岩石与现代地壳的份额非常接近；洋中脊的份额与 40 亿年消减对洋壳相当。

（3）质量平衡法：Taylor(1985)提出用下式来估计原始地幔中亲氧元素的丰度。

$$C_{地球} = XC_{地幔} + (1-X)C_{地核}$$

式中 $C_{地球}$、$C_{地幔}$、$C_{地核}$ 分别是地球、地幔和地核的亲氧元素丰度。X 是地幔在整个地球中的分数，其值为 0.69（由地球物理资料获得）。由于亲氧元素几乎全部进入地幔，因此可以视 $C_{地核}$ 为零，则

$$C_{地幔} = C_{地球}/0.69$$

因此原始地幔中的亲氧微量元素是球粒陨石的约 1.45 倍。

（二）地幔不均一性的研究方法

1. 地幔化学不均一性研究的样品

地幔化学不均一性研究的样品有两类：

（1）地幔橄榄岩类岩石：这类样品包括来自通过玄武岩类岩浆携带上来的地幔岩石包体和构造推覆的地幔岩块，如阿尔卑斯型的橄榄岩等。然而，由于地幔橄榄岩的分布量少，较难系统研究地幔的化学不均一性。

（2）玄武岩类岩石：它是地幔部分熔融作用的产物，其分布非常广泛，因此可以获得系统的地幔不均一性资料。但由于其在部分熔融作用等岩浆过程中已经使成分发生改变，因此不能直接由此获得地幔岩石的成分，必须通过地球化学研究才能获得可靠的地幔成分信息。具体有如下方法：

元素比值和同位素比值方法：如第四章中已经证明的同位素和强的不相容元素之间的比值可以代表地幔源区岩石的比值。

元素丰度模式法：该方法是一种图解分析法,其基本原理类似于用球粒陨石标准化的稀土元素模式图。由于图中的元素按不相容程度依次排列,部分熔融作用和结晶分异作用通常只造成丰度曲线的倾斜度变化。如果模式图中出现个别元素的峰或谷,则表明火山岩源区具有富集或亏损该元素的特征。与此类似,其源区富集或亏损程度亦可用类似于研究 Ce 或 Eu 异常的方法进行研究。

干扰因素的识别：通过玄武岩类岩石研究源区的化学不均一性时往往会遇到一些干扰因素的影响问题,如岩浆上升过程中是否遭受到地壳物质的混染、两种岩浆的混合、硫化物熔体的分凝作用及成岩后的变质或流体交代作用等,因此研究中首先必须对上述干扰因素及其影响程度进行判别和处理。

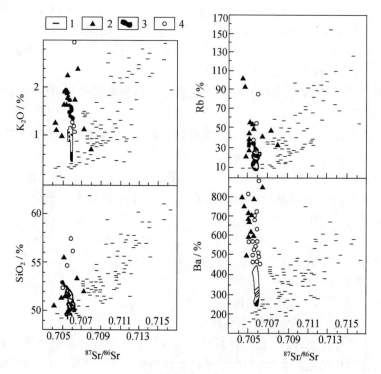

图 7-8 玄武岩遭受地壳物质混染的识别图解

(据 Piccirillo E M et al., 1989)

1. Parana 南部低钛玄武岩;2. Parana 南部高钛玄武岩;3. Parana 北部低钛玄武岩;4. Parana 北部高钛玄武岩

对玄武岩在岩浆过程中遭受地壳物质混染程度的判别,可根据地壳中的富集元素 Si、Rb、Ba、Th、LREE 及同位素比值如 $^{206}Pb/^{204}Pb$、$^{207}Pb/^{204}Pb$、$^{208}Pb/^{204}Pb$、$^{87}Sr/^{86}Sr$、$^{143}Nd/^{144}Nd$ 等进行研究。由于同位素比值不受部分熔融程度和结晶分异作用的影响,因此单纯的岩浆过程应使同位素比值保持常数,而当岩浆中加入地壳物质时才使同位素比值发生变化,同时还与 SiO_2、Rb、Ba、K、Th 等呈线性正相关。Piccirillo 等 (1989)对巴西南部 Parana 溢流玄武岩所进行的研究就是应用该方法的成功例子之一(图7-8)。

2. 地幔的化学不均一性

(1) 地幔端员:已有的大量研究资料表明,全球地幔至少可以划分出以下四个成分端员。

PREMA:其代表着原始地幔的组成,即在地幔和地核发生分离后,其自身未发生化学分异的地幔;

DMM:其代表着亏损型地幔,即由于地幔熔融作用使不相容元素向地壳迁移而造成亏损不相容元素的地幔;

EMⅠ:代表Ⅰ型富集地幔,是由于再循环下地壳物质加入到地幔而造成不相容元素富集的地幔;

EMⅡ:代表Ⅱ型富集地幔,是由于壳源沉积物加入到地幔而造成不相容元素富集的地幔。

(2) 地幔的同位素不均一性:由第三章我们已经知道,来自地幔的玄武岩类岩石的同位素可以代表地幔的同位素组成,因此可以由此了解地幔的同位素组成不均一性。图 7-9 反映了世界上一些地区的上地幔同位素组成存在着明显的不均一性。由图还可以看出,这些地区的上地幔同位素组成基本上都在亏损型(DMM)、富集Ⅰ型(EMⅠ)和富集Ⅱ型(EMⅡ)之间。

Wasserburg 等(1979)曾经提出,地幔同位素的不均一性起因于层状地幔的熔融作用。即地幔可以看作由未分异(相对于 Sm、Nd 等不相容元素)的下地幔和高度分异的上地幔(具有正的 ε_{Nd} 值)。下地幔的一些代表性的样品来自大陆溢流玄武岩和洋岛玄武岩。上地幔则是一直处于洋壳的形成和消减过程,并在岛弧岩浆过程中产生新的地壳。这种过程造成的不同构造环境同位素特征见图 7-10。

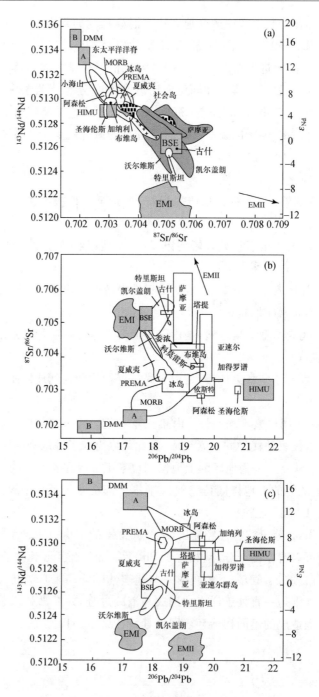

图 7-9　地幔 Nd、Sr、Pb 同位素的不均一性

（据 Zindler and Hart，1986）

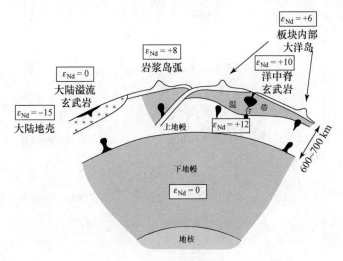

图 7-10　基于 Nd 同位素数据的地球内部结构模型

(转引自 Richardson et al., 1989)

大陆地壳与上地幔在组成上是互补的。下地幔的同位素组成位于球粒陨石的演化线上，因此它没有参与地壳的形成过程。来自下地幔的地幔柱产生板内火山作用，形成大陆溢流玄武岩和一些洋岛玄武岩。来自上地幔的岩浆一般形成于板块边缘，其同位素组成的变化可以用上地幔物质的混合进行解释

(3) 地幔微量元素的不均一性：地幔微量元素的不均一性大约是在 20 世纪 80 年代才开始认识到的。例如，Bougault(1980)在研究了大西洋不同纬度的玄武岩样品的 Y/Tb、Zr/Hf 和 Nb/Ta 比值后发现，研究区内玄武岩可以划分为两个组合：在北纬 22°~25°的玄武岩为 18；在北纬 36°~63°的玄武岩为 9(图 7-11 和 7-12)。因此他认为大西洋下面的上地幔存在着大区域的微量元素不均一性。

3. 地幔不均一性的原因

地幔的化学不均一性原因较复杂，归纳起来主要有如下几种可能的因素：

(1) 在地球形成的行星吸积过程中就存在化学组成的不均一性。因为各类陨石在微量元素组成上有较大的差别，如陨石中 U/Pb 的变化就很大，月球的 $^{238}U/^{204}Pb$ 比值可达 10^4 数量级。地球形成初期捕获的各类陨石和小行星体，作为地球组成的一部

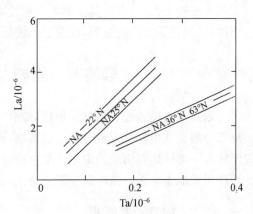

图 7-11　大西洋不同纬度玄武岩的 La、Ta 含量及比值的分布

(据 Bougault，1980)

分,本身就不是完全均一的。

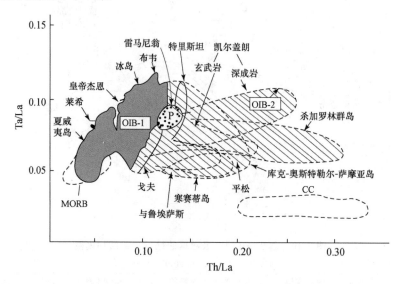

图 7-12　大洋玄武岩的 Th/La、Ta/La 组成

(据 Loubet M et al. ，1988)

P：球粒陨石组成；阴影部分：OIB-1；斜线部分：OIB-2；CC：大陆地壳组成

　　（2）在地球形成以后的分异过程中,特别是在地球演化的早期大陆地壳形成过程中,便引起了大陆地幔与海洋地幔的区域不均一性。

　　（3）由于大陆发生漂移,使地壳与地幔结构发生重新组合。如当一个大陆块漂移到海洋地幔上面时,会使其下面的放射能增加一倍,这时该大陆地壳下面的温度场将急剧增高,加速了物质的分异,改变了地幔原来的性质。

第四节　地幔与地壳的物质交换

　　地壳是地幔通过长期分异作用（部分熔融产生岩浆）形成的。大量研究资料表明,地壳的增长在中晚元古宙时期达到高峰,此后地壳的质量基本上没有明显的增长。这意味着一部分地壳物质一定是以某种途径返回到地幔中去了。其中聚敛板块边界的俯冲作用是地壳物质再循环最重要的形式,其证据如下：

一、Pb、Sr、Nd 同位素证据

　　与大洋玄武岩相比,岛弧玄武岩的$^{206}Pb/^{204}Pb$ 和$^{207}Pb/^{204}Pb$ 明显较高,即明显具有富放射成因铅的特征（图 7-13）。

岛弧玄武岩也同样具有明显比大洋玄武岩高的^{87}Sr/^{86}Sr 和^{143}Nd/^{144}Nd,这证明岛弧玄武岩的源区有大洋沉积物的加入。

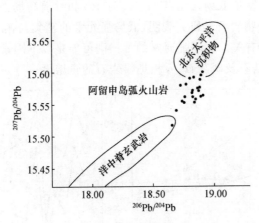

图 7-13 大洋中脊玄武岩、阿留申岛弧火山岩和北东太平洋沉积物的铅同位素组成

(据 Taylor,1985)

二、^{10}Be 的证据

^{10}Be 是大气层顶部宇宙射线作用的产物,其半衰期性质使得年轻沉积物具有明显比古代沉积物或地壳高的^{10}Be 含量(来自大气上层),因此它是一种研究岛弧火山岩中是否有俯冲洋壳物质的有效指示剂。

由图 7-14 可以看出,阿留申岛弧火山岩的^{10}Be 含量基本上介于沉积物含火山岩的含量之间。这反映了岛弧火山岩中的^{10}Be 是来自再循环的沉积物。

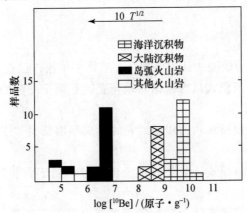

图 7-14 沉积岩和火山岩中^{10}Be 丰度分布的直方图

(据 Taylor,1985)

三、微量元素证据

　　岛弧玄武岩具有富集低场强元素 Sr、K、Ba、Rb 和亏损高场强元素 Nb(Ta)等的特征(图 7-15)。实验矿物岩石学研究表明,低场强元素的富集与俯冲洋壳的去水作用对上覆地幔的交代作用有关。高场强元素的亏损则可能是以下因素造成的:地幔源区存在着少量的金红石、锆石及磷灰石;亏损地幔岩石的再熔融。

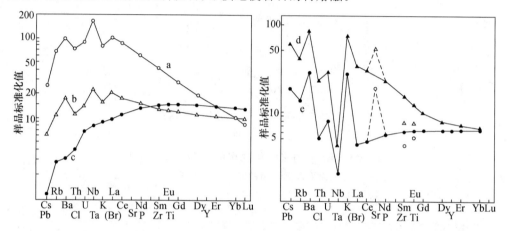

图 7-15　岛弧火山岩和大洋火山岩的微量元素丰度模式图

(据 Sun,1984)

　　其中 a. 洋岛碱性玄武岩;b. E 型洋中脊玄武岩;c. N 型洋中脊玄武岩;d. 岛弧钙碱性和碱性玄武岩;e. 岛弧拉斑玄武岩

第五节　岩石圈演化的主要化学特征

一、地壳的化学演化

(一)地球的初始地壳

　　目前,对地球的初始地壳的认识仍然存在着许多争论。已提出的模式有:

　　(1)硅铝质模式:该模式认为硅铝质地壳直接起源于地幔的部分熔融或者是后来进一步的岩浆结晶分异作用。

　　(2)安山质模式:该模式认为初始地壳的形成和增长类似于现代岛弧的形成并向大陆的拼贴。

　　(3)斜长岩模式:该模式认为初始地壳的成分相当于斜长岩成分,类似于月球表面的高地斜长岩。

　　(4)玄武岩模式:该模式认为初始地壳的成分是玄武岩质的,其中可能有一些超镁铁质岩和斜长岩。

目前,玄武岩模式已经被较多的研究者所接受。

(二) 地壳演化的沉积地球化学证据

1. 主要元素

相对于太古宙的沉积岩,太古宙后的沉积岩具有富 Si、K 和贫 Na、Ca、Mg 的特征。这一方面反映了太古宙的沉积物源主要来自地幔较高部分熔融作用形成的基性火山岩及其侵入岩,而太古宙后物源的火山岩和侵入岩是地幔相对较低部分熔融作用的产物;另一方面,与太古宙相比,太古宙后的沉积物源所包含的再循环物质由于 Na、Mg 等迁移至海洋而使 K 含量增高。

2. 微量元素

太古宙(>3.0~2.5 Ga)的沉积岩具有较之太古宙后(2.5~0 Ga)的沉积岩具有较高的 Eu/Eu* 和较低的 La/Yb、La/Sc、Th/Sc、$\sum$LREE/$\sum$HREE 比值及较低的镧、钍、钠丰度。上述特征与前述的太古宙沉积岩和太古宙后沉积岩之间出现的主要元素含量突变一致(图 7-16)。

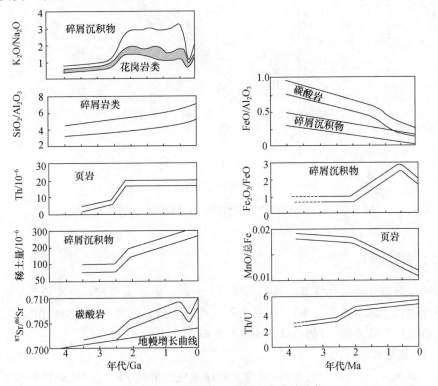

图 7-16　太古宙至现代陆壳成分的演化

(据 Condie, 1982)

图中在约 2.5 Ga 出现的不连续现象与地球热演化存在的不连续一致(参见图 6-7)

　　上述在约 2.2～2.5Ga 期间的地球化学突变与地球内部总能量演化(参见图 6-7)存在的突变相当一致。这反映了地球能量对地球物质演化的控制。

　　3. 沉积物的 Nd 同位素模式年龄

　　沉积物的模式年龄是估计地壳形成年龄的一种方法。其基本假定是 Sm 和 Nd 的分异作用仅仅发生在地幔向地壳分异出地壳物质的时间,而在地壳内的分异作用是很小的,特别是在表生沉积过程。因此,沉积物的模式年龄可以给出沉积物源岩的形成时代而不是其堆积的时代。图 7-17 是各个时代沉积物(岩)的模式年龄数据与其沉积时代的关系图。由图可以看出,太古宙沉积物的模式年龄与其沉积年龄比较接近,反映出它们是当时来自地幔新的地壳物质;而元古宙等较年轻沉积物的模式年龄均老于其实际沉积年龄,这表明它们当中有一部分物质是地壳内的再循环物质。Taylor 等(1985)通过研究更新世黄土以及其他年轻沉积物的 Nd 同位素组成认为,其沉积循环的速率变化范围很大,尤其是现代沉积物的循环速率变化范围至少在 45%～90%。

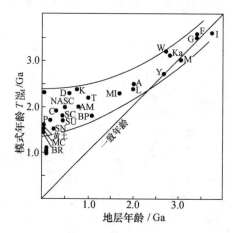

图 7-17　各时代沉积物的沉积时代与其模式年龄的关系图解

(据 Taylor,1985)

二、地幔的化学演化

　　描述地幔的化学演化需要对各时代幔源岩石进行系统的研究。由于地球早期幔源岩石不像现代玄武岩那样分布广泛,且岩石往往遭受到一定的变质或交代作用的影响,因此其研究还不够系统,只能由此获得一些粗略的认识。

　　1. 核-幔分离的时代

　　按照 Ringwood(1997)的观点,大约在地球形成的最初 100Ma 时,地核开始由硅酸盐、氧化物和金属铁的混合物分离出来。在这一过程中,大量的亲铁元素和几乎所有的贵金属元素都进入到地核内。Dreibus 等(1979)认为一些 Mn、Cr 和 V(亲氧元素)也随着 FeO 一起进入到地核。如果后来的地幔对流不明显，一些亲氧元素与亲铁元素的比值，如 Ti/P、Al/Ga、Si/Ge、U/Pb 的变化范围很大就可能是地球不均一增长及核、幔仍在发生分异作用造成的。Sun(1984)在研究了自太古宙至现代镁铁质和超镁铁质岩的 TiO_2/P_2O_5 比值后发现，它们的 Ti/P 比值基本上不变，因此可以认为核-幔分离作用在 3.5 Ga 以前就已经结束(图 7-18)。

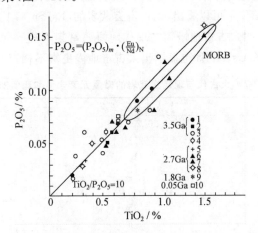

图 7-18　太古宙至现代镁质和超镁质岩的 TiO_2 与 P_2O_5 的关系

(据 Sun，1984)

2. 核-幔分离后陨石加入对地幔成分的影响

由于核-幔分离作用过程几乎将所有的贵金属元素都迁移至地核，因此目前多数研究者认为地幔中的这些元素是后来陨石带入的。根据估算(Chou，1978)，自地核形成后(约 4.4 Ga?)，大约 1% 的陨石加入到地球即可造成现在所观察到的地幔岩贵金属元素丰度。这些陨石雨的不均匀分布不仅造成地幔的挥发性元素、亲铜元素、亲铁元素以及贵金属元素的强烈不均一性，而且也影响到地球各圈层，特别是大陆地壳和地幔的铅同位素组成和演化。

3. 太古宙地幔的化学不均一性

太古宙镁质-超镁质变火山岩具有两种较常见的微量元素标准化(球粒陨石)丰度形式。第一种类型具有平坦或稍亏损 LREE 但 HREE 平坦的特征，它们具有球粒陨石的难熔亲氧元素比值(如 Ti/Zr、Ti/Y、$Ti/HREE$、Al/Ti 和 Ca/Ti)，这与现代典型 MORB 的特征一致。第二种类型具有 LREE 富集和 HREE 平坦的特征，普遍富集 Rb、K 和 Ba。在微量元素标准化丰度形式图中具有亏损铌、钛和磷的特征。与球粒陨石相比，它们的 Ti/Zr 值较低，Al_2O_3/TiO_2 值明显较高。上述亏损铌、钛和磷的特征与现代岛弧火山岩类似，不同之处在于它们不具有明显富集锶的特征。由于太古宙具有较高的热流，其火山岩是地幔较高部分熔融作用的产物(Sun et al.，1977)，因此其 REE 形式反映了地幔源区的化学不均一性。

4. 太古宙与太古宙后地幔成分对比

Nesbitt 等(1980)曾研究对比了太古宙玄武岩和现代洋中脊玄武岩的微量元素比值(表 7-7)。他认为,太古宙地幔温度较高与现代洋中脊玄武岩源区的温度较高基本一致,因此其微量元素比值可以反映源区岩石的地球化学特征。研究结果表明,太古宙与现代上地幔的 Ti、Zr、P 含量基本没有明显差异,因此这些元素的性质很相似,且二者玄武岩的熔融程度也相当。由表 7-7 可以看出,太古宙玄武岩的 $(La/Sm)_N$ 比值下限比现代洋中脊玄武岩的下限高,这证明太古宙地幔较之现代地幔稍富集不相容元素。其他元素比值如 Sr/Ba、Rb/Sr、K/Rb、K/Cs、K/Ba 也显示出太古宙地幔更富不相容元素的特征。

表 7-7　太古代与现代玄武岩的微量元素含量和比值对比

	太古代玄武岩	现代洋中脊玄武岩
$(La/Sm)_N$	0.7～1.3	0.4～0.7
Ti/Zr	110	110
$P_2O_5/10^{-6}$	100	120
Sr/Ba	2	10
Rb/Sr	0.035	0.008
K/Rb	350	1046
K/Cs	5000	81000
K/Ba	30	110
TiO_2/P_2O_5	10	11

据 Nesbitt et al. , 1980。

拓 展 阅 读

[1]　黎彤,等.地球和地壳的化学元素丰度[M].北京:地质出版社,1990.

[2]　安德森.地球的理论[M].北京:地震出版社,1993.

[3]　Ringwood. 地幔的成分与岩石学(中文)[M].北京:地震出版社,1975.

[4]　Kroner A, et al. Archaean Geochemistry: The Origin and Evolution of the Archaean Continental Crust[M]. Berlin Heidelberg, New York, Tokyo: Springer-Verlag, 1984.

[5]　Taylor S R. The Continental Crust: Its Composition and Evolution[M]. Oxford, London, Edinburgh: Blackwell Scientific Publications, 1985.

复 习 思 考

1. 试述克拉克值的概念及其意义。
2. 试述地壳元素丰度特征。
3. 试述地壳元素丰度的确定方法。
4. 试述地幔元素丰度的确定方法。
5. 试述地幔的不均一性及其原因。
6. 试述地壳与地幔之间的物质交换及其化学演化。

第八章　海洋和大气圈地球化学

海洋和大气圈是与人类最直接相关的圈层。它们在元素的集中和分散、成岩成矿作用、地壳演化以及生物的产生等过程中充当着极其重要的角色。本章的重点是了解海洋和大气圈的元素丰度特征、物质交换及其演化。

第一节　海洋地球化学

海洋占了地球表面积的大约 70%。与地球的其他部分相比,海洋是一个相对均一的体系。其环境的主要特点见表 8-1。

表 8-1　海洋环境数据

	数　量	平　均	范　围
温度		5 ℃	1 ℃(深水)～30 ℃(赤道海洋表面水)
压力		20 MPa	约 1 MPa(海水表面)～54 MPa(约 5500 m 深度)
密度		1.024 g/mL	
深度		3730 m	最大深度:10850 m?(马里亚纳海沟)
总体积	1.36×10^9 km³		
总质量	1.40×10^{24} g		
总面积	3.62×10^8 km²		
pH	8.1 ± 0.2		

一、海洋的化学成分

1. 海洋的化学元素分类

按照溶解组分的浓度大小可以将元素划分为以下类型:

(1) 常量元素:

主要元素:Cl、Na、Mg、S、Ca、K,含量在 10% 至万分之几。

次要元素:Br、C、Sr、B、Si、溶解氧和氟,含量在数个至数十个 10^{-6}。

(2) 微量元素(含量低于 1×10^{-6}):

主微量元素:N、Li、Rb、P、I、Ba、Mo,其含量大于 10×10^{-9}。

微量及痕迹元素:含量低于 10×10^{-9} 的其余元素。

2. 海水的化学组成

海水的化学组成列于表 8-2 中。图 8-1 是海水的元素丰度图。由图可以看到,海水中最主要的离子是 Na^+ 和 Cl^-。除了构成水的氢和氧外,溶解于海水中最丰富的元素按含量依次排列如下:Cl^-、Na^+、Mg^{2+}、SO_4^{2-}（硫酸盐）、Ca^{2+} 和 K^+,即海水中除氢和氧以外的 99% 是由这六种成分组成。另外,由图 8-1 还可以看到,虽然元素丰度总体上仍具有随着原子序数的增加而增高的趋势,但其中 Br、I、Sr、Ba、Rb、Mo、W、U 等明显比相邻的元素丰度高。这反映出海水的元素除了受地球和岩石圈元素的分异作用及其长期的演化外,还受元素在水中的溶解度控制。

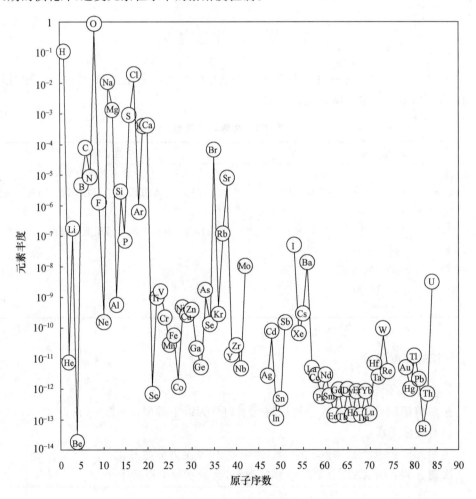

图 8-1　海水的元素丰度图

（据 Paul Henderson, 1982)

表 8-2 海水的元素丰度

元 素	含量/mol	浓度/$(mg \cdot L^{-1})$	存在形式	滞留时间/a
He	1.7×10^{-9}	6.8×10^{-6}	He 气体	
Li	2.6×10^{-5}	0.18	Li^+	2.3×10^6
Be	6.3×10^{-10}	5.6×10^{-6}	$BeOH^+$	
B	4.1×10^{-4}	4.44	H_3BO_3, $B(OH)_4^-$	1.3×10^7
C	2.3×10^{-3}	28	HCO_3^-, CO_3^{2-}	
N			N_2, NO_3^-, NO_2^-	
O			O_2 气体	
F	6.8×10^{-5}	1.3	F^-, MgF^+	5.2×10^5
Ne	7×10^{-9}	1.2×10^{-4}	Ne 气体	
Na	0.468	1.077×10^4	Na^+	6.8×10^7
Mg	5.32×10^{-2}	1.29×10^3	Mg^{2+}	1.2×10^7
Al	7.4×10^{-8}	2×10^{-3}	$Al(OH)_4^-$	1.0×10^2
Si	7.1×10^{-5}	2	$Si(OH)_4$	1.8×10^4
P	2×10^{-6}	6×10^{-2}	HPO_4^{2-}, $MgPO_4^-$	1.8×10^5
S	2.82×10^{-2}	9.05×10^2	SO_4^{2-}, $NaSO_4^-$	
Cl	0.546	1.94×10^4	Cl^-	1×10^8
Ar	1.1×10^{-5}	0.43	Ar	
K	1.02×10^{-2}	3.8×10^2	K^+	7×10^6
Ca	1.03×10^{-2}	4.12×10^2	Ca^{2+}	1×10^6
Sc	1.3×10^{-11}	6×10^{-7}	$Sc(OH)_3$	4×10^4
Ti	2×10^{-8}	1×10^{-3}	$Sc(OH)_4$	1.3×10^4
V	5×10^{-8}	2.5×10^{-3}	$H_2VO_4^-$	8×10^4
Cr	5.7×10^{-9}	3×10^{-4}	$Cr(OH)_3$, CrO_4^{2-}	6×10^3
Mn	3.6×10^{-9}	2×10^{-4}	Mn^{2+}, $MnCl^+$	1×10^4
Fe	3.5×10^{-8}	2×10^{-3}	$Fe(OH)_2^+$	2×10^2
Co	8×10^{-10}	5×10^{-5}	Co^{2+}, $CoCO_3$	3×10^4
Ni	2.8×10^{-8}	1.7×10^{-3}	Ni^{2+}	9×10^4
Cu	8×10^{-9}	5×10^{-4}	$CuCO_3$, $CuOH^+$	2×10^4
Zn	7.6×10^{-8}	4.9×10^{-3}	$ZnOH^+$, Zn^{2+}, $ZnCO_3$	2×10^4
Ga	4.3×10^{-10}	3×10^{-5}	$Ga(OH)_4^-$	1×10^4
Ge	6.9×10^{-10}	5×10^{-5}	$GeO(OH)_3^-$	—
As	5×10^{-8}	3.7×10^{-3}	$HAsO_4^{2-}$	5×10^4
Se	2.5×10^{-9}	2×10^{-4}	SeO_4^{2-}	2×10^4
Br	8.4×10^{-4}	67	Br^-	1×10^8
Kr	2.4×10^{-9}	2×10^{-4}	Kr 气体	—
Rb	1.4×10^{-6}	0.12	Rb^+	4×10^6
Sr	9.1×10^{-5}	8	Sr^{2+}	4×10^6
Y	1.5×10^{-11}	1.3×10^{-6}	$Y(OH)_3$	—
Zr	3.3×10^{-10}	3×10^{-5}	$Zr(OH)_4$	—

续表

元　素	含量/mol	浓度/(mg·L^{-1})	存在形式	滞留时间/a
Nb	1×10^{-10}	1×10^{-5}	—	—
Mo	1×10^{-7}	1×10^{-2}	MoO_4^{2-}	2×10^5
Ag	4×10^{-10}	4×10^{-5}	$AgCl_2^-$	4×10^4
Cd	1×10^{-9}	1×10^{-4}	$CdCl_2$	—
In	8×10^{-13}	1×10^{-7}	$In(OH)_2^+$	—
Sn	8.4×10^{-11}	1×10^{-5}	$SnO(OH)_3^-$	—
Sb	2×10^{-9}	2.4×10^{-4}	$Sb(OH)_6^-$	7×10^3
I	5×10^{-7}	6×10^{-2}	I^-,IO_3^-	4×10^5
Xe	3.8×10^{-10}	5×10^{-5}	Xe 气体	—
Cs	3×10^{-9}	4×10^{-4}	Cs^+	6×10^5
Ba	1.5×10^{-7}	2×10^{-2}	Ba^{2+}	4×10^4
La	2×10^{-11}	3×10^{-6}	$La(OH)_3$	6×10^2
Ce	1×10^{-11}	1×10^{-6}	$Ce(OH)_3$	—
Pr	4×10^{-12}	6×10^{-7}	$Pr(OH)_3$	—
Nd	1.9×10^{-11}	3×10^{-6}	$Nd(OH)_3$	—
Sm	3×10^{-13}	5×10^{-8}	$Sm(OH)_3$	—
Eu	7×10^{-14}	1×10^{-8}	$Eu(OH)_3$	—
Gd	4×10^{-12}	7×10^{-7}	$Gd(OH)_3$	—
Tb	9×10^{-13}	1×10^{-7}	$Tb(OH)_3$	—
Dy	6×10^{-12}	9×10^{-7}	$Dy(OH)_3$	—
Ho	1×10^{-12}	2×10^{-7}	$Ho(OH)_3$	—
Er	4×10^{-12}	8×10^{-7}	$Er(OH)_3$	—
Tm	1×10^{-12}	2×10^{-7}	$Tm(OH)_3$	—
Yb	5×10^{-12}	8×10^{-7}	$Yb(OH)_3$	—
Lu	1×10^{-12}	2×10^{-7}	$Lu(OH)_3$	—
Hf	4×10^{-11}	7×10^{-6}	—	—
Ta	1×10^{-11}	2×10^{-6}	—	—
W	5×10^{-10}	1×10^{-4}	WO_4^{2-}	1.2×10^5
Re	2×10^{-11}	4×10^{-6}	ReO_4^-	—
Au	2×10^{-11}	4×10^{-6}	$AuCl_2^-$	2×10^5
Hg	1.5×10^{-10}	3×10^{-5}	$HgCl_4^{2-}$,$HgCl_2$	8×10^4
Tl	5×10^{-11}	1×10^{-5}	—	—
Pb	2×10^{-10}	3×10^{-5}	$PbCO_3$,$Pb(CO_3)_2^{2-}$	4×10^2
Bi	1×10^{-10}	2×10^{-5}	BiO^+,$Bi(OH)_2^+$	—
Rn	2.7×10^{-21}	6×10^{-16}	Rn 气体	—
Ra	3×10^{-16}	7×10^{-11}	Ra^{2+}	—
Th	4×10^{-11}	1×10^{-5}	$Th(OH)_4$	60
Pa	2×10^{-16}	5×10^{-11}	—	—
U	1.4×10^{-8}	3.2×10^{-3}	$UO_2(CO_3)_3^{4-}$	3×10^6

据 Paul Henderson,1982。

　　海水在水平和垂直方向上的性质及物质组成的差异与太阳加热海水以及生物作用密切相关。在垂向上,海水的物理和化学性质存在着一定程度的不连续性,但在水平方向上的物理性质和化学组成基本上是连续的。从图 8-2 可以看到,海水的温度随着深

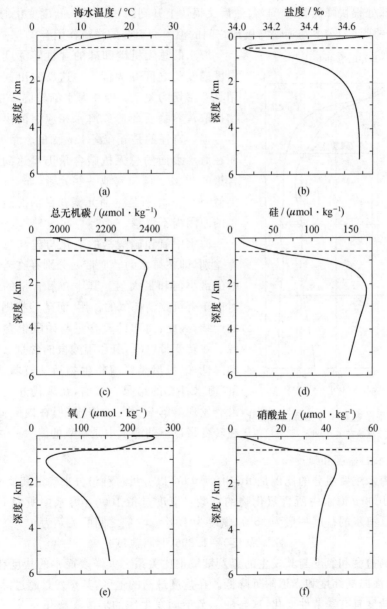

图 8-2　海水的温度、盐度和一些元素含量在垂向上的变化

(据 Steven M Richardson et al. , 1989)

度增大而降低,但在约 800 m 处存在着温度的急变带。上述现象是由于太阳热能作用于海水表面,使海水在垂向上存在着一个热的浅部带和冷的深部带。该转变带即是所谓的突变层,其深度随纬度和季节而不同。与温度的变化相对应,海水的盐度由浅处的34.7‰向深处很快降低到约 34‰;然后又很快上升到约 34.7‰。盐度变化的原因较复杂。目前一般认为主要与赤道与极地之间的温差而引起的洋流作用有关。

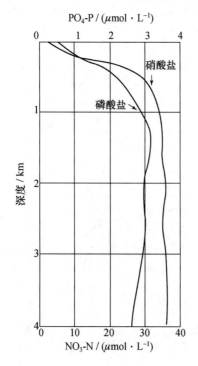

PO$_4$-P / (μmol·L^{-1})

硝酸盐

磷酸盐

深度 / km

NO$_3$-N / (μmol·L^{-1})

图 8-3　太平洋中 P 和 N 随深度的变化
（据魏菊英,1986）

海水的总无机碳和硅的含量随深度的变化与温度的变化之间互为镜像。这反映出其与生物作用具有密切的关系。即在海水的较温暖层,由于生物摄取营养物质而造成海水相应层的生物营养元素亏损。奇怪的是硅在海水表面的含量几乎为零,而在海水表面的总无机碳含量仍可达到海水深处含量的 90%。硅与其他一些元素,如 Ba 的情况很类似,但 Ba 并不是生命元素。目前对造成这种现象的原因尚不清楚。

海水中氧和硝酸盐的变化与硅和总无机碳稍有差别,即在海水的转变带处分别存在着氧和硝酸根的最小值和最大值。其中在氧含量的最小值处对应于有机物消耗氧的作用,而硝酸根则是该过程的产物,因此,海水的氧含量与硝酸根含量互为镜像。在转变带以下,氧和硝酸根的含量又分别增加和降低,这显然是洋流将生物活动较弱地带的"新鲜"海水补充的结果。目前,在现代开放式海洋还没有发现溶解氧为零的海水,但在内陆海,如黑海在转变带以下的海水中是缺氧的。

3. 海水的盐度和氯度

由于海水主要组分的比例是恒定的,所以可以分析一种组分来确定其盐度和氯度。盐度是指 1000 g 海水中所含氯化物的克数。氯度是指 1000 g 海水中所含 F、Cl、Br、I 的总克数。海水的盐度一般为 35‰,氯度为 19‰。它们之间的关系为

$$S‰（盐度）＝1.806Cl‰（氯度）$$

海水的盐度和氯度与其发生的蒸发量呈正比关系。大洋表面水的盐度在纬度 20°附近最大,而向高纬度和赤道附近降低。在盐度最高的地区,其蒸发量超过降雨量。在高纬度区盐度具有季节性变化,这与随季节不同发生冰的形成和融化有关。海洋深处的盐度变化很小。例如,约在 2 km 以下,盐度几乎不变(34.5‰～35‰)。

从地质历史来看,显生宙(0.6 Ga 以后)时期内,世界大洋的含盐度不低于 32‰～

34‰,且最高只能达到 40‰～45‰,一般保持在 35‰～40‰左右。动物群是大洋水含盐度的最重要指示剂。动物群证明,自显生宙以来,大洋水含盐度变化甚微。

海洋水的盐度与其氢、氧同位素组成具有一定的关系。现代海洋水的氢、氧同位素组成变化很小,一般 $\delta^{18}O=0$,$\delta D=0$。因此国际上通常用标准平均海洋水(SMOW)作为氢、氧同位素的标准。海洋水的氢、氧同位素组成的变化在表层海水中比较显著,因为海水蒸发时,轻同位素分子容易气化逸散。表层海水中 δD 与 $\delta^{18}O$ 之间的关系如下式:

$$\delta D = M\delta^{18}O$$

式中系数 M 随蒸发量与降雨量比值的增加而减小。据统计,北太平洋 M 为 7.5,北大西洋为 6.5,红海为 6.0。

由于海水蒸发不仅使盐度发生变化,而且使 δD 和 $\delta^{18}O$ 也随之而异。蒸发使盐度增高,δD 和 $\delta^{18}O$ 也增高。图 8-4 是以红海海水为例表示盐度与 δD 和 $\delta^{18}O$ 之间的关系图。由图可以看出,红海从深部水、中间水到表层水,含盐度的变化由 36‰ 到 41‰,相应地其 δD 由 +4‰ 到 +10‰,$\delta^{18}O$ 由 +0.6‰ 到 +1.9‰。另外,由蒸发作用引起的分馏作用使海洋表层水的 δD 和 $\delta^{18}O$ 比深层水高。

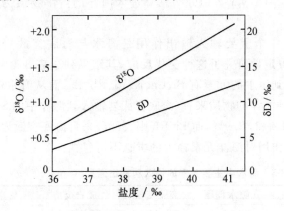

图 8-4　红海海水盐度与 δD 和 $\delta^{18}O$ 之间的关系

(转引自魏菊英,1986)

二、影响海水组成的因素

1. 海洋物质的输入和输出

海洋的物质组成主要受海洋物质的输入和输出作用控制(图 8-5)。海洋物质的输入包括:矿物和岩石的风化溶解并通过河流携带进入海洋;大气降水、陆地扬尘和火山喷发产生的灰尘等物质进入海洋并发生溶解。海洋物质的输出包括:海洋中溶解物质的沉淀或沉积作用。另外,海洋物质输入并同时发生输出的双向作用有:生物作用、海洋与大气之间的物质交换、海水与海底玄武岩之间的物质交换。

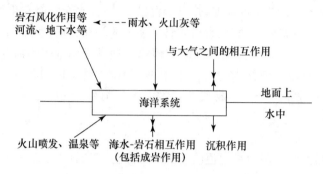

图 8-5　海洋物质的输入和输出示意图

(据 Henderson, 1982)

有相当部分各种来源物质在输入到海洋的同时便很快发生沉积而从海洋输出,如碎屑物质及部分溶解于水中的离子发生化学沉积作用等。只有那些仍溶解在海水中的元素才真正输入到海洋。Livingstone(1963)曾经估算,河水输入到海洋的溶解物质约为 3.9×10^9 t·a^{-1}。Drever 等(1988)估算进入海洋的溶解物质为 1.38×10^9 t·a^{-1}(表 8-3)。

海洋物质的另一个重要输入输出作用是海水与海底玄武岩的蚀变交代反应。Thompson(1983)曾定量研究了这种交代反应,其结果列于表 8-4 中。由表可以看到,其中从玄武岩输入到海水的元素有 Si、Ca、K、Li、Rb、Ba,而从海水输出的元素有 Mg、B。对比河流输入到海洋的物质来看,海底玄武岩输入到海洋中的 Si、Ca 分别约占河流输入到海洋的80.4%和38.9%,而 Li、Rb 则大部分来自海底玄武岩的输入。这反映出海底玄武岩的蚀变作用对海洋元素输入的贡献不可忽视。

表 8-3　海水中主要元素的输入和输出通量(单位:10^{12} g·a^{-1})

离　子	河流输入	孔隙水埋藏	离子交换	成岩反应	化学沉积	净输入
Na^+	+135.93	−22.08	−35.19	+57.5	—	+135.7
K^+	+45.63	−0.78	−7.80	−35.1	—	+1.9
Mg^{2+}	+117.86	−2.18	−7.78	−55.9	−6.32	+46.2
Ca^{2+}	+494.40	−0.80	−38.40	+144.0	−500.00	+180.0
Cl^-	+115.92	−37.93	—	—	—	+78.0
SO_4^{2-}	+294.72	−5.76	—	—	−57.6?	+230.4
HCO_3^-	+1952.0	—	−25.62	+286.7	−1476.20	+707.6
H_4SiO_4	+621.12	—	—	—	−672.00	−48.0
总　计	+3777.58	−69.54	−114.79	+488.2,−91.0	−2654.50	+1331.8

据 Drever et al., 1988 数据(原始数据转引自陈俊,2004)换算。

表 8-4 海底岩石与海水之间元素通量的估计

与海水平衡的海底不同部位的岩石	通量/(10^{14} g·a^{-1})				通量/(10^{10} g·a^{-1})			
	Si	Ca	Mg	K	B	Li	Rb	Ba
大洋壳表层玄武岩	−0.006	−0.045	−0.03	+0.013	+0.45	+0.44	+0.14	+0.43
大洋壳深部玄武岩(达500 m)	−0.52	−0.082	−0.26	+0.09	+2.69	+2.42	+1.37	+2.73
大洋中脊翼部玄武岩	−0.2	−0.47	−0.11	+0.22	+5.12	+3.7	+4.23	+1.1
大洋中脊轴部玄武岩	−0.87	−1.3	+1.87	−0.49	0	−111	−20.5	−46
总计	−1.60	−1.90	+1.47	−0.17	+8.26	−104.54	−14.76	−41.74
河流通量	−1.99	−4.88	−1.33	−0.74	−47.0	−9.4	−3.2	−137.3
基底通量占河流通量百分比/%	80.4	38.9	110.5	23	17.6	1112	461	30.4

注：其中正号表示海水输出进入玄武岩,负号表示输入到海水。转引自赵其渊等,1989。

2. 海水中元素的滞留时间

元素在海水中的滞留时间 τ 定义为

$$\tau = A/(\mathrm{d}A/\mathrm{d}t)$$

其中 A 是海水中某元素的总量,$\mathrm{d}A/\mathrm{d}t$ 是该元素输入海水或从海水输出的速率。元素的滞留时间可视为其在海水中发生化学反应的能力。若某元素的滞留时间很短,则该元素进入海洋时将较快地发生化学反应,并通过沉淀、交换和吸收等过程从海水中移出(输出)。由该式可以看出,元素的滞留时间既决定于其在海水中的总量,又决定于其输入到海水或从海水中输出的速率。例如,在相同的输入或输出速率条件下,若海水中某元素的含量非常大,则其输入和输出对该元素在海水中的含量几乎没有影响。

各种元素在海水中的滞留时间参见表 8-2。由表可以看到,Al、Ti、Mn 和 Ba 等元素具有较短的滞留时间,因为它们一方面是较易发生化学反应的元素,另一方面也是其溶解度很低,海水中的量不大。Na、Cl、Ca、U 等具有较长的滞留时间,因此海水中这些元素处于稳态(steady state)。海水中处于稳态的元素常常作为研究海洋物质组成演化或沉积作用的示踪剂。

三、海洋的起源和化学演化

1. 海洋的起源

与大气圈一样,地球的早期并不存在水圈,而是由于地球内部物质的熔融和结晶分异,以及排气作用将大量 H_2O 和其他气体组分 HCl、H_2S、H_2、CH_4、NH_3、Ar 等带出固体地球而形成的。地球排出气体后随温度的降低而形成液态水,一些气体如 NH_3、HCl 等溶于水中,另一些气体如 H_2、Ar 等则进入大气圈。这些挥发性物质之间的化学反应如下：

$$H_2O(g) \longrightarrow H_2(g) + 1/2O_2(g)$$
$$CH_4(g) + 2H_2O(g) \longrightarrow CO_2(g) + 4H_2(g)$$
$$CH_4(g) + H_2O(g) \longrightarrow CO(g) + 3H_2(g)$$
$$CH_4(g) \longrightarrow C(s) + 2H_2(g)$$
$$NH_3(g) \longrightarrow 1/2N_2(g) + 3/2H_2(g)$$
$$2HCl(g) \longrightarrow H_2(g) + Cl_2(g)$$
$$H_2S(g) \longrightarrow S(s) + H_2(g)$$

式中 g 为气相，s 为固相。据估算，在地球物质熔融和去气过程中，逸出的气体以 H_2 和 H_2O 为主。但其中 H_2 因其质量小而易逃逸到太空中去（表 8-5）。

表 8-5　地球物质早期排出的气体组分

气　体	H_2	H_2O	CO	CO_2	CH_4	HCl	N_2	H_2S	SO_2
体积分数/%	67.7	29.4	1.5	0.25	5×10^{-4}	1.0	0.068	0.058	7×10^{-5}

据魏菊英,1986。

海水中的 Na^+、K^+、Mg^{2+}、Ca^{2+}、Sr^{2+} 等则来自岩石圈（大陆和海洋）的风化剥蚀作用。例如水蒸气冷凝形成水体后，其必然与各种岩石发生作用（如玄武岩）并带出其中的金属元素。约在距今 3.0 Ga 左右，以水为主的气体挥发物大部分都已逸出地表。约在 2.0 Ga 时，海水的量和其中存在的大量组分已与现代海水大致接近。

2. 海洋的化学演化

海水的化学组成受许多因素控制。例如，携带大陆物质流入海洋的河流、沿洋中脊喷发进入海洋的热液、海底的化学风化和沉积作用、冰川的融化、海洋表面的蒸发作用、生物对海洋组分的摄取等均对海洋的物质组成产生影响。

从地球的整个历史看，海水的物质组成演化可分为以下几个阶段（柳志清,1987,详见表 8-6）：

(1) 原始强酸性海洋：地球上最初海水是强酸性的。它是由小行星及彗星陨击带来的 H_2O、CO_2 以及地内排出的 H_2O、HCl、HF、H_2S、H_3BO_3 等酸性气体转入海洋的结果。在原生水中还有 H_2S、CH_4 和 CO_2 等气体组分。

(2) 氯化物海洋：酸性水对硅酸盐的破坏，使 Na、K、Ca、Mg、Al、Fe 等的金属离子从岩石中分离出来，并形成氯化物、氟化物和硼酸盐。这种作用使酸性海水得到中和，并导致海水具有氯化物型溶液的性质。此时的海水含有少量硫酸盐，但无碳酸盐。

(3) 氯化物-碳酸盐海洋：海水组成的进一步演化与大气成分的变化有关。当大气中 CO_2 增多时，岩石风化增强，形成大量溶解于水的碳酸盐，并出现少量 Ca、Mg、Fe、Mn 的碳酸盐沉积物，最终形成了氯化物-碳酸盐海洋。

（4）氯化物-碳酸盐-硫酸盐海洋：海水和大气一样，二氧化碳含量在减少，氧逐渐增加，由火山气孔喷入海洋的自然硫和硫化氢在氧的介质中转变为硫酸盐，于是氯化物-碳酸盐海洋又转变为现在的氯化物-碳酸盐-硫酸盐海洋。

表 8-6　大气圈—水圈—沉积圈的演化

	原始气圈	火山气圈	火山气圈	二氧化碳气圈	氮-氧气圈
大气圈	碳质小行星和彗星的陨击带来 H_2O、N_2、CO_2、CH_4；地幔脱气形成 H_2O、H_2，宇宙射线作用形成 D_2、T_2、O_2（少量游离氧）、CO_2、CO、N_2、NH_3、NH_4Cl、He、Ne、Ar、Kr、Xe	地幔脱气形成 H_2O、O_2、NH_3、N_2、CO，CO 氧化形成 CO_2；脱气和放射成因的 He、Ne、Ar、Kr、Xe	地幔脱气作用逐渐减弱		
			出现游离氧，N_2 大量增加；CO_2 大量增加	以 CO_2-N_2 为主，N_2 大量增加；CO_2 大量增加	形成 N_2-O_2-CO_2 为主的大气圈
水圈	原始强酸性水圈	氯化物水圈	氯化物-碳酸盐水圈	氯化物-碳酸盐-硫酸盐水圈	
	碳质小行星和彗星陨击带来 H_2O、CO_2 等；脱气形成 H_2O、HCl、HF、H_2S、H_3BO_3 转入水圈	酸性水对硅酸盐的破坏，使 Na、K、Ca、Mg、Al、Fe 等的金属离子从岩石中分离出来，并结合成氯化物、氟化物和硼酸盐。还有少量硫酸盐，但无碳酸盐	当大气中 CO_2 增多时，岩石风化增强，形成大量溶解于水的碳酸盐，并出现少量 Ca、Mg、Fe、Mn 的碳酸盐沉积物，形成氯化物-碳酸盐海洋	类似现代海水的成分，大量氯化物、碳酸盐及硫酸盐	
沉积圈	中基性火山堆积物，碎屑沉积物	开始出现建造沉积物	化学沉积建造的大量出现；开始有生物沉积建造；形成碳酸盐、条带状铁矿、含硼建造	大气圈中的 CO_2 大量进入沉积圈，有硅铝壳碎屑的沉积；生物沉积建造大量发育；沉积型有色金属矿床的形成	近似现代的沉积圈
	3.9	3.7	2.7~2.5	2.0~1.8	1.1~0.9（Ga）

据柳志清，1987，略有修改。

第二节　大气圈地球化学

固体或液体地球表面以上的空气层称大气圈。其物质组成的最大特点是，绝大部分元素呈气体状态,因此它们自由地分布在整个大气空间中。大气圈的上限难以确定,因为空气密度随高度而呈指数减少。大气圈的气体成分与岩石圈、水圈、生物圈的物质发生交换,这些交换同时也影响着某些重要的地球化学作用,如氧化作用、沉积作用和风化剥蚀作用等。

一、大气圈的结构

大气圈气体的质量估计达 5.15×10^{15} t,约 90% 都集中在距地表高度为 16 km 以下的近地表区域内,其中,约 50% 的质量处于 5.5 km 以下的层次内。向上空气逐渐稀薄,到 100 km 高度以上空气的质量仅为大气圈质量的百万分之一,相应地大气压力也随着气体浓度的降低而减弱。

根据高度和温度的变化,将大气圈自下而上分为对流层、同温层、中间层和热层(图 8-6)。对流层最贴近地面,与地表的相互影响最大,是与生物和人类关系最密切的大气层。由于大气的对流强度在热带要比寒带强烈,使得对流层顶部的高度随着纬度的增高而降低:热带约为 $16 \sim 17$ km;温带约为 $10 \sim 12$ km;两极附近则仅为 $8 \sim 9$ km。

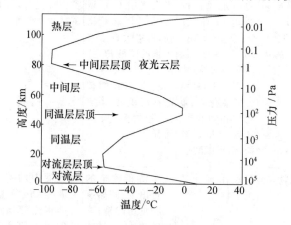

图 8-6　大气圈的结构

对流层中集中了整个大气质量的 75% 和几乎全部的水汽。位于对流层的最下层即自地面到 $1 \sim 2$ km 高度的这一层,称为大气边界层,而海陆边界则称为次生边界层。至于大气圈的上界并不明显,气象上一般以极光出现的最大高度 1200 km 作为其上界。据人造卫星探测,约在 $2000 \sim 3000$ km 高空逐渐向星际空间过渡(方如康等,1991)。

对流层中的空气是对流的,这是由于地面吸收太阳辐射热,再返回大气所引起。因此这一层中的气体成分相对较均匀。对流层的气体成分 N_2 和 O_2 占优势,其次是 Ar、CO_2、其他惰性气体等(表 8-7)。

表 8-7 对流层的平均化学成分

元素	质量分数/%	体积分数/%	元素	质量分数/%	体积分数/%
N_2	75.31	78.80	He	7×10^{-5}	5×10^{-4}
O_2	23.01	20.93	Kr	3×10^{-4}	1×10^{-4}
Ar	1.286	0.933	Xe	4×10^{-5}	9×10^{-6}
CO_2	0.04	0.03	H_2	—	5×10^{-5}
Ne	1.2×10^{-3}	1.8×10^{-3}	Rn	—	6×10^{-18}

据魏菊英,1986。

由表 8-7 可以看出,对流层几乎全部由 N_2 和 O_2 组成,其体积占 99%以上。在整个大气圈中,约 80%的气体和几乎全部的水汽都在对流层中,因此对流层中气候变化和大气湍流显著。

同温层的对流现象不显著。该层中水汽和尘埃含量少,大气透明度高。在该层中臭氧 O_3 富集。太阳光波辐射的紫外光($\lambda<290\ nm$)几乎完全被臭氧吸收而转变为热能,因此同温层的温度升高。同温层下部的温度逐渐递增,当高度达 20 km 以上时,温度才增加较快;在 50 km 高度,温度增加到最高值。

中间层高度范围大致为 50～85 km,温度下降至 $-90\ ℃$ 以下。在该层进行着强烈的光化学反应。

热层为 85 km 以上的大气层。在热层下部温度增加较快,以后温度增加越来越慢,至 200 km 以上温度近似等温。

按照大气圈的温度变化,可将大气圈分为五层。其中三层为较暖层,其高度分别为近地表、50～60 km 之间和 120 km 以上。有两层为较冷层,所处高度分别为 10～30 km 之间和 80 km 附近(图 8-6)。

大气圈与外部空间之间的过渡层是外逸层,高度约在 500～750 km 之间。在此范围内中性原子氧、游离氧和氢原子形成稀薄的大气层,且气体定律在此无效。

二、大气圈的化学成分

大气圈的总质量为 5.27×10^{21} g,主要由各种气体混合物组成。表 8-8 列出了大气圈的气体组成。由表可以看到,大气圈的主要成分是 N_2、O_2、Ar、CO_2 和水蒸气,它们占整个大气圈组分的 99.997%,且主要富集在自地表以上 90 km 范围之内。

表 8-8　大气圈的化学组成

成　分	相对分子质量(C＝12)	体积分数/%	总质量/g
H_2O	18.02	易变	0.02×10^{21}
N_2	28.01	78.08	3.87×10^{21}
O_2	32.00	20.95	1.19×10^{21}
Ar	39.95	0.93	6.59×10^{19}
CO_2	44.01	0.03	2.45×10^{18}
Ne	20.18	1.82×10^{-3}	6.48×10^{16}
He	4.00	5.24×10^{-4}	3.71×10^{15}
Kr	83.80	1.14×10^{-4}	1.69×10^{16}
Xe	131.30	8.76×10^{-6}	2.02×10^{15}
CH_4	16.04	$\approx1.5\times10^{-4}$	$\approx4.3\times10^{14}$
H_2	2.02	$\approx5\times10^{-5}$	$\approx1.8\times10^{14}$
N_2O	44.01	$\approx3\times10^{-5}$	$\approx2.3\times10^{15}$
CO	28.01	$\approx1.2\times10^{-5}$	$\approx5.9\times10^{14}$
NH_3	17.03	$\approx1\times10^{-6}$	$\approx3\times10^{13}$
NO_2	46.00	$\approx1\times10^{-7}$	$\approx8.1\times10^{12}$
SO_2	64.06	$\approx2\times10^{-8}$	$\approx2.3\times10^{12}$
H_2S	34.08	$\approx2\times10^{-9}$	$\approx1.2\times10^{12}$
O_3	48.00	易变	$\approx3.3\times10^{15}$

据魏菊英,1986。

三、大气圈物质的循环作用

大气圈的各种气体组分处于不断循环过程中,既有物质的带入又有物质的带出,使其成分保持着动态平衡状态。关于大气圈物质循环作用,一些文献中常用"源"和"汇"的概念,其定义如下:

源:指大气中某气体组分的来源。

汇:指大气中某气体组分的消耗(方式)。

1. 气体组分的源及其地球化学作用

(1)地幔去气作用、岩浆作用和火山作用:这些过程排出各种气体,如 H_2、H_2O、CO、N_2、CO_2、H_2S、HCl、HF 等。

(2)光合作用、光解作用、有机物固定作用:包括 O_2、N_2、CO_2 和 CH_4 等有机分子的产生。

(3)生物作用和人类活动:如活着的和死亡的生物与大气之间的物质交换,人类生产实践过程排出的 CO_2、SO_2、H_2S、NO_2、Cl_2、F_2、Br_2、I_2 等。

2. 气体组分的汇及其地球化学作用

(1)氧化作用：包括氢与氧反应形成水，低价铁氧化成高价铁，硫化物氧化成硫酸盐，低价锰化物氧化成二氧化锰化合物，大气圈中氮氧化物 NO_2、NH_3 的形成，火山气体 CO、SO_2、H_2 等分别氧化成 CO_2、SO_3、H_2O 等，有机物质的燃烧等，均消耗大气中的游离 O_2。

(2)碳酸盐、生物岩及其他沉积岩的形成：如钙、镁、铁等碳酸盐的形成均消耗大气圈中的 CO_2。

(3)气体分子的逃逸：一般较轻分子(如 H_2 等)具有较快的逃逸速度。

四、大气圈的起源及其演化

(一)地球大气圈的起源

按照行星起源理论，地球增生后，星云剩余的气体形成最初的大气圈，其主要是由 H_2、He、CH_4、NH_3 以及相关组分组成的还原性大气圈。表 8-9 列出了原始大气圈中最丰富的元素。惰性气体的丰度形式表明，有相当部分地球早期的大气物质都逃离了地球(详见第六章)。另一方面，地球形成后一直发生着排气作用。因此，现今地球大气是次生的。

表 8-9　原始大气圈中最丰富的元素含量

元素	H	He	C	N	O	S
质量/(10^{16} g)	3500	1100	22	4.6	51	2.2

据魏菊英，1986。

(二)地球大气圈物质组成及其演化

已有研究表明，影响地球大气圈组成的因素有：大气物质的逃逸作用、地球内部的排气作用、生物作用。在地球早期，大气物质的逃逸和地球内部的排气作用占主导地位。其中气体的逃逸是控制气体组成演化的主要因素，而大气圈较高的温度和质量较小的气体分子较有利于其逃逸。随着地球上生物的出现，生物对大气物质组成的影响不断加强。

1. 大气圈氮的积累

按照行星内部正常的排气作用以及较轻气体的逃逸作用，地球上的氮气应该远远低于现在地球的氮含量，因此地球大气中氮的形成和演化一直是地学界长期困惑的基础问题之一。

目前的认识可概括如下：地球形成后，随着其内部的不断排气作用，大气圈中的 N_2 不断增高。由于 N_2 通过宇宙射线照射或雷电作用可转化为 NH_3 和 NO_3^-，即在生命出现以前，NO_3^- 可与阳离子形成硝酸盐矿物而起到固氮的作用。另一方面，硝酸盐矿物易溶于水，部分氮可存在于水圈中。因此，在生物出现以前，大气中氮气的浓度可不断积累而达到较高的含量。自生物出现以后，由于 NH_3 是生命的重要物质形式，生物便成为参与固氮作用的重要部分。由此可见，地球上存在着水和生物可能是使地球的大气具有明显不同于太阳系其他星球大气氮含量的主要原因。

2. 大气圈氧的产生及其演化

地球早期的氧主要通过水的光分解作用形成,即由大气圈上部的水分子通过紫外线的光化学反应产生:

$$H_2O \longrightarrow O_2 + H_2$$

其中 H_2 很轻,易逃逸到太空,而 O_2 可留在大气圈。由该过程产生的氧是非常少的,且火山喷发排出的 CO、CH_4、H_2S 等还原性气体会不断消耗这些氧。因此在生命出现以前,大气中的氧不可能得到大量积累。只有在火山作用渐渐减弱后,大气圈中的氧才能逐渐增加。

地球大气圈氧的含量变化可以分为三个时期(图 8-7):

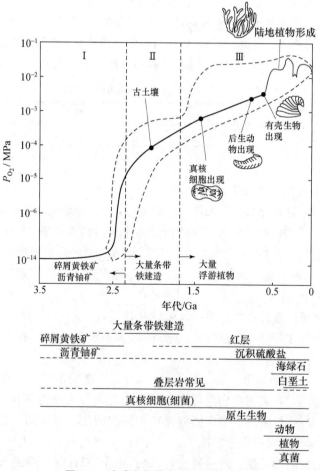

图 8-7 地球大气圈中氧的演化模型

(据 Condie and Sloan, 1997)

（1）海洋和大气圈无氧时期（2.5 Ga 前）：该时期缺乏阻挡致命紫外线的臭氧层。海洋中的蓝细菌通过光合作用产生一些氧，末期开始形成少量条带状铁建造（BIF）。

（2）大气圈和海水表面含少量氧，海水深部无氧时期（2.5～1.7 Ga）：该时期开始出现藻类生物，中期出现红层（含赤铁矿的沉积岩），硫酸盐大量增加，BIF 的大面积沉积，而沥青铀矿的沉积结束。该时期光合作用形成的氧进入大气圈，与 H_2 结合形成水，驱除了大气圈的氢。此时，大气圈下部和表面海水已呈弱氧化环境，深部海水仍是还原环境。

（3）大气和海洋富含游离氧时期（1.7 Ga 以后）：该时期的明显标志是 BIF 的消失和真核生物的出现。这是因为该时期海洋中光合作用形成的氧进入大气圈，并逐渐形成臭氧层，使微生物的种类和数量快速增长。

在 0.5 Ga 时，大气圈氧的含量为现在的 18%，出现具有碳酸盐壳的生物。

在 0.45 Ga 出现陆地植物。

在石炭纪和二叠纪，茂密的森林覆盖陆地，大气圈氧的含量大幅度升高，为现在氧含量的 35%（图 8-8）。

在三叠纪，由于沙漠的广泛分布，氧的含量下降。

在中生代晚期和早第三纪，随着气候的变暖，陆地植物又大面积繁殖，氧的含量又逐渐升高。

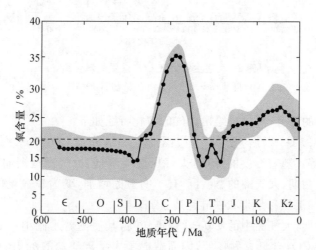

图 8-8 在最近的 600 Ma 期间大气圈中氧的含量变化

（据 Condie and Sloan, 1997）

∈：寒武纪；O：奥陶纪；S：志留纪；D：泥盆纪；C：石炭纪；P：二叠纪；

T：三叠纪；J：侏罗纪；K：白垩纪；Kz：新生代

3. 大气圈的 CO_2 及其演化

从地球演化历史看,大气中 CO_2 的含量呈递减变化趋势。由于太古代火山活动强烈,因此其大气具有较高的 CO_2 含量。这可以从太古界地层中少见碳酸盐岩石得到佐证。

整个显生宙大气中 CO_2 含量的变化见图 8-9。从图可以看到,显生宙大气的 CO_2 含量以早古生代为最高,尤其是在寒武纪和奥陶纪期间,可达到现代大气 CO_2 含量的 20 倍;中生代则以白垩纪为最高,达到现代大气 CO_2 含量的 8 倍左右;而石炭纪—二叠纪和晚新生代 CO_2 含量低。

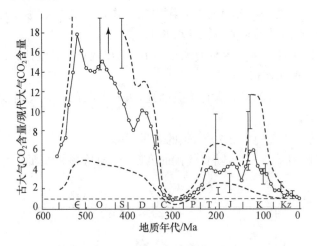

图 8-9　显生宙大气 CO_2 含量的演化图

(据 Barber,1992;转引自涂光炽,1998)

由各种资料的综合,可以描绘出大气的演化特征如下:

早太古代(3.5 Ga 以后)期间,大气圈的主要组分是 CO_2 和水汽,次要的为 N_2、HCl、H_2S、SO_2 等。随着温度的降低,大气压缓慢降低,大气圈逐渐向 O_2 增加的方向演化。至元古代初期,大气圈的 N_2、O_2 有了明显的增加,变为较氧化的环境。此时开始出现 $Fe(OH)_3$ 沉积和条带状铁硅建造。

至元古代中期,大气圈中的 CO_2 含量仍较高,其后随着水圈中浮游等低等植物的出现使大气中的 CO_2 含量大大降低,因而造成了大量碳酸盐的沉积。至元古代末期,温度的进一步降低、低等植物的大量繁殖使得大气圈氧含量逐渐增加,环境趋向于氧化,进而将 H_2S、SO_2 等氧化为 SO_4^{2-},并开始在地层中出现红层、鲕状赤铁矿沉积、硫酸盐沉积等。

前寒武纪以后,随着生物的大量繁殖,地球的大气圈已经成为与现代一样的 N_2-O_2 型的大气圈。此时气候的变化主要与 CO_2 及 O_2 含量变化有关。

拓 展 阅 读

[1]　赵其渊.海洋地球化学[M].北京：地质出版社,1989.

[2]　张正斌.海洋化学[M].青岛：中国海洋大学出版社,2004.

[3]　王明星.大气化学[M].北京：气象出版社,1999.

[4]　秦瑜.大气化学基础[M].北京：气象出版社,2003.

复 习 思 考

1. 试述海洋和大气圈的演化对大陆沉积作用的影响。

2. 试述大气圈的形成及其演化的主要特征。

3. 海洋如何对大气圈物质组成起调节作用？

4. 试述海洋的产生及其演化。

5. 海洋物质的输入和输出有哪些途径？

6. 为什么地球大气具有太阳系其他星球所没有的富 N_2 和 O_2 特征？

第九章　生物圈地球化学

在太阳系中,地球与其他星球的不同之处就是其存在着生物。生物的存在造就了地球特有的大气组成、有机矿产的形成,同时也影响到无机物的迁移、沉淀和再分配。因此生物在地球物质演化中起了相当重要的作用。

生物圈属于地壳的一部分,是现存生物及其遗骸所占的空间,其中包括大气的对流圈、水圈和岩石圈的一部分。生物圈大致可分为三部分:生物物质,如人、动物、植物、微生物;生物环境,如土壤、水、空气;生物起源的岩石和矿物等,如腐殖质、煤、石油等。

第一节　生物圈的物质组成

一、生物圈的元素组成

生物圈中的有机物与无机物相互共存,因此生物在物质组成上与其生存的环境是一种共轭关系。已有研究表明,植物和人体的元素平均丰度与地壳、土壤、海水的元素平均丰度特征基本上是一致的(图9-1)。

1. 生物元素

生物元素可分为:生物必需元素、潜在有益或辅助营养元素、沾染元素、有毒元素。生物必需元素系指在活的有机体中,维持其正常的生物功能所不可缺少的元素,又简称为生物元素或生命元素;按含量多少又分为常量元素和微量元素:

(1)常量元素:构成生物体的 H、C、N、O、P、S、Cl 和金属元素 Na、Mg、K、Ca 为必需常量元素,约占体重的 99.95%。

(2)微量元素:V、Cr、Mn、Fe、Co、Ni、Cu、Zn、Mo、F、Si、Se、Sn 和 I 为生物必需微量元素,其总量不超过体重的 0.05%。

2. 生物元素的功能

在生命物质中,除常量元素 C、H、O 和 N 等组成各种有机化合物外,其余生物元素各具有一定的化学形式和功能。与 11 种占体重 99.95% 的常量组成元素比较,微量元素含量虽然很低,但其对生物的遗传和代谢极其重要。它们在许多生化过程中起着关键的调控作用,有时甚至起决定性的作用。

各种生物元素的功能列于表 9-1。表 9-2 是微量元素在人体内的分布以及人体对微量元素的摄取与排泄情况。一般金属离子或其水合离子本身不具有生物活性或者活性很低,只有与特定结构的配体结合后,才表现出活性。不同配体所含的各种配位基团决定了对金属元素的配位能力与配位方式,从而决定了它们的生物功能。

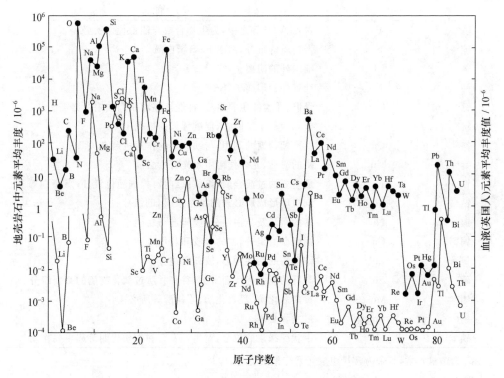

图 9-1　人体血液和地壳中的各种元素丰度显示出明显的相关性

(据 Hamilton,1979;转引自王夔等,1998)

空心圆圈代表人血液,实心圆圈代表地壳

表 9-1　生物元素及其功能

元　素	符　号	功　能
氢	H	构成水、有机化合物的成分
硼	B	植物生长必需成分
碳	C	构成有机化合物的成分
氮	N	构成有机化合物的成分
氧	O	构成水、有机化合物的成分
氟[a]	F	鼠的生长因素,人骨骼的成长所必需
钠	Na	细胞外的阳离子,Na^+
镁	Mg	酶的激活,叶绿素构成,骨骼的成分
硅[a]	Si	在骨骼、软骨形成的初期阶段所必需

元　素	符　号	功　能
磷	P	含在 ATP 等之中,为生物合成与能量代谢所必需
硫	S	蛋白质的组分,组成 Fe-S 蛋白质
氯	Cl	细胞外的阴离子,Cl^-
钾	K	细胞外的阳离子,K^+
钙	Ca	骨骼、牙齿的主要组分,神经传递和肌肉收缩所必需
钒[a]	V	鼠和绿藻生长因素,促进牙齿的矿化
铬[a]	Cr	促进葡萄糖的利用,与胰岛素的作用机制有关
锰[a]	Mn	酶的激活、光合作用中水光解所必需
铁[a]	Fe	最主要的过渡金属,组成血红蛋白、细胞色素、Fe-S 蛋白等
钴[a]	Co	红血球形成所必需的维生素 B_{12} 的组分
镍[a]	Ni	酶的激活及蛋白组分,膜构造与功能
铜[a]	Cu	铜蛋白的组分,铁的吸收和利用
锌[a]	Zn	许多酶的活性中心,胰岛素组分
硒[a]	Se	与肝功能肌内代谢有关,谷胱甘肽过氧化物酶的必要组分
钼[a]	Mo	黄素氧化酶、醛氧化酶、固氮酶等所必需
锡[a]	Sn	鼠发育必需
碘[a]	I	甲状腺激素的成分,对生长发育和物质代谢等起重要作用

a. 为微量元素,其余为常量组成元素。据王夑等,1988。

表 9-2　人体中的微量元素

元素名称	人体含量 /(mg/70 kg)	血液总量 /mg	主要分布部位	膳食的摄取量/(mg·d^{-1})	排泄量		
					尿 /(mg·d^{-1})	汗 /(mg·d^{-1})	毛发 /(μg·g^{-1})
锂	2.2	0.10	50%肌肉	2.0	0.8	—	—
铍	0.036	<0.00052	75%骨	—	—	—	—
硼	<48	0.52		1.3	1.0		7
氟[a]	2600	0.95	98.9%骨	2.5	1.6	0.65	—
铝	61	1.9	19.7%肺,34.5%骨	45	0.1	6.13	5
钛	8	0.14	49.1%肺,淋巴结	0.85	0.33	0.001	0.05
钒[a]	<18	0.088	>90%脂肪	2.0	0.015	—	—
铬[a]	1.7	0.14	37%皮肤	0.05~0.1	0.008	0.059	0.69~0.96
锰[a]	12	0.14	43.4%骨	2.2~8.8	0.225	0.097	1.0
铁[a]	4200	2500	70.5%血色素中的铁	15	0.25	0.5	130
钴[a]	1.5	0.0017	18.6%骨髓	0.3	0.26	0.017	0.17~0.28

续表

元素名称	人体含量/(mg/70 kg)	血液总量/mg	主要分布部位	膳食的摄取量/(mg·d⁻¹)	排泄量		
					尿/(mg·d⁻¹)	汗/(mg·d⁻¹)	毛发/(μg·g⁻¹)
镍[a]	10	0.16	18%皮肤	0.4	0.011	0.083	0.0075
铜[a]	72	5.6	34.7%肌肉	3.2	0.06	1.59	16～56
锌[a]	2300	34	65.2%肌肉	8～15	0.5	5.08	167～172
砷	18?	2.5		1.0	0.195	—	2
硒[a]	13	1.1	38.3%肌肉	0.068	0.04	0.34	0.3～13
溴	200	24	60%肌肉	7.5	7.0	0.2	12.5
铷	320	14		1.5	1.1	0.05	—
锶	320	0.18	99%骨	2.0	0.2	0.96	0.05
锆	420	13	67%脂肪	4.2	0.14	—	—
铌	110?	13	26%脂肪	0.62	0.36	0.003	2.2
钼[a]	9.3	0.083	19%肝	0.3	0.15	0.061	
镉	50	0.036	27.8%肾、肝	0.215	0.3	—	1.8～2.8
锡[a]	<17	0.68	25%脂肪、皮肤	4.0	0.023	2.23	—
锑	7.9?	2.024	25%骨	<0.15	<0.07	0.011	6.5
碲	8.2?	0.18	骨?	0.112	0.53		
碘[a]	11	2.9	87.4%甲状腺	0.2	0.175	0.006	0.015
铯	1.5	0.015		—	—	—	
钡	22	<1.0	91%骨	1.25	0.023	0.085	5
金	<10	0.00021	52%骨	—	—	—	
汞	13	0.026	69.2%脂肪、肌肉	0.02	0.015	0.0009	6
铅	120	1.4	91.6%骨	0.45	0.03	0.256	18～19
铀	0.09	0.0046	65.5%骨	—	—	—	

　　a. 为人体必需微量元素；本表未列入硅的数值。转引自王夔等,1998。

二、生物圈的有机物

　　所有生物都具有相同的基本化学组成,在地球化学中最重要的是碳水化合物、蛋白质和脂类化合物。另外,高等植物还含有支撑组织的木质素。以下介绍主要这些化学物质的组分及其生物化学作用。其生物化学作用主要与分子和官能团中基本碳骨架的结构和形状有关。

　　(一)碳水化合物

　　1. 化学组成

　　碳水化合物可用 $C_n(H_2O)_n$ 分子式表示,其中只有 C、H、O 三种元素,且 H/O 的原子比值与水分子中 H/O 的比值相同。其最简单的分子是单糖,一般根据存在的碳原子数来命名,例如,四糖、戊糖、己糖和庚糖分别具有 4,5,6 和 7 个碳原子。自然界存在的单糖主要是己糖或戊糖。它们主要以环状体系出现,形成五环称为呋喃糖,形成六环为吡喃糖,最简单的母体物质是呋喃和吡喃。

两个单糖分子通过聚合形成二糖,例如,蔗糖由一个葡萄糖和一个果糖组成;进一步的结合可形成三糖、四糖等。由 2～10 个单糖组成的集合体一般称为低聚糖(寡糖);而由 10 个以上的单糖组成的集合体称为多糖,如纤维素。单糖和二糖通常叫做糖,而多糖称为聚糖。

2. 碳水化合物的生成及其作用

碳水化合物不仅是生物体的重要能量来源,而且还为生命合成提供碳原子和碳链骨架。许多碳水化合物,如纤维素和几丁质,构成了某些动植物的支撑组织。

多糖是多数细胞壁的重要组分,在植物、细菌以及真菌中多糖在细胞膜周围形成坚硬的骨架层。多糖广泛存在于动植物体内,按功能分为两类:一类为不溶性多糖,如植物的纤维素和动物的甲壳多糖,不溶性多糖可构成动植物的组织、骨架原料;另一类为储存形式的多糖,如淀粉和糖原等。

到目前为止,D-葡萄糖是存在最丰富的单糖,是最重要的能源物质,是多糖纤维素的基本单位,也是植物主要的结构建造物质,例如,一个植物分子大约含有 10^4 个葡萄糖单元(Killops and Killops,2005)。葡萄糖存在于一切生物体的细胞中,如绿色植物的种子、水果,动物的血液、脊髓等。

作为能量储存物质,D-葡萄糖储存在多糖中,例如,植物中的淀粉和动物中的糖原。淀粉广泛分布于自然界,特别存在于植物的种子、根茎和果实中。淀粉一般由80%的支链淀粉和20%的直链淀粉组成。

纤维素是最丰富的天然有机化合物。高等植物的纤维素含量最多,藻类几乎不含有纤维素。纤维素是构成植物细胞壁和支撑组织的重要成分。它占自然界碳含量的50%。纤维素由 300～2500 个葡萄糖残基组成,在酸或微生物酶的作用下可以发生水解,经过一系列的中间产物可转变为葡萄糖。

植物中的碳水化合物含量最多的是纤维素,其次是半纤维素。半纤维素是由多糖组成的复杂混合物,含有 50～2000 个单糖,其中含有较多的 D-木糖、D-甘露糖和 D-半乳糖以及少量的 L-阿拉伯糖和 D-葡萄糖。

在多数真菌,部分藻类、节肢动物和软体动物中,其纤维素可以由几丁质代替。几丁质是由 N-乙酰-D-葡糖胺组成的同多糖。

(二) 氨基酸和蛋白质

1. 化学组成

根据氨基酸同一分子中的羧基和氨基数量,可将其分为中性、酸性和碱性三种类型。氨基与羧基数量相等的称为中性氨基酸,氨基多于羧基的为碱性氨基酸,反之为酸性氨基酸。蛋白质由 20 种不同的氨基酸组成(表 9-3)。在一些氨基酸中,硫也是重要的组分(例如半胱氨酸)。在植物中,天冬氨酸通过把氨基转移到其他碳骨架而合成氨基酸(转氨作用)。动物体内不能合成蛋白质所需的所有氨基酸,只能从植物中直接或间接获得所需要的氨基酸。

表 9-3 不同种类氨基酸

功能团	名　称	功能团	名　称
—H	甘氨酸	—CH$_2$CONH$_2$	天冬酰胺
—CH$_3$	丙氨酸	—CH$_2$CH$_2$CONH$_2$	谷氨酰胺
—CH(CH$_3$)$_2$	缬氨酸	—(CH$_2$)$_4$NH$_2$	赖氨酸
—CH$_2$CH(CH$_3$)$_2$	亮氨酸	—(CH$_2$)$_3$NHCNH$_2$ (NH)	精氨酸
—CHCH$_2$CH$_3$ (CH$_3$)	异亮氨酸	—CH$_2$ (indole ring)	色氨酸
—CH$_2$—C$_6$H$_5$ (苯基)	苯丙氨酸	—CH$_2$ (imidazole ring)	组氨酸
—CH$_2$OH	丝氨酸	—CH$_2$SH	半胱氨酸
—CHOH (CH$_3$)	苏氨酸	—CH$_2$CH$_2$SCH$_3$	蛋氨酸
—CH$_2$—C$_6$H$_4$—OH	酪氨酸		
—CH$_2$COOH	天冬氨酸		
—CH$_2$CH$_2$COOH	谷氨酸		
H$_2$N$^+$—CH—COO$^-$ (脯环)	脯氨酸		

一个氨基酸分子的羧基与另一个氨基酸分子的氨基经过缩合反应释放出水分子，通过连接两个氨基酸分子的酰胺键（通常叫做肽键）形成二肽。缩合反应继续进行可以形成大的分子，例如多肽。蛋白质是大的多肽分子，由 8000 多个氨基酸分子组成，其相对分子质量大于 10^6。在这样的分子中，氨基酸的类型是混合的，它们的排列也具有不同的结构。蛋白质分子总的形态是影响其生物化学作用的主要因素，主要取决于其中氨基酸的序列、肽键的刚性、氢的键合、半胱氨酸巯基中 S—S 键的形成等。

2. 氨基酸的生成及其作用

生物体中大多数含氮有机物是由蛋白质组成的。蛋白质与其他分子结合形成生命过程中的重要化合物，如细胞色素、酶、细菌中的部分毒素和抗体、肌肉纤维、蚕丝和海绵等多种不同物质。在有水的情况下，不溶性蛋白质由于酶的作用可以水解成水溶性的单体——氨基酸（陈骏等，2004）。

氨基酸分解同时脱去氨基和羧基就可以形成烃类，这些烃类大部分是 $C_1 \sim C_7$ 的轻烃。有机体死亡之后，氨基酸保存在遗骸、贝壳等类似物质中，故在笔石、腕足类、藻类化石中均含有氨基酸。在不同沉积环境中，氨基酸的组成和含量不同，海相沉积物中氨基酸的含量要高于湖相沉积物，碳酸盐沉积物中氨基酸含量比泥质沉积物多。

（三）脂类

脂类是由生物体产生的不溶于水，但溶于有机溶剂（如氯仿、己烷、甲苯和丙酮）的物质。脂类术语的应用具有多种含义，有时指脂肪、蜡、甾类化合物和磷脂，有时仅指脂肪。

1. 甘油酯

甘油酯是乙醇甘油酯。1 个甘油酯分子含有 3 个羟基，可以和 1 个、2 个或 3 个羧酸分子反应形成甘油一酸酯（甘油单酯）、甘油二酸酯（甘油二酯）或甘油三酸酯（甘油三酯）。甘油酯的主要类型是脂肪和磷脂。

（1）脂肪：脂肪是甘油三酸酯，由直链的脂肪酸形成。甘油三酸酯分子中的每一个脂肪酸都是不同的。脂肪酸是典型的 $C_{12} \sim C_{36}$ 长链，在动物中饱和脂肪酸（链烷酸）占优势，而在植物中主要是不饱和脂肪酸（链烯酸）和多不饱和脂肪酸。相同的链，不饱和脂肪酸比饱和脂肪酸熔点低。在环境温度下，植物脂肪酸是油状的，而动物脂肪酸是固状的。在动物中，C_{16} 和 C_{18} 饱和脂肪酸占优势，而植物中主要的脂肪酸是 C_{18} 单不饱和脂肪酸、双不饱和脂肪酸和三不饱和脂肪酸。多不饱和脂肪酸多见于藻类，在高等植物中较少。一些脂肪酸的常用名、学名和结构式列于表 9-4。

表 9-4 常见脂肪酸

常用名	学 名	结构式
月桂酸	十二(烷)酸	$CH_3(CH_2)_{10}COOH$
肉豆蔻酸	十四(烷)酸	$CH_3(CH_2)_{12}COOH$
棕榈酸	十六(烷)酸	$CH_3(CH_2)_{14}COOH$
硬脂酸	十八(烷)酸	$CH_3(CH_2)_{16}COOH$
花生酸	二十(烷)酸	$CH_3(CH_2)_{18}COOH$
棕榈油酸	顺-9-十六碳单烯酸	$CH_3(CH_2)_5CH=CH(CH_2)_7COOH$
油 酸	顺-9-十八碳单烯酸	$CH_3(CH_2)_7CH=CH(CH_2)_7COOH$
亚油酸	顺-9,12-十八碳-二烯酸	$CH_3(CH_2)_4CH=CHCH_2CH=$ $CH(CH_2)_7COOH$
亚麻酸	顺-9,12,15-十八碳-三烯酸	$CH_3CH_2CH=CHCH_2CH=CHCH_2CH=$ $CH(CH_2)_7COOH$
花生四烯酸	顺-5,8,11,14-二十碳-四烯酸	$CH_3(CH_2)_4CH=CHCH_2CH=CHCH_2CH=$ $CHCH_2CH=CH(CH_2)_3COOH$

(2)磷脂:磷脂是含有1个磷酸和2个脂肪酸的甘油三酸酯。磷脂双层排列,非极性(疏水的)脂肪酸烷基链直接指向双层的内部,而极性(亲水的)磷酸盐末端位于细胞膜的表面。磷脂是生物细胞膜的重要成分,广泛分布于动物的脑、肝、肾、蛋黄,植物的种子、果实、孢子和微生物中,如卵磷脂和脑磷脂。

2. 蜡

蜡是具有高熔点组分的有机分子混合物,主要是具有直链饱和醇的脂肪酸酯。蜡酯中的脂肪酸和醇具有相似的链长,其主要范围为 $C_{24} \sim C_{28}$,而且以偶数碳原子为主。由于醇是由脂肪酸通过酶还原作用合成的,所以在蜡酯中可能存在少量的酮、支链烷烃和醛副产物。

$$CH_3(CH_2)_nCH_2COOH \longrightarrow CH_3(CH_2)_nCH_2CHO \longrightarrow CH_3(CH_2)_nCH_2CH_2OH$$
$$\text{酸} \qquad\qquad\qquad \text{醛} \qquad\qquad\qquad \text{醇}$$
$$(n=\text{奇数})$$

植物蜡也含有烷烃,主要是长链的正烷烃。与脂肪酸和醇相反,正烷烃主要是奇数碳原子,其主要范围为 $C_{23} \sim C_{35}$,其中以 C_{27}、C_{29} 和 C_{31} 为主。这种现象的主要原因是正烷烃的生物合成是由酸经酶的脱羧作用而形成:

$$CH_3(CH_2)_nCH_2COOH \longrightarrow CH_3(CH_2)_nCH_3 + CO_2 \qquad (n=\text{奇数})$$
$$\text{酸} \qquad\qquad\qquad\qquad \text{烷烃}$$

真菌细胞壁所含的正烷烃与高等植物所含的正烷烃相似,作用也相似。但在大多数细菌中缺乏蜡。

蜡广泛分布于生物界,有蜂蜡、虫蜡、植物蜡、羊毛蜡等,其中植物蜡相对较丰富。

蜡在皮肤、羽毛、树叶、果实表皮以及昆虫外骨骼上起保护作用,防止水分过度蒸发。蜡是石油中高碳数正构烷烃的主要来源之一。

3. 萜类化合物

萜类化合物是一族具有不同结构和功能的脂类,它们都由异戊二烯单元(C_5)构成,因此可根据异戊二烯单元的数目划分萜类化合物(表 9-5)。自然界所形成的大多数萜类化合物都含有氧,其通常以醇、醛、酮和羧酸基的形式存在。

表 9-5　萜类化合物分类

分　类	异戊二烯单元数	分　类	异戊二烯单元数
类单萜化合物	2	三萜化合物	6
倍半萜化合物	3	四萜化合物	8
双萜化合物	4	多萜化合物	>8
二倍半萜化合物	5		

(四)木质素和丹宁

木质素和丹宁是高等植物的组分,具有苯酚结构。木质素是植物细胞壁的主要成分,它包围着纤维素并充填其间隙构成其支撑组织。木质素可视为高相对分子质量的聚酚,其单体基本上是酚-丙烷基结构的化合物,常带有甲氧基等官能团。在高等植物中,木质素可由芳香醇脱水缩合而成。

木质素性质十分稳定,不易水解,但可被氧化成芳香酸和脂肪酸。木质素在缺氧水体中在微生物作用下可分解形成腐殖质。

与木质素具有相似芳香族结构特征的物质是丹宁。丹宁的组成和性质介于木质素和纤维素之间,主要出现在高等植物中。例如,在红树树皮中丹宁的含量可高达21%～58%,在树叶中含 6.5%;藻类也含有少量丹宁,它们由几种羟基芳香酸如五倍子酸、鞣花酸的衍生物缩合而成。

(五)核苷酸与核酸

核苷酸由磷酸盐、戊糖和含氮的有机碱组成。其中碱可以是嘌呤或嘧啶的衍生物,一般含有附加的氨基或羧基。两个重要的核苷酸是 ATP(三磷酸腺苷)和 $NADP^+$(烟酰胺腺嘌呤二核苷酸磷酸)。

核酸是核苷酸的聚合体,包括核糖核酸(RNA)和脱氧核糖核酸(DNA)。虽然核酸在地质作用下不能保存在沉积物中,但它们起着合成蛋白质模板的作用,即具有控制生物自我复制的功能。DNA 中有四个含氮的碱基:胞嘧啶(C)和胸腺嘧啶(T),腺嘌呤(A)和鸟嘌呤(G)。RNA 中,胸腺嘧啶被尿嘧啶(U)替换。

(六)组分变化的地球化学意义

由于不同生物种类的化学组成具有一定差异,因此不同生物的生理和代谢作用也不同。例如,高等植物的纤维素和木质素占有机质含量的 75％,而浮游植物中却没有这些组分。硅藻和腰鞭毛虫大约含有 25％～50％的蛋白质、5％～25％的磷脂和 40％的碳水化合物(干重,Raymont,1983)。细菌的化学组成也各不相同,其与浮游藻类相似。高等植物大约含有 5％蛋白质、30％～50％碳水化合物(主要是纤维素)和 15％～25％木质素。高等植物的脂类含量相对较低,其主要集中在子实体和叶子表皮内。

　　小的生物体具有较大的表面积/体积比,因此其对环境(温度和盐度)变化非常敏感。当环境变化时,同类或同属不同种之间,其脂类的分布具有明显差异。例如,在桡足动物中,脂类,尤其是蜡酯的含量决定于其活性、营养特征以及所生存水温。冷水中的桡足动物与温暖水域的桡足动物相比,前者所含的脂类和蜡酯较高(Lee et al.,1971,表 9-6)。

表 9-6　不同地区桡足动物脂类含量变化

脂　类	亚热带		极　地	
	最小值	最大值	最小值	最大值
总脂类干重/％	3	37	31	73
甘油三酸酯占脂类的含量/％	1	42	2	11
蜡酯占脂类的含量/％	0	46	61	92

　　据 Lee et al.,1971。

　　虽然沉积岩中的芳香烃化合物主要来自高等植物,脂肪族化合物主要来自浮游生物和细菌,但沉积物中有机质的特征不仅决定于生物类型,而且还决定于有机质的输入方式。沉积有机质的输入有两种来源:原地(来源于沉积环境或接近于沉积环境)有机质和外来(来源于其他环境)有机质。原地有机质包括浮游植物的遗骸、直接或间接以浮游植物为食的生物遗骸以及生活在水体和沉积物上部的生物遗骸。外地有机质包括高等植物,通常来自水体临近的陆地。而泥炭沼泽中的有机质则主要来自高等植物。因此,沉积有机质的组成主要决定于本地的和外来的有机质的组成及其比例。

三、生物标志化合物

　　生物标志化合物,又称化学化石,它们是分布在地质体中的一类含氢、氧、氮和其他杂原子的有机化合物。由于它们在有机质演化过程中具有一定的稳定性,能保存原始生化组分的碳骨架以及原始生物母质等特殊分子的结构信息。因此,对比生物前身物质,可以研究其成因、沉积和成岩阶段的物理化学条件,并提供成岩成矿方面的信息等。

　　目前研究最多的生物标志化合物是饱和烃类与卟啉。以下简要介绍几种常见的生物标志化合物。

1. 正构烷烃

正构烷烃是由碳和氢组成的饱和直链烃,其通式为 C_nH_{2n+2}。正构烷烃的碳数分布范围、主峰碳数、分布曲线峰形和奇碳数分子与偶碳数分子的相对丰度都具有指示成因的意义。碳优势指数(CPI)和奇偶优势指数(OEP)是表征正构烷烃奇碳数分子和偶碳数分子相对丰度的两个参数,分别为

$$CPI = \frac{1}{2}\left[\frac{\sum C_{25} \sim C_{33}(奇数)}{\sum C_{24} \sim C_{32}(偶数)} + \frac{\sum C_{25} \sim C_{33}(奇数)}{\sum C_{26} \sim C_{34}(偶数)}\right]$$

$$OEP = \left[\frac{C_i + 6C_{i+2} + C_{i+4}}{4C_{i+4} + 4C_{i+3}}\right]^{(-1)^{i+1}}$$

一般 C_i 表示碳数为 i 的正构烷烃的质量百分浓度,C_{i+2} 为主峰碳数。

大多数生物体中只含有微量的正构烷烃,且其含量变化很大。陆生高等植物中含有较多的高相对分子质量奇碳数正构烷烃。这些烃主要来源于高等植物中的蜡。海相生物中低碳数正构烷烃的丰度较高,主峰以 n-C_{15}、n-C_{17}(n 表示"正构")为主。蓝绿藻来源的正构烷烃以 n-C_{14}~n-C_{19} 占优势。细菌合成的正构烷烃特征多变,但相对分子质量范围比植物蜡的正构烷烃小。正构烷烃的奇碳优势一般随埋藏深度、演化程度或变质程度增高而降低。现代沉积物和低成熟的生油岩、原油和油页岩中高相对分子质量正构烷烃普遍存在奇碳优势,古代沉积岩中正构烷烃的 CPI 值多在 1~3,原油多在 0.9~1.2。只有强还原条件下或碳酸盐岩、蒸发岩、含盐多的地层中有时出现偶碳优势。

2. 无环类异戊二烯

无环类异戊二烯是一类具有规则甲基支链、由多个异戊二烯单位组成的链状萜类,该类化合物也符合 C_nH_{2n+2} 通式。类异戊二烯的热稳定性以及抵抗微生物侵蚀的能力均强于正构烷烃。目前常见的无环类异戊二烯烃是姥鲛烷(Pr)和植烷(Ph),一般在强还原条件下或偏碱性环境中,以植烷为主,而在弱氧化条件下或酸性环境中利于形成姥鲛烷。因此,沉积有机质和原油中的姥鲛烷和植烷的相对含量可以指示原始有机质成岩转化的环境。另外,有机质成熟度也影响异戊二烯烃的分布,随成熟作用增强,Pr/Ph比值增大。

3. 萜类化合物

萜类是环状类异戊二烯化合物。在地质体中较常见的是三环二萜类和五环三萜类。其中三环二萜类也存在于褐煤、土壤、现代海相沉积物、石油和古代沉积物中。

萜类化合物主要来源于陆生高等植物。五环三萜烷在生物体中主要以酸、烯、醇的形式出现,且普遍存在于各种沉积物中。其中较典型的代表有藿烷。藿烷主要来源于细菌和蓝绿藻,少部分也可来源于热带树木、低等植物(如蕨类、地衣)等。沉积物和原油中常出现的 C_{27}~C_{35} 完整系列的地质藿烷类可能来源于细菌细胞壁。而高含量的

C_{35}升霍烷可能与沉积环境中强烈的细菌活动有关。

4. 卟啉化合物

卟啉由含卟啉的色素转化而来。常见的含卟啉色素包括：叶绿素、血红素和其他细胞色素。原油、沥青、煤、黑色页岩和沉积岩中的卟啉，多以稳定的金属络合物形式存在，如钒卟啉、镍卟啉等。

卟啉是缺氧还原环境形成的化合物。由于卟啉易氧化，因此可用来判断沉积时的氧化还原环境。另外，卟啉化合物的结构也随着有机质热演化程度而变化，因此可由此确定成熟度。

5. 脂肪酸

生物体中正脂肪酸的碳数范围为 $C_4 \sim C_{36}$，其中较高碳数部分具有偶奇优势。现代沉积物中的正脂肪酸碳数范围为 $C_{12} \sim C_{34}$，且也具有明显的偶奇优势。其偶奇优势指数 $CPI_A \gg 1$，一些湖相淤泥中正脂肪酸的 CPI_A 值可达 9 以上。

现代沉积物中脂肪酸偶碳优势分布与正烷烃的奇碳优势分布有一定的关系。在还原环境下，偶数的脂肪酸能够转化为奇数的正烷烃。脂肪酸的 CPI_A 的计算公式如下：

$$CPI_A = \frac{1}{2}\left[\frac{\sum C_{16} \sim C_{30}(\text{偶数})}{\sum C_{15} \sim C_{29}(\text{奇数})} + \frac{\sum C_{16} \sim C_{30}(\text{偶数})}{\sum C_{17} \sim C_{31}(\text{奇数})}\right]$$

古代沉积物中的正脂肪酸的分布特征明显不同于现代沉积物和生物体，其主要碳数为 $C_{16} \sim C_{24}$，且随埋藏深度和年代的增加，脂肪酸的偶奇优势逐渐消失。因此，脂肪酸的碳数分布不仅具有指示沉积环境意义，而且还可以指示有机质演化的成熟度。

第二节　元素的生物地球化学循环

一、元素生物地球化学循环的方式

元素的生物地球化学循环是指化学元素从环境到生物再到环境的循环过程，并伴随着元素的分散、富集以及对生物演化的影响。该循环涉及许多学科领域，包括地球化学、地理学、生态学、林学、环境学及医学等。

由于生物地球化学循环发生于生物-非生物复合系统中，因此每一循环都涉及储库和循环库。储库的规模较大，化学物质移动缓慢，常常是非生物成分；循环库的规模较小，化学物质活性大，容易在有机体及其邻近环境之间迅速交换。

基于储库和循环库的不同，生物地球化学循环可分为以下三种类型：① 气体型循环，其储库为大气圈（或称为大气分室）和水圈（或称为海洋分室），并可能成为生物-非生物复合系统的一部分；② 沉积型循环，储库为地壳或岩石圈，存在于生物-非生物复合系统之外；③ 过渡型循环，兼有气体型循环和沉积型循环的特点。

气体型生物地球化学循环主要包括碳、氮和氧等元素的循环。由于这些循环发生于质量较大的大气储库或海洋储库,因此其具有很强的自我调节作用,可视为良好的"全球缓冲体系"。例如,碳通过氧化或燃烧可以产生 CO_2,并使局部区域的 CO_2 浓度升高。但是,由于大气储库的缓冲作用、植物光合作用以及海洋储库中碳酸盐的形成,局部增高的 CO_2 又会很快降低到原来的水平。

沉积型生物地球化学循环是指 P、Fe、Cd 和一些放射性元素等的生物地球化学循环。由于该类循环向生物-非生物复合系统之外的地壳或岩石系统输入化学物质,因此其容易受到局部干扰。

过渡型生物地球化学循环包括 S、Si、As、Se、Pb 和 Hg 等的循环。由于存在生物甲基化作用,因此其具有气体型生物地球化学循环的特征。另外,由于存在着向海洋底部沉积的循环支路,该循环也具有沉积型生物地球化学循环的特点。例如,S 在海洋的沉积作用下可形成石膏和黄铁矿矿床。

二、元素的生物地球化学循环

对于元素的生物地球化学循环,可以用储库和物质流来描述各元素的循环状况。地球各圈层是各种元素的储库。各种元素在储库中的量可用储库的物质总量与其平均浓度的乘积计算。储库有两种类型:与生物圈相互作用的储库,称为活动的储库;不与生物圈相互作用的储库,称为不活动的储库。物质流是储库与储库之间的物质迁移。在多数自然作用下,储库与储库之间的物质迁移处于动态平衡中。若系统处于稳态,即可对物质流进行粗略的估算。

根据储库和物质流的数值,可以确定元素在地球各个圈层的滞留时间。即

$$t = m/(dm/dt) = m(dt/dm)$$

式中,t 为滞留时间;m 为元素在储库中的质量;dm/dt 为元素输入到储库或从储库输出的速率。

目前对碳、氮、硫、磷、氧、硅、铁、锰等元素的生物地球化学循环已有较详细的研究,对铅、砷、硒、汞、镉等元素的生物地球化学循环也有一些研究,但还需进一步深入和完善。

1. 碳的生物地球化学循环

目前,已知的碳化合物已经超过一百万种以上。各种与碳有关的循环主要涉及碳的三种价态之间的转化(图 9-2)。这种转化使碳在生物圈中处于不断生成、转移和降解的"流动"过程中。即:大气储库的 CO_2 被陆地储库和海洋储库中的植物和介质吸收后,通过绿色植物的光合作用把无机碳转化为有机碳;然后通过生物学和生态化学过程以及人类活动又把有机碳转化为 CO_2 并返回到大气储库(图 9-3)。

平衡常数对数值：$CO_2 \xrightarrow{(-5.03)} C_6H_{12}O_6 \xrightarrow{(142.51)} CH_4$

碳的价态：[＋4]　　　　　[0]　　　　　　　[－4]

图 9-2　碳的三种主要价态及其相互转化

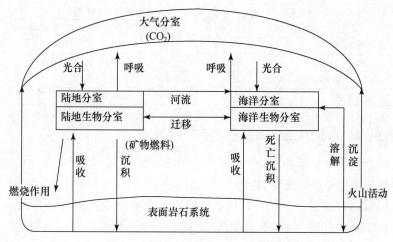

图 9-3　碳生物地球化学循环的一般模式
（据周启星等，2001）

碳在地球系统的主要储库和全球流通量列于表 9-7 和 9-8。

表 9-7　碳的主要储库

储　　库		数量/(10^{15} g)	储　　库		数量/(10^{15} g)
大气圈	二氧化碳	729	陆地生物群和土壤	生物群	560
	甲烷	3.4		枯枝落叶	60
	一氧化碳	0.2		土壤	1500
	大气圈总计	733		泥炭	160
海洋	溶解的无机碳	37400		大陆总计	2280
	溶解的有机碳	1000	岩石圈	沉积物	56000000
	颗粒有机碳	30		岩石	9600000
	生物群	3		岩石圈总计	66000000
	海洋总计	38400			

据国际环境与发展研究所，世界资源研究所编；中国科学院，国家计划委员会资源综合考察委员会译，世界资源，1987；转引自邓南圣，2000。

表 9-8　碳的全球流通量

过程		流通量 /(10^{15} g·a^{-1})	过程		流通量 /(10^{15} g·a^{-1})
大气至陆地	大气到绿色植物(净流入)	55	海洋至大气	表层水到大气	90.0
陆地至大气	土壤呼吸	55	海洋至海洋	生物周转	40
	矿物燃料的燃烧(1979～1982)	5.1～5.4		来自表层水的碎屑	4
	砍伐森林(净值)	0.9～2.5		从表层水至深层水的循环	38
	河流搬运(无机碳)	0.7		从深层水至表层水的循环	40
	河流搬运(有机碳)	0.5	海洋至岩石圈	沉积(无机碳)	0.15
大气至海洋	大气到表层水	92.5		沉积(有机碳)	0.04

据国际环境与发展研究所,世界资源研究所编;中国科学院,国家计划委员会资源综合考察委员会译,世界资源,1987;转引自邓南圣,2000。

2. 氮的生物地球化学循环

在生物-非生物复合系统中,氮的生物地球化学循环表现在氮的多种价态和多种化合物之间的相互转化(图 9-4)。在活组织的有机化合物中,氮以－3 价形式存在。在大气和海洋储库中,氮气(0 价)和亚硝酸盐(＋3 价)占主导地位。由于土壤硝化细菌的氧化作用,土壤常存在硝酸盐(＋5 价)。大气颗粒物中所含的氮,主要以－3 价和＋5 价为主。

$$NO_3^- \xleftrightarrow{(13.03)} (NO_2)_g \xleftrightarrow{(15.61)} NO_2^- \xleftrightarrow{(19.77)} (NO)_g \xrightarrow{(27.11)} 1/2\ (N_2O)_g$$
$$[+5]\qquad\quad [+4]\qquad\quad [+3]\qquad\quad [+2]\qquad\qquad [+1]$$

$$1/2(N_2O)_g \xleftarrow{(26.93)} 1/2\ (N_2)_g \xrightarrow{(13.92)} NH_4^+$$
$$[+1]\qquad\qquad\quad [0]\qquad\qquad\quad [-3]$$

图 9-4　氮价态的相互转化

箭头上方括号表示两化合物之间氧化还原半反应的平衡常数对数值

氮从一种储库向另一种储库的迁移,或从一种化学形式转变为另一种化学形式,都是通过生命代谢活动或生物体作用进行的。另外,一些微生物类群或生物酶也参与了这种转化。因此,氮的循环需要在生物的参与下才能正常进行。

由图 9-5 可以看出,氮的生物地球化学循环兼有气体型循环和沉积型循环的特点。当氮气转变为氮的有机化合物时,氮的气体型循环转化为沉积型循环。与此相反,蛋白质降解可转化为氨基酸和氨。这两个"互逆"的转化过程,构成了完整的氮循环过程。表 9-9 和 9-10 分别给出了氮在全球各圈层的储存和流动。

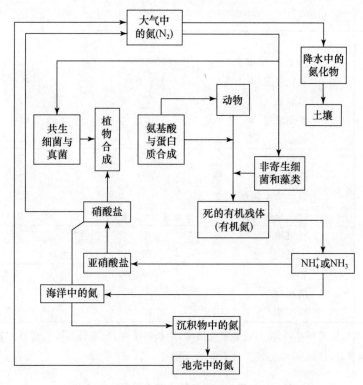

图 9-5 生物-非生物复合系统中氮生物地球化学循环的定性模式

（据周启星等,2001）

表 9-9 氮的储存

储 存	形 态	氮量/10^9 t	占各储库总数百分比/%
大气圈	分子态氮(N_2)	390000	>99.999
	氧化亚氮(N_2O)	1.4	<0.0001
	氨(NH_3)	0.0017	<0.0001
	铵基(NH_4^+)	0.00004	<0.0001
	氧化氮＋二氧化氮(NO_x)	0.0006	<0.0001
	硝酸盐(NO_3^-)	0.0001	<0.0001
	有机氮	0.001	<0.0001
海 洋	植物生物量	0.3	0.001
	动物生物量	0.17	0.0007
	微生物生物量	0.02	0.0006
	死亡有机物(溶解态)	530	2.3
	死亡有机物(颗粒态)	3～240	0.01～1.0

储　存	形　态	氮量/10^9 t	占各储库总数百分比/%
	分子氮（溶解态）	22000	95.2
	氧化亚氮	0.2	0.009
	硝酸盐	570	2.5
	亚硝酸盐	0.5	0.002
	氨基	7	0.003
陆地生物圈	植物生物量	11～14	2.6
	动物生物量	0.2	0.04
	微生物生物量	0.5	0.1
	杂乱废物	1.9～3.5	0.5
土壤	有机物	300	63
	无机物	160	34
岩石圈	岩石	190000000	99.8
	沉积物	40000	0.2
	煤矿床	120	0.00006

据国际环境与发展研究所,世界资源研究所编;中国科学院,国家计划委员会自然资源综合考察委员会译,世界资源,1988～1989;转引自邓南圣,2000。

表 9-10　氮的全球流通量

部分流动类型		估测值 /(10^6 t·a^{-1})	部分流动类型		估测值 /(10^6 t·a^{-1})
生物的	陆地	44～200	热带和亚热带	森林及林地	3.4～11.4
	海洋	1～130		施肥农田	0.4～1.2
工业的	NO_x 的形成作用	90		矿物燃料燃烧	3～5
	闪电	<10		生物质燃烧	0.5～0.9
	土壤释放	10～15	沉降作用	NO_x（干和湿）	40～116
	矿物燃料燃烧	22		NH_3/NH_4^+（干和湿）	110～240
	生物质燃烧	7～12	入海河流径流		26
N_2O 的形成作用	海洋	1～3			

据国际环境与发展研究所,世界资源研究所编;中国科学院,国家计划委员会自然资源综合考察委员会译,世界资源,1988～1989;转引自邓南圣,2000。

3. 磷的生物地球化学循环

磷有四种价态：-3,0,+3 和 +5 价(图 9-6)。与这些价态有关的化合物分别为：

磷化氢(PH_3),元素磷(P,常呈无定形形式),亚磷酸盐及其共轭碱(H_3PO_3、$H_2PO_3^-$、HPO_3^{2-}),磷酸及其共轭碱以及正磷酸盐(H_3PO_4、$H_2PO_4^-$、HPO_4^{2-}、PO_4^{3-})。

$$H_3PO_4 \xrightarrow{\ (-9.49)\ } H_3PO_3 \xleftarrow{\ (-51.36)\ } P \xleftarrow{\ (-2.03)\ } PH_3$$
$$[+5] \qquad\qquad [+3] \qquad\qquad [0] \qquad\qquad [-3]$$

图 9-6　磷价态的相互转化

箭头上方括号表示两化合物之间氧化还原半反应的平衡常数对数值

在生物-非生物复合系统中,磷的存在形式主要为+5价,其地球化学过程表现为各种磷酸盐之间的相互转化。即磷的生物地球化学循环实质上是磷酸盐之间的循环。磷酸盐的存在形式基本上可以分为三大类:可溶性鳞、颗粒磷和有机磷。

在生物-非生物复合系统中,磷循环过程主要包括:从岩石风化释放;被陆地生物的吸收及通过降解返回到土壤储库;通过地下水与土壤颗粒之间的交换反应;在淡水湖泊中的迁移转化;通过河流向海洋的搬运。图 9-7 给出了磷在不同储库中的量及年自然流通量。

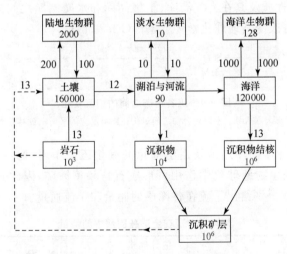

图 9-7　环境中磷的储量及年自然流通量(单位:10^6 t)

(据 Hutzinger,1980;转引自邓南圣,2000)

4. 硫的生物地球化学循环

硫的生物地球化学循环包括:气体型循环和沉积型循环两种循环过程(图 9-8)。

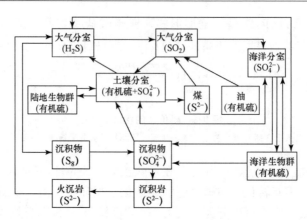

图 9-8　硫的生物地球化学循环的基本方式

(据周启星等,2001)

　　硫最重要的生物地球化学作用是参与活的有机体功能。在生物能的作用下,硫可以从一种价态转化为另一种价态(图 9-9)。含有硫的各种有机和无机化合物,控制着硫的生物地球化学性质及其在大气储库、土壤储库和水圈储库之间的分布。活的有机体,尤其是细菌还可改变其地球化学环境条件(Eh 和 pH)。

$$SO_4^{2-} \xleftrightarrow{\ (3.73)\ } SO_3^{2-} \xleftrightarrow{\ (39.51)\ } S \xleftrightarrow{\ (-7.24)\ } S_2^{2-} \xleftrightarrow{\ (-7.8)\ } S^{2-}$$
$$[+6] \qquad\qquad [+4] \qquad\quad [0] \qquad\quad [-1] \qquad\quad [-2]$$

图 9-9　硫各价态之间的相互转化

箭头上方括号表示两化合物之间氧化还原半反应的平衡常数对数值

　　硫的生物地球化学循环还涉及由酶催化的氧化还原作用(酶通常含有 Fe、Cu、Zn 及其他金属)。硫的生物地球化学作用可形成石膏和黄铁矿,因此其也参与了沉积循环。表 9-11 和 9-12 分别给出了硫在各圈层的储量和年流通量。

表 9-11　硫在全球各圈层中的储量

圈　　层		估计储量 /(10^{20} g)	圈　　层		估计储量 /(10^{20} g)
大气圈	对流层(至 11 km)	40	岩石圈	沉积物	3000
	整个大气圈	52		沉积岩	29000
土壤圈		16		变质岩	76200
水　圈	河流和湖泊	2		火成岩	189300
	地下水	81			
	两极冰帽、冰川、冰河	278			
	海洋	13480			

据 Hutzinger,1980;转引自邓南圣,2000。

表 9-12　环境中硫的年流通量

硫的来源	估计值/(Tg·a^{-1})	硫的来源	估计值/(Tg·a^{-1})
陆地生物过程(H_2S,SO_2)	3~110	沉积(黄铁矿)	7~36
海洋生物过程(H_2S,有机物)	30~170	隆起地壳地热水活动(SO_4^{2-})	129
污染(SO_2,SO_4^{2-})	40~70	黄铁矿侵蚀	11~69
海洋溅沫(SO_4^{2-})	40~44	$CaSO_4$侵蚀	25~69
火山排放至大气(H_2S,SO_2)	1~3	肥料的使用	10~69
火山排放至土壤圈	5	大气平衡:陆地至海洋	−10~20
海洋上空降雨(SO_2,SO_4^{2-})	60~165	大气平衡:海洋至陆地	4~17
陆地上空降雨(SO_2,SO_4^{2-})	43~165	大气圈内的平衡	−1~20
陆地上空干沉降(SO_4^{2-})	10~165	土壤内的平衡	−1~110
海洋吸收(SO_2)	10~100	水圈内的平衡	0~117
植物吸收(H_2S,SO_2,SO_4^{2-})	15~75	岩石圈内的平衡	−139~−8
河流径流(SO_4^{2-})	73~136		

据 Hutzinger,1980;转引自邓南圣,2000。

第三节　生物圈的形成和演化

一、生命的起源

生命的起源和演化与宇宙的起源和演化密切相关。生命组成元素,如 C、H、O、N、P 和 S 等都是"宇宙大爆炸"后的元素演化产物。已有许多资料表明,在星系演化中某些生物单分子,如氨基酸、嘌呤、嘧啶等形成于星际尘埃或凝聚的星云中,接着形成了多肽、多聚核苷酸等生物大分子。

通过遗传密码的演化和若干前生物系统的过渡形式最终在地球上产生了最原始的生物,即具有原始细胞结构的生命。生命由此开始演化,直到今天在地球上产生了无数复杂且先进的生命形式,包括人类这样的智慧生物。

1. 生命起源的三个阶段

Oparin(1957)认为地球上的生命是由无生命物质长期进化发展而来,其经历了以下三个阶段:

(1)形成最简单碳氢化合物及其衍生物阶段;

(2)形成复杂有机物如蛋白质、核酸阶段;

(3)复杂有机物转化为简单生命体系阶段。

上述过程都应在海洋中进行,且至少开始于最老的沉积岩形成之前。地层中的叠层石和细菌化石表明大约 3.6 Ga 以前就已经存在生物了。

2. 生命形成的条件

（1）物质条件：现代生物有机体的主要物质组成是 C、H、N、O、P、S 等元素。宇宙化学研究已经证明这些元素普遍存在于天体和星际空间。

（2）水：地球上的生命起源于水中，水是生命不可缺少的物质。

（3）适宜的温度：如果温度太高，生物有机分子将发生分解，而温度过低又会使生命过程趋于缓慢甚至停止，因此生物需要适宜的生长温度。如果生命形成于水中，温度大致介于 $0 \sim 100\ ℃$ 之间。

（4）一定数量和质量的大气：生物的生存必须不断与周围环境进行物质交换，生命不可能存在于没有大气的环境中。

（5）一定量的光和热。

3. 生命形成的环境

John Corliss(1989)曾经提出，生命形成于海底喷发的温泉或其周围环境的假说。这已经得到许多地质记录的支持。太古代热液喷发孔所发生的反应，可形成许多复杂的有机分子。该环境水的温度超过 $200\ ℃$。沿现代洋脊分布的热液孔，喷发出的热水含有许多种气体，如 CO_2、CH_4 和 NH_3 等，这些气体是形成有机分子的基础。

以下是海底温泉喷发孔形成生命过程的可能事件(图 9-10)：

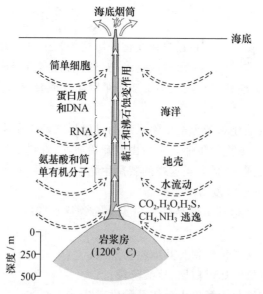

图 9-10　在导致生命起源的海底温泉喷发孔可能发生的一系列事件

(据 Condie and Sloan, 1997)

(1) 在喷发孔的深部环境,高温产生有机分子;在浅部较低温度下,形成了氨基酸、RNA 和 DNA。

(2) 在喷发孔壁缘上形成的蚀变产物,如沸石、黏土矿物,为复杂有机分子的形成提供了有利的反应场所。

(3) 在喷发孔的浅部区域,产生了糖类和其他复杂的化合物。

(4) 接近喷发孔顶部,形成了原始的异养细胞。这些细胞利用气体(H_2S)的氧化获取能量。

目前在海底喷发孔附近聚集的现代异养微生物群落与该模型一致。在太古代,火山作用非常频繁,与此同时,温泉在地球上广泛分布,这就大大增加了生命在这种环境中形成的可能性。

二、地球生物圈的演化

地球生物圈的演化分为两个阶段:前生物的化学演化和生物学演化。

前生物的化学演化:通常把最简单的生命(有细胞结构的原始生命)出现之前的演化过程称为前生物的化学演化(或前生物的演化)。

生物学演化:把原始生命出现之后的演化叫做生物学演化。

介于化学演化和生物学演化之间的演化为过渡阶段。

(一) 前生物的化学演化(3.8 Ga 以前)

1. 前生物演化阶段

(1) 简单生物单分子的形成:例如,氨基酸、嘌呤、嘧啶、单核苷酸、ATP 等高能化合物、脂肪酸、卟啉等的非生物合成。它们可以在地球上形成,也可以来自宇宙空间。

(2) 由生物单分子聚合为生物大分子(多聚化合物):例如,由氨基酸聚合为多肽或蛋白质;由单核苷酸聚合为多核苷酸等。最重要的生物大分子是蛋白质和核酸,前者构成生物体,后者是遗传信息的载体。蛋白质由多肽链构成,多肽由氨基酸聚合形成。核酸是由核苷酸聚合而成的大分子,核苷酸由核苷(核糖+碱基)与磷酸根构成。

2. 过渡阶段

从化学演化过渡到生物学演化是一个十分复杂的演化过程,至今尚不清楚,其大致应当包含以下的主要过程:

(1) 生物大分子自我复制系统的建立;

(2) 遗传密码的形成(蛋白质合成纳入核酸自我复制系统中);

(3) 分隔的形成(通过生物膜使生命结构与外界环境相对地分隔,使生命结构内部不同部分相对地分隔)。

非生命系统的自我组织能力提供了由化学演化到生物学演化过渡的可能性。这个阶段可能涉及物理化学、胶体化学,还涉及生物大分子的特殊的自我组织特性。一般来说，中间阶段应属于前生物演化，因为该过程主要受化学或物理学作用影响。然而，当大分子的自我复制系统建立后，则自然选择起主导作用，所以也表现出生物学演化特点。

(二) 生物学演化(3.8 Ga 以后)

地球上第一个单细胞原始生命的出现标志着生命演化进入了一个新阶段——生物学演化。生物学演化又可划分为早期和晚期两个阶段。

早期生物学演化：又可称为细胞演化阶段。因为这一时期的生命处于单细胞阶段，演化主要表现在单个细胞内组织水平的提高，包括细胞结构的复杂化(如由原核细胞过渡到真核细胞)、代谢方式的演变等，同时伴随着生态学歧异和物种的歧异(但规模较小)。最早的多细胞后生动物和后生植物的出现标志着这个阶段的结束。

晚期生物学演化：又可称为组织器官演化阶段或系统演化阶段。因为这一时期的生命已经达到多细胞阶段，演化主要表现在组织的分化、器官及其功能的复杂化和完善化；这个过程是通过种群内的选择、隔离、物种形成和物种替代而实现的。该时期的生物在细胞结构和代谢方式上没有显著的改变，演化只是表现在细胞以上结构层次的组织化程度的提高和大规模的生态学歧异和物种歧异。虽然早期生物学演化也伴随着物种歧异，但规模相对较小。而后期生物学演化中新种的形成和旧种的灭绝构成了演化的主要内容，所以也可以称之为系统演化阶段(张昀，1989)。

三、地球生物圈演化的证据

(1) 3.8 Ga 以前主要是化学演化。C、H、O、N、P、S 等元素结合形成生物小分子→生物大分子→蛋白质、核酸→遗传密码→细胞→原核生物。

(2) 3.5 Ga，光合作用开始，微生物化石出现，如澳大利亚 Warrawoona 微生物化石群以及层状叠层石；在南非 Swaziland 超群(3.4 Ga)的古老岩系中也有简单层状叠层石存在。

(3) 2.0 Ga 前，大气圈的自由氧开始积累，原核生物向真核生物过渡。直接和间接的证据表明，由原核细胞向真核细胞的过渡发生在 1.3～2.0 Ga 前。

(4) 0.7～1.0 Ga 前，单细胞向多细胞演化，出现了后生植物和后生动物，组织和器官分化。

(5) 0.7 Ga 以后，系统演化，物种歧异和替代，器官复杂化和完善化。

物种歧异度的显著增长发生在大约 0.6 Ga 前，这时无脊椎动物骨骼化和藻类植物的钙化促使生物适应大的辐射。与此同时，叠层石几乎是"突然"衰落，标志着蓝藻繁盛时期的结束。

后生动植物出现之后，生物演化的主要内容由代谢途径和细胞结构的演化转入到组织器官的复杂化和物种歧异，即由细胞演化转入到系统演化。

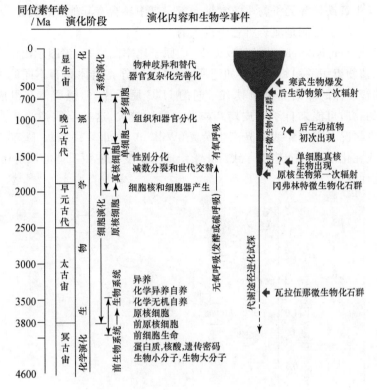

同位素年龄/Ma　演化阶段　演化内容和生物学事件

图 9-11　地球上生物演化的历程示意图

（据张昀,1989）

第四节　煤和石油地球化学

一、煤的地球化学

1. 分类和组成

煤一般可划分为两类,即腐殖煤和腐泥煤。腐殖煤主要由维管植物遗骸形成。这类煤发亮,成层,经历了腐殖化的泥炭阶段。主要的有机组分来自木质组织的腐殖化,有光泽,呈黑色或茶褐色。腐泥煤不具层理,发暗,形成于平静的、缺氧的浅水域有机泥环境中,未经历泥炭阶段。腐泥煤具有外来的有机质和矿物质,但其有机组分仍以本土的藻类残留物和泥沼植物的降解产物为主。腐泥煤可进一步划分为烛煤和烟煤。烟煤(或藻烛煤)具有大量的藻类残留物和真菌物质,烛煤中孢子含量较高。

煤的主要元素是碳、氢、氧、氮和硫。氧主要以羧基、酮、羟基(酚和醇)和甲氧基存在,其相对含量随埋藏深度各异。氮存在于胺和芳环中。硫存在于硫醇、硫化物和芳环中,硫也是煤中黄铁矿等无机物质的常见元素。煤中还含有其他金属元素,它们可能是生物成因的物质,也可能是成岩过程中进入的。

　　图 9-12 是 van Krevelen 图解(O/C-H/C 原子比率图解)。该图示出了一些主要的显微组分和植物组织的初始位置。如图所示,显微组分壳质体具有不同的组成。尽管组成无结构镜质体的非结晶物质具有不同的 H/C 原子比,但镜质体在组成上比较一致,含氢高的物质可能来自于表皮蜡。如果浓度比较大,这种物质抑制镜质体的反射比,在不成熟情况下在紫外线蓝光产生荧光(Wilkins et al.,1992)。随着成熟度的增加,所有组成在化学组分上趋于一致。化学组成上的变化使镜质体的反射比增加,而壳质体的荧光性降低。

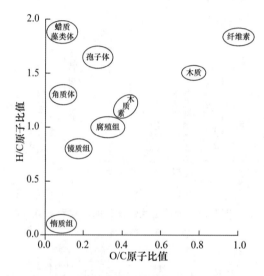

图 9-12　在 van Krevelen 图解中主要煤显微组分和植物组织的化学组成

(据 Tissot and Welte,1984;Hedges et al.,1985)

2. 煤的形成

　　腐殖煤的形成经历了两个阶段,即泥炭化作用和煤化作用。煤化作用可进一步划分为:生物化学阶段和地球化学阶段。泥炭化作用和早期煤化作用(生物化学阶段)的主要营力是生物,其在时间上与成岩作用相当。晚期煤化作用(地球化学阶段)主要是温度和压力增加的结果。由于生物和物理化学作用之间通常有一些重叠,所以煤化作用的两个阶段的界线并不清楚。

　　除了用成熟度描述煤所经历的泥炭化作用和煤化作用阶段外,腐殖煤也可按以下阶段划分:泥炭、褐煤、次烟煤、烟煤和无烟煤(表 9-13)。

表 9-13 煤的 ASTM 等级分类

煤等级（ASTM）	挥发分/%	固定碳/%	镜质体反射比/%	湿度/%	热值/(kJ·kg^{-1})
泥炭	＞63	＜37	＜0.25	＞75	＜14700
褐煤	53～63	37～47	0.25～0.4	30～75	14700～19300
次烟煤	42～53	47～58	0.4～0.65	10～30	19300～27300
高挥发分烟煤	31～42	58～69	0.65～1.1		27300～36100
中挥发分烟煤	22～31	69～78	1.1～1.5		
低挥发分烟煤	14～22	78～86	1.5～1.9		
半无烟煤	8～14	86～92	1.9～2.5		
无烟煤	2～8	92～98			
超无烟煤	＜2	＞98			

ASTM：美国材料实验协会。据 Killops et al.，2005。

对于腐殖煤和腐泥煤，可以用其 van Krevelen 图解（图 9-13）确定泥炭化作用和煤化作用的程度。例如，根据腐殖煤中 O/C 的比值可判断成岩过程中含氧功能团的变化，这主要归因于 CO_2 和 H_2O 的改变，但 H/C 的比值变化小。相反，腐泥煤最初含少量的氧，但氢的含量比较高，主要集中在富含脂类的显微组分中，在所有阶段的演化中都有氢的损失和 H/C 比值的降低。对于腐殖煤转变的主要序列，成岩作用最终结果是 O/C 原子比大约是 0.1。在这一点上，不同显微组分的原子比开始趋于一致，随后主要的变化是 H/C 比值的降低。

对比图 9-12 和图 9-13 可以看出，藻类体和木炭（褐煤）位于腐殖煤和腐泥煤演化途径的低成熟度一端，腐殖煤经历了腐殖组（等同于褐煤等级）、镜质组（等同于次烟煤等级）和惰质组的演化。

最早的成煤作用始于震旦纪。前寒武纪至早古生代，在海洋边缘斜坡带或边缘海盆地，营养丰富，细菌和藻类大量繁殖，形成了以藻类为主要成煤植物的腐泥煤。腐泥煤储量以早寒武世最多，其次为早志留世。早泥盆世，由绿藻类进化而来的裸蕨植物开始进入陆地环境，但由于植物体矮小，分布比较稀疏，仅形成炭质泥岩及厚度不大的薄煤层。直到晚石炭世，才有重要的煤矿床形成。晚石炭世是"烟煤时期"，这时出现茂密的森林沼泽，形成的煤层厚度大，分布广。在中生代，特别是侏罗纪和早白垩世，裸子植物是主要的成煤植物。第三纪的沼泽植物多样化，形成了具有许多不同煤相类型的厚层泥炭沉积（陈骏，王鹤年，2004）。

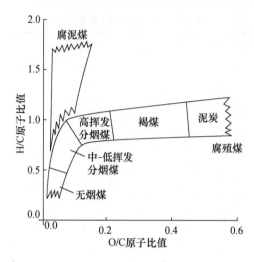

图 9-13　腐泥煤和腐殖煤主要演化趋势的 van Krevelen 图解

(据 Killops et al.，2005)

二、石油的地球化学

1. 石油的组成

原油主要由碳和氢两种元素组成,表 9-14 列出了原油元素组分的变化范围。根据原子比,每 1000 个碳原子大约有 1600~2200 个氢原子、25 个硫原子、40 个氧原子和 15 个氮原子。大多数氮、氧和硫与胶质和沥青质有关,所以它们经常被称作极性 NSO 化合物。有一定数量的硫赋存在中等相对分子质量的烃类中,主要是芳香族的噻吩。原油中还有不同含量的金属元素,尤其是镍和钒,以微量存在于极性 NSO 化合物中。

表 9-14　原油元素组成范围

元　素	丰度/wt%	元　素	丰度/wt%
C	88.2~87.1	O	0.1~4.5
H	11.8~14.7	N	0.1~1.5
S	0.1~5.5	其　他	≤0.1

据 Levorsen,1967。

根据石油中不同组分对有机溶剂和吸附剂具有选择性溶解和吸附的特性,将组成石油的化合物划分为饱和烃、芳香烃、胶质和沥青质,即石油的族组成。烃类(饱和烃和芳香烃)是由碳和氢两种元素组成的化合物,占原油成分的 97%~99%,其余以含硫、含氮和含氧化合物存在于胶质和沥青质中。石油烃类分属于链烷烃、环烷烃和芳香烃,在不同原油中各类化合物的比例变化相当大,相应的原油按占优势烃类的化合物类型分为石蜡型、环烷型和芳香型原油。

天然气主要由气态的低分子烃和非烃气体组成。天然气的组成变化很大,大多数天然气中烃类气体是主要成分,非烃成分不超过10%。甲烷在天然气中占有很高的比例,次要的烃类组分是乙烷、丙烷、丁烷、异丁烷、戊烷、异戊烷;非烃类气体主要有二氧化碳、硫化氢、氮气和微量的氦,它们一般含量不高,但少数情况下可聚集成气藏。根据甲烷以上重烃气体的含量,可将天然气分为干气和湿气。重烃含量低于5%的称为干气,反之,则为湿气。

2. 石油的成因

目前认为石油来源于有机质的埋藏与转化。在海相和湖相盆地的发育过程中,生物体死亡进入沉积物,并随沉积物一起埋藏。沉积有机质在埋藏过程中,经历了生物化学、热催化、热裂解及高温变质等地质地球化学过程,逐渐转变为石油。沉积有机质在不同的埋藏深度范围内,由于各种地质条件的差异,致使沉积有机质的转化反应及主要产物都有明显的区别。

沉积有机质在早期成岩过程中,埋藏在地下数米至数百米处。由于细菌和生物化学降解作用,产生少量的烃类和挥发性气体,其中甲烷含量在95%以上,而少量的液态石油来自于生物降解或原始有机质,都保持了原始有机质的结构特征,构成生物标志化合物,而固体有机质则由于缩聚作用形成干酪根。

当有机质埋藏深度超过1500~2500 m时,有机质进入成熟阶段,经受的温度(60~200℃)较高,促使有机质转化的主要因素是热催化作用,形成了大量的烃类。这一阶段产生的烃类已经成熟,在化学结构上明显不同于原始有机质,正烷烃、环烷烃和芳香烃碳原子数及相对分子质量逐渐减少,奇数碳优势消失,其与石油的成分相似。

在高成熟阶段(有机质埋藏深度超过3500~4000 m),由于温度超过了烃类物质的临界温度,干酪根在继续断开杂原子官能团和侧链的同时,大量的C—C键开始裂解,高相对分子质量液态烃急剧减少,低相对分子质量正烷烃明显增加,形成凝析油和湿气。

当埋藏深度超过4000 m时,有机质进入变质阶段,以高温高压为主要特征,已形成的液态烃和重质气态烃强烈裂解,形成热力学上最稳定的甲烷,干酪根则释放出甲烷后进一步缩聚,这是天然气生产的主要阶段(陈骏,王鹤年,2004)。

3. 干酪根的成熟度和烃组分

形成于特定干酪根的烃的数量及其组成随着成熟度的增加而变化(图9-14)。唯一在成岩过程中存在的烃是由甲烷细菌形成的甲烷。甲烷生成作用是深部条件下(温度为75℃)的最后一次生物过程。

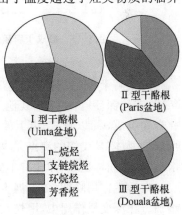

图9-14 成油高峰期由不同类型干酪根形成烃的分布

(据 Tissot and Welte, 1984)

随着埋藏深度的增加和温度的升高,烃类与干酪根分离。随着成熟度的增加,烃的碳数减少。据此可将后生作用过程中烃的生成划分为两个带:油生成带和湿气带。

在油生成带("油窗"),形成一定数量具有从小相对分子质量到中等相对分子质量的液态烃。开始形成的液态烃具有较高的相对分子质量(平均组成 $C_{34}H_{54}$),但随着温度的升高,烃的相对分子质量降低。其平均组成列于图 9-15。油形成的温度范围为 $100\sim150$ ℃($2.5\sim4.5$ km,Mackenzie et al,1988)。

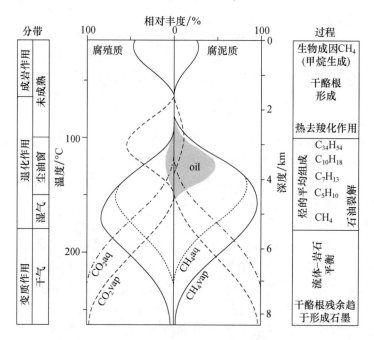

图 9-15　形成于腐殖质和腐泥质的含 C 流体随温度的增加组分的变化

(据 Killops et al.,2005)

温度高于 230 ℃时可以生成气体。近地表的气体主要由甲烷生成作用产生的甲烷组成,在较深环境,甲烷和其他烃类气体由干酪根热蚀变产生。气相烃类由 $C_1\sim C_4$ 的化合物组成,C_6 以及 C_6 以上的烃类化合物为液态。具 C_5 的烃类在地表可以是气体也可以是液体(异戊烷的沸点是 28 ℃,而正戊烷的沸点是 36 ℃)。石油含有不同数量的溶解气体,同样地,气体含有不同数量的溶解烃类(一般是液态)。

在后生作用晚期,随着温度的升高以及干酪根的演化,气相产物中甲烷的比例快速增加。在深变质作用中,甲烷是唯一可以释放的烃类。

Mackenzie 等(1988)曾提出一种简单的石油成因模型。该模型将干酪根划分为以下三种组分:不稳定组分、难熔组分和惰性组分。不稳定干酪根(例如类脂组聚甲烯部分)主要产生油;难熔干酪根(来源于木质素的镜质组)产生气体;惰性干酪根(惰质组)不产生烃。不稳定和难熔干酪根产生的石油称为活性干酪根。从惰性干酪根中可以除去 H、O、S、N 元素(例如 H$_2$O、H$_2$S、SO$_2$、N$_2$)而形成残余碳。其条件和过程可概括如下(图 9-16):

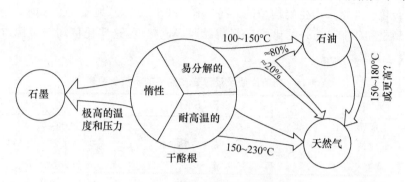

图 9-16　干酪根形成石油的温度范围

(据 Mackenzie et al. ，1988)

(1) 大多数原油形成于 100～150℃；

(2) 大多数天然气形成于 150～230℃；

(3) 当温度升高时,源岩中剩余的原油可裂解为天然气。

在 150～180℃,液态原油可裂解为天然气,即温度大于 160℃时液态原油不能稳定存在(Mackenzie et al. ，1988)。但最近发现一些含正烷烃的轻油在高温(大约200℃)下仍可稳定存在(Vandenbroucke et al. ，1999)。

三、生物标志化合物的应用

1. 有机质的来源及沉积环境研究

含油气盆地,生油岩中有机质的分布、数量和质量决定了生油岩的生烃潜力。不同类型有机质、不同沉积环境都有着不同的生物标志物组合。例如,当姥鲛烷与植烷的比值 Pr/Ph>3 时,常与含煤岩系有关,而半咸水-咸水湖泊中含碳酸盐和少量蒸发盐的生油岩系及其生成的原油则以高伽马蜡烷指数、低 Pr/Ph 值、丰富的胡萝卜烷和明显富 C$_{22}$ 的正构烷烃为特征。

沈忠民等(1999)对中国不同成油环境中的低成熟石油生物标志化合物特征研究认为:中国的低成熟石油或其烃源岩的 Pr/Ph 值大多为 0.2～0.8,少数为 0.8～2.8。其中 Pr/Ph 值为 0.2～0.8 时代表咸水深湖相的强还原沉积环境,而在 0.8～2.8 时为淡-咸水深湖相的还原环境。

2. 判断有机质的成熟度

通过对烃源岩抽提物进行详细的生物标志化合物进行分析,可以研究烃源岩的热演化程度。目前常用的成熟度指标是 C$_{29}$- 甾烷。它包括生物构型(5α14α17α)和地质构型（5α14β17β）。

该方法研究成熟度的原理是随着热演化程度升高，生物构型异构体将向地质构型的异构体转化。通常采用生物构型的 ααα-20R/(20S+20R)、地质构型（αββ）、生物构型和地质构型之和（αββ+ααα）的比值来判断烃源岩成熟度，这些比值均与烃源岩成熟度成正比（表 9-15）。

表 9-15 判断原油及烃源岩成熟度的甾烷参数表

参　　数	$C_{29}\,\alpha\alpha S/(S+R)$	$C_{29}\,\beta\beta/(\alpha\alpha+\beta\beta)$
未成熟	<0.25	<0.25
低成熟	0.25～0.38	0.25～0.43
成熟	0.38～0.5	0.43～0.46
高成熟	>0.5	>0.46

据陈建渝等，1989；转引自彭兴芳，2006。

3. 油源对比

进行含油气盆地不同油井、区块及储层之间的油油或油源对比，对于认识油气藏的形成及寻找新的远景区具有重要意义。生物标志物在进行该研究中可以发挥重要作用。

唐友军等（2006）通过对塔里木盆地柯克亚油田及该地区侏罗系和二叠系岩石的生物标志物特征研究发现，二叠系岩石中重排霍烷、C_{30}-未知萜烷含量丰富，侏罗系岩石中重排霍烷含量较低，但检测到二萜类化合物，而在二叠系源岩中未检测到该类化合物。前者与柯克亚原油具有重排霍烷、C_{30}-未知萜烷发育的特征一致，因此他们认为柯克亚原油的物质主要来源于二叠系烃源岩，侏罗系烃源岩仅有少量贡献（图 9-17）。

4. 生物降解

当储层受构造运动被抬升到浅处或地表时，其中的原油将被氧化或被细菌降解，从而使原油失去各种烃类，富集氧、氮、硫等组分而形成高比重、高黏度的重油。

已有研究表明，各类生物标志物在生物降解过程中的损失顺序为：正烷烃（最易降解）<类异戊二烯烃<甾烷<霍烷<重排甾烷<芳香甾烷（最难降解）。例如，黄海平等（2002）采用 $C_{30}\,\alpha\beta$ 霍烷/(Pr+Ph) 比值很容易识别出生物的降解作用（图 9-18）。

5. 油气运移及聚集研究

在盆地中油气可以与地下水一起运移，并在特定的部位聚集成藏。这种运移过程的信息可以通过研究生物标志物来获得。其原理是地层中的黏土矿物对有机化合物具有选择性吸附的性质。这使得原油中某些组分和某些生物标志物被滞留，而相对富集易于运移的组分（色层效应）。例如，长链三环萜和霍烷之间，甾烷中 αββ 组分和 ααα 组分之间，单芳甾烷和三芳甾烷之间，前者较之后者更易于运移。因此，根据上述两组分之间的相对含量即可进行油气运移方面的研究。

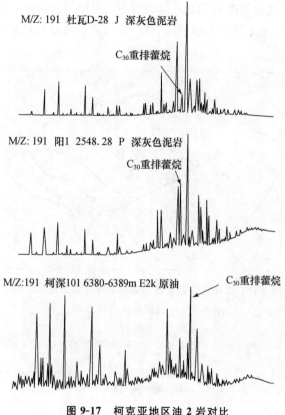

M/Z: 191　杜瓦D-28　J　深灰色泥岩

C_{30}重排藿烷

M/Z: 191　阳1　2548.28　P　深灰色泥岩

C_{30}重排藿烷

M/Z:191　柯深101 6380-6389m E2k 原油

C_{30}重排藿烷

图 9-17　柯克亚地区油 2 岩对比

（据唐友军等,2006）

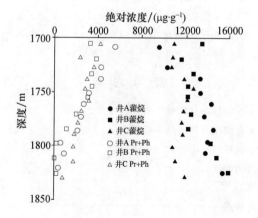

绝对浓度/(μg·g⁻¹)

- 井A藿烷
- 井B藿烷
- 井C藿烷
- 井A Pr+Ph
- 井B Pr+Ph
- 井C Pr+Ph

图 9-18　冷东油田沙三段油柱 Pr＋Ph 和 $C_{30}\alpha\beta$ 藿烷含量与深度的关系

（据黄海平等,2002）

图中反映出生物降解作用由油藏顶部向底部增强

　　王传刚等(2003)通过对准噶尔盆地彩南油田的吡咯类含氮化合物研究确定了该油田东区块主要有西方、北方两个原油充注方向,油藏内部断裂对成藏过程起了重要的通道作用(图 9-19)。

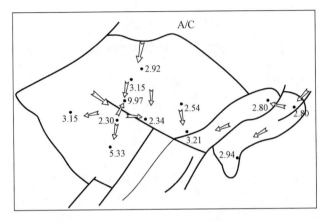

图 9-19　吡咯类含氮化合物参数示踪彩南油田东区块
侏罗系 $J2_x$ 油藏原油运移方向

(据王传刚等,2003)

A：C3-咔唑(屏蔽型);C：C3-咔唑(暴露型);箭头：运移方向;实心圆点：原油采样井

拓 展 阅 读

[1]　吴香尧.生物地球化学概论[M].成都：成都科技大学出版社,1993.

[2]　韩兴国,李凌浩.生物地球化学概论[M].北京：高等教育出版社,1999.

[3]　曾国寿.石油地球化学[M].北京：石油工业出版社,1990.

[4]　西南石油大学电子教材.油气地球化学[EB-OL].http://desktop.swpu.edu.cn//C480/Asp/Root/Index.asp

复 习 思 考

1. 试述无机元素在生物体中的分布及其对生物体的作用。

2. 试述组成生物体的主要有机化合物的基本特点。

3. 试述元素生物地球化学循环的基本方式。

4. 试述生物圈的形成与演化特征。

5. 试述煤的形成及其分类。

6. 试述石油的形成及组成特点。

第十章 分支地球化学实例及问题简介

目前,地球化学已经渗透到许多学科。地球化学的理论、方法和手段已经应用到许多领域,但同时又存在着许多尚待解决的问题。由于篇幅所限,本章仅择其中部分进行介绍。更多有关分支地球化学或研究领域的应用情况,请参阅相关专著。

第一节 矿床地球化学研究实例

矿床地球化学是采用地球化学技术方法和理论研究矿床学的一门分支学科。它是20世纪后半叶发展和成熟起来的学科,其研究对象包括各种金属矿床、非金属矿床和油气矿藏,主要研究目标是通过应用地球化学理论和实验技术,确定成矿时代、厘定成矿物质的源区性质、研究矿床的形成过程及其与矿床产出地质单元的演化关系,建立矿床成因模型以达到找矿的目的。

一、与超基性岩有关的铬矿床研究

对比各种类型的岩石可以看到铬在超基性岩中的丰度最高(表 10-1)。因此,铬的成矿作用应与超基性岩浆作用密切相关。但事实上,并非所有的超基性岩都能够形成铬的矿床,其成矿与否取决于铬是否能够形成独立的矿物。

表 10-1 各类岩浆岩中铬的平均含量

类　型	侵入岩			火山岩		
	岩石类型	平均含量$/10^{-6}$	样品数	岩石类型	平均含量$/10^{-6}$	样品数
超基性岩	纯橄榄岩	3650	38			
	橄榄岩	3100	23			
	辉岩	2600	36			
基性岩	苏长岩	710	12	碱性橄榄玄武岩	330	165
	辉长岩	370	65	拉斑玄武岩	170	50
中性岩	闪长岩	78	50	安山岩	38	37
	石英闪长岩	33	9	英安岩	16	14
	花岗闪长岩	50	8			
酸性岩	花岗岩	10	134	流纹岩	18	8

转引自戚长谋等,1987。

由表 10-2 可以看到,铬尖晶石具有最高的铬含量,因此它是铬的独立矿物。其中一些造岩矿物,如单斜辉石、斜方辉石、尖晶石具有较高的铬含量。若使铬进入独立矿物,则铬将能够富集成矿,若使其趋向于进入造岩矿物单斜辉石、斜方辉石中,则其将呈分散状态。

表 10-2　造岩矿物和副矿物中铬的含量

矿　物	铬含量/10^{-6}	备　注
橄榄石	0～20	
斜方辉石	70～3340	富集矿物
单斜辉石	3000～8150	富集矿物
角闪石	30～390	
斜长石	2～100	
黑云母	5～800	
铬尖晶石	450000	独立矿物
尖晶石	5000	富集矿物
磁铁矿	200～1200	
钛铁矿	5～250	

据南京大学地质学系,1979。

从铬的性质上看,岩浆过程中铬呈 Cr^{3+} 形式存在。其在硅酸盐矿物中可以类质同像形式占据六次配位的位置。铬是否进入硅酸盐矿物中主要取决于岩浆中 Al^{3+} 的数量。若岩浆中较富 Al^{3+},则 Al^{3+} 可以进入硅酸盐的硅氧四面体配位位置。其电价由 Cr^{3+} 进入硅酸盐的六次配位进行补偿。

二、岩浆铜镍硫化物矿床研究

镍和铜在各类岩浆岩中的含量,以在基性岩中为最高(表 10-3)。这与镍和铜的矿化主要与基性岩密切相关一致。从元素的地球化学性质看,镍和铜具有很强的亲硫性,因此当岩浆中较富硫并发生硫化物与岩浆的不混溶时,镍具有强烈进入硫化物熔体的趋势。从各类岩浆与硫化物熔体之间的分配系数(表 10-4)看,镍和铜的分配系数均在 200 以上,即镍和铜进入硫化物熔体的趋势是进入硅酸盐熔体趋势的200 倍以上。

表 10-3　各类岩浆岩中镍的含量

岩浆岩	超基性岩	基性岩	中性岩	酸性岩
世界平均值/10^{-6}	2000	160	55	8

据维诺格拉多夫,1962;转引自赵伦山等,1988。

表 10-4 Ni、Cu、Co 在硫化物熔体与各类硅酸盐熔体之间的分配系数

岩 性	安山岩	玄武岩	橄榄玄武岩
温度/℃	1255	1255	1325
镍	460	274	231
铜	243	247	233
钴	—	80	—

转引自戚长谋等,1987。

镍的成矿与否除了与镍的亲硫性质有关外,还与硫是否能够达到过饱和形成不混溶的硫化物熔体有关。根据 Yanan Liu(2007)的实验研究结果(图 10-1),在岩浆熔体中氧逸度和 MFM 值越低,硫的溶解度越低。其中

$$MFM=[Na+K+2(Ca+Mg+Fe^{2+})]/(Si+Al+Fe^{3+})$$

这表明,熔体的聚合程度越高,硫在其中的溶解度越低。而这与早期岩浆演化到晚期成矿是一致的。另外,由于高的氧逸度不利于发生岩浆的不混溶作用,因此有利的成矿条件是不浅的岩浆侵入深度。

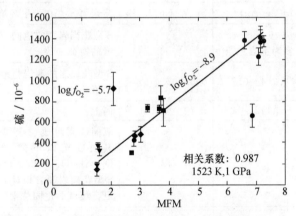

图 10-1 岩浆中硫的溶解度与 MFM 值和氧逸度的关系

(据 Yanan Liu,2007)

三角表示流纹岩;菱形表示英安岩;方块表示安山岩;圆圈表示玄武岩

第二节 岩石地球化学研究分析实例

这里我们以 S 型和 I 型花岗岩的地球化学特征及其示踪原理作为实例进行分析。

S 型和 I 型花岗岩是指它们的源物质分别来自岩浆岩和沉积岩的源区。正确的分析思路应该放在沉积岩和火成岩(源于下地壳或上地幔)的地球化学特征上。表 10-5 列出了这两种花岗岩的地球化学特征、源物质经历的地球化学作用以及造成这些差异

的原因解释。

表 10-5　I 型和 S 型花岗岩的地球化学特征

花岗岩成因类型	I 型花岗岩	S 型花岗岩	解　释
岩石类型	辉长岩-闪长岩-花岗岩	黑云母花岗岩	
$SiO_2/\%$ [a]	>53	>65	与源岩相对富 SiO_2 有关。尽管只给出了下限,S 型花岗岩的 SiO_2 含量反映了其源岩具有富 SiO_2 的特征
$Al_2O_3/(Na_2O+K_2O+CaO)$ [a,b]	一般<1.1	较高,一般>1.1	S 型花岗岩的源岩经历了表生环境。而表生环境往往会使易迁移元素流失
Na/K [a]	较高	较低	表生环境钾较钠易被吸附
矿物特征 [a]	常见黑云母、角闪石、榍石、磁铁矿	常见白云母、钛铁矿、董青石、红柱石	地壳具有富铝和富钾的特征。其中白云母较黑云母更富钾;董青石和红柱石都是富铝矿物
挥发分 [b]	$F\approx Cl$	$F\gg Cl$,含 B	表生环境氯易迁移流失
矿化特征 [b]	Mo(Cu、Au)	Sn、W、Nb、Ta、Be	与亲氧元素在表生环境中稳定有关
$\delta^{34}S/‰$ [a]	$-3.6\sim +4.2$（多为正值）	$-10.5\sim -5.7$	S 型花岗岩宽的硫同位素组成范围与沉积岩的特征一致
$^{87}Sr/^{86}Sr$ [b]	<0.704~0.712	>0.707	S 型花岗岩的源岩与地壳物质具有较高的比值一致
ε_{Sr} [b]	0~+112	+70~+200	同上
$\delta^{18}O/‰$ [a]	7.7~9.7	10.4~12.5	氧同位素组成与金属-氧的键强度有关。其强度按以下顺序下降:O—Si—O,O—Al—O,O—Mg—O,O—Na—O,因为 S 型花岗岩源岩相对更富集 Si 和 Al,因此更富集氧的重同位素
稀土元素总量（$\sum REE)/10^{-6}$ [a]	<140	>150	稀土元素是不相容元素。相对于 I 型花岗岩的源岩,S 型花岗岩的源岩是地壳物质,因此更富集不相容元素

a. 据邱家骧,1991；b. 据戚长谋等,1987。

第三节　区域地球化学研究及其意义

一、区域地球化学的研究对象和任务

区域地球化学是研究地壳(包括地幔)不同区域或区块的元素分布及其演化历史的

地球化学分支学科。它的研究对象是地壳的大地构造单元、景观区和带、重要的成矿区和带及经济区。区域地球化学涉及的研究任务有：

(1) 确定区域及各构造单元地壳的元素丰度；

(2) 研究区域地球化学分区及编制地球化学分区图件；

(3) 研究区域成矿规律、区域找矿标志；

(4) 研究区域地壳的化学演化及地球化学循环；

(5) 研究区域景观地球化学及人类生存的环境地球化学问题。

二、地球化学分区及区域成矿作用

早在 1922 年，费尔斯曼就已经提出了区域地球化学的概念。此后，随着研究的不断深入，许多地球化学家提出了"地球化学省"或"地球化学块体"的概念。例如，Rose，Hawkes 等(1979)给出的定义为："地球化学省是地壳的一个相对大的块段，其化学成分同地壳平均成分有明显的差别"。与其类似，谢学锦于 1994 年提出了"地球化学块

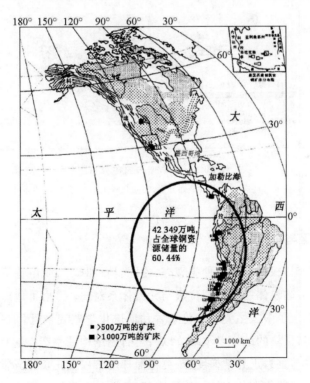

图 10-2 科迪勒拉-安第斯山系中巨型斑岩铜矿分布图

(转引自刘大文，2002)

体"的概念。他认为巨型矿床与一般矿床只是金属供应量上存在着巨大的差异。这种巨大的成矿金属供应量可以由地壳中存在着特别富含某种金属的地球化学块体提供，因此可以从地球化学块体的研究去寻找巨型矿床。

一个典型的例子是：在北美与南美的科迪勒拉造山带上分布的巨型斑岩铜矿床从南到北极不均匀，但成矿条件和成矿过程并无显著差异（图10-2）。

从中国钨矿床集中分布在华南与其地壳中较高的钨丰度（图10-3）相一致也证明了地球化学块体的存在。

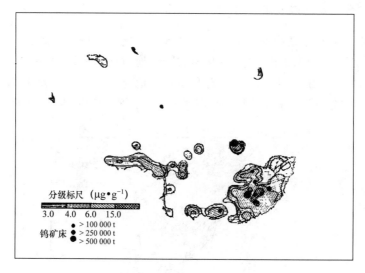

图10-3　钨丰度与钨矿分布图

（据刘大文，2002改编）

三、地球化学分区与构造环境

朱炳泉等（2001）根据中国各种类型壳、幔源岩石和矿石的铅-锶-钕同位素资料，及全球特别是东亚大陆块体广泛的同位素与元素体系对比，提出了地球化学块体的同位素划分方法，并确定了中国主要地球化学省和地球化学急变带（图10-4）。他认为地球化学边界的形成与板块的结合以及结合以后岩石圈结构调整产生的克拉通边界密切相关；地球化学边界与重力正异常梯度带、莫霍面梯度带以及正负磁异常转换带存在平行和交错两种关系，地球化学急变带控制了中国90％以上的超大型金、铜、锡、银、镍、铅-锌、铀、钾盐、硼、镁、磷等（33个）和10个以上的大型矿集区；地球化学边界还控制着克拉通边缘前陆盆地中产油气位置以及陆内六级以上强破坏性的浅源地震与克拉通边界。

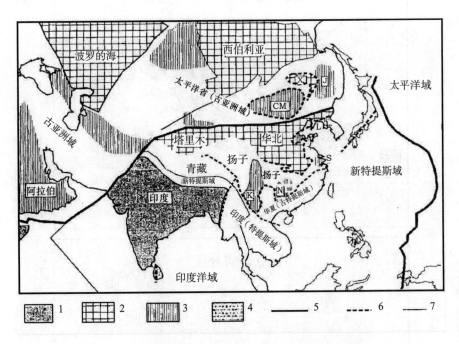

图 10-4　亚洲地区地球化学省划分与属性的简要构造

(据朱炳泉等,2001)

1. 东冈瓦纳型块体；2. 劳亚型块体；3. 太平洋型微古陆；4. 属性不明的古陆块；5. 一级构造线-地球化学边界；6. 主要地球化学边界；7. 主要断裂。CM：中蒙古块体；J：佳木斯块体；X：兴安块体；L：辽胶块体；S：苏南块体；K：康滇古陆；N：江南古陆

四、区域地球化学与生态环境

环境地球化学研究表明,区域元素含量的异常会极大地影响人类的身体健康。目前,已经查明与此相关的地方病有：甲状腺肿——由缺碘或高碘引起的甲状腺代谢功能障碍；地方性氟病——由氟中毒引起的斑釉牙、氟骨症和氟摄入不足引起的龋齿；克山病——可能是由缺硒引起的地方性慢性心肌病等。这些地方病与区域地球化学环境有着明显的关系。其中,我国克山病的分布区与我国缺硒的区域相当吻合(图 10-5)。

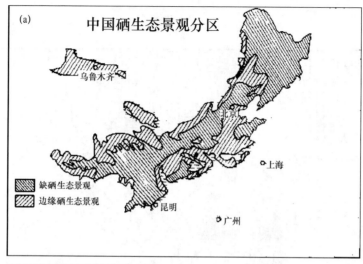

图 10-5　我国克山病的分布区与硒的含量分区图

(据周国华,1999 改编)

第四节　古环境的地球化学研究方法及实例

一、古环境研究的样品

　　古环境研究是基于所研究的样品与当时处于地球化学平衡条件下进行的。这些样品可以是：植物(如树轮)、动物遗体(如骨骼、牙、壳等)、黄土、冰岩心、碳酸盐(如钟乳石)、湖泊沉积物等。

二、古气候变化的研究

根据极地冰芯的分析结果,在 18 世纪以前的近 20 万年里,大气中 CO_2 含量长期波动于 $190 \times 10^{-6} \sim 280 \times 10^{-6}$ 左右(图 10-6)。但从 19 世纪开始,CO_2 含量持续增加,到 1998 年已达 360×10^{-6},比工业革命前增加了 60×10^{-6}。

三、地外物质撞击地球的研究

地外物质(小行星或陨石)的成分与地壳和地幔物质存在着很大差别,利用这些差别即可获得地球历史上地外物质撞击地球的证据,并由此深入研究地外物质撞击对地球带来的各种地质、地球化学以及生命的影响。

目前,地球化学工作者已经在白垩纪-第三系界面、二叠-三叠纪界面和寒武-前寒武系界面观察到引起生物灭绝的亲铁元素 Ir 异常的现象。例如,意大利古比奥(Gubbio)白垩系-第三系界线黏土的 Ir 含量高达 9.1×10^{-9},高于其上下地层中约 30 倍(图 10-7)。

需要指出,可以指示地外物质撞击作用的元素并不仅仅限于 Ir,还可以是其他亲铁元素。

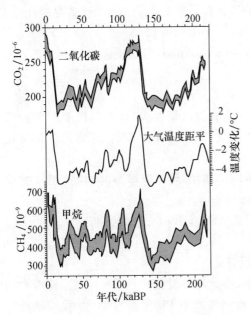

图 10-6　南极东方站冰芯记录的过去 22 万年
来的气温,及大气中 CO_2 和 CH_4 浓度变化

(据 IPCC,1994)

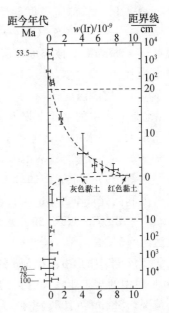

图 10-7　意大利古比奥(Gubbio)白垩系-
第三系地层中的 Ir 含量

(据 Alvarez et al.,1980;转引自韩吟文等,2003,略有修改)

四、环境研究中的古生物地球化学方法

古生物在活的时候曾经与环境处于地球化学的交换平衡中,因此它们可以提供重要的地球化学信息。至今,这方面的研究已有不少的成果。这里,我们仅以珊瑚作为例子介绍有关的地球化学研究方法及可获得的信息。

1. $\delta^{18}O$ 温度计

Epstein 等(1953)首次通过实验室养殖方法测定了海洋软体动物碳酸盐壳的氧同位素组成,建立了氧同位素组成与温度的关系式:

$$T = 16.5 - 4.3(\delta c - \delta w) + 0.14(\delta c - \delta w)^2$$

式中,δc 和 δw 分别是碳酸盐及海水的氧同位素组成(分别以 PDB 和 SMOW 为标准)。该温度计的适用范围是 7～26 ℃。

2. Sr/Ca 比值温度计

Ca 和 Sr 是海水中的主要金属元素。Sr/Ca 比值在开放大洋的海水中分布很均匀,如太平洋和加勒比海主要珊瑚礁区海水的 Sr/Ca 比值介于 $8.5095 \times 10^3 \sim 8.5855 \times 10^3$ 之间;而且同一海区海水中的 Sr/Ca 比值的季节变化也很小,如台湾恒春半岛礁区海水的 Sr/Ca 比值介于 $8.539 \times 10^3 \sim 8.572 \times 10^3$ 之间。

Beck 等(1992)曾测定了珊瑚骨骼中 Sr/Ca 比值,并建立了 Sr/Ca 比值温度计:

$$Sr/Ca = -6.244 \times 10^{-5} T + 0.010716$$

式中温度 T 单位为℃。该温度计所用样品量少($5 \sim 10 \mu g$),分析误差小($\pm 0.3‰$),时间分辨率为月。

3. Mg/Ca 比值温度计

Mg 也是海水中的主要金属元素。海水中 Mg 的总量巨大,在千年尺度内 Mg/Ca 比值变化不大。海水中 Mg 含量主要受控于盐度(Schifano,1982)。正常海洋的盐度变化介于 $35.3‰ \sim 38.3‰$(Wilson,1975)。

韦刚健等(1998)研究了 1981～1983 年间中国南海北部近岸海区的滨珊瑚,并建立了高精度和高分辨率的 Mg/Ca 比值温度计:

$$Mg/Ca = (10.25 \pm 0.40) \times 10^{-5} T + (0.002001 \pm 0.000100)$$

其精度达 ± 0.5 ℃。

4. 珊瑚骨骼中的 Pb、Cd、Mn 的环境指示意义

Pb 是典型的与工业污染有关的有害元素,因此珊瑚骨骼中的 Pb 可以示踪海水的受污染情况。Shen 等(1987)据此重建了 20 世纪海水中 Pb 含量的变化,发现这种变化与工业化的进程极为一致。

Cd 在表层海水中亏损,随着海水深度的增加而富集(Shen,1987),而 Mn 则是在海洋表层相对富集,随着海水深度的增加而相对亏损(Sunda,1988)。另外,Mn 还具

有陆源特征，即 Mn 在近岸环境相对富集，随着离岸距离的增加而相对亏损(Landing，1987)。因此珊瑚中的 Cd 和 Mn 可以示踪海水的上涌流。Shen 等(1987)曾经用珊瑚中的 Cd 研究过去的上涌流和工业污染。Delaney 等(1993)利用珊瑚中的 Cd/Ca 和 Mn/Ca 这两对元素比值研究 Galapagos 地区的上涌流和 ENSO 的发生、发展之间的联系。

5. 珊瑚的热电离质谱(TIMS)铀系法定年

对于年轻样品的定年，往往需要能够进行高精度计时的方法。Edwards 等(1986)采用热电离质谱方法(TIMS)成功地进行了珊瑚的定年。该方法具有如下优点：样品用量少(千年以下样品量约 3～5 g，万年以上样品约几百毫克)，测年精度高(百年至千年之间的精度为 1‰～3‰，万年至 20 万年之间为<1‰)。

彭子成等(1997)用热电离质谱(TIMS)铀系法对第四纪标样进行测定，所得的铀钍含量及同位素比值和年龄值均与标准值相符。Bard 等(1990)和 McCulloch 等(1996)用 TIMS 铀系法定年方法分别研究了 Barbados 地区 130ka 以来海平面的变化情况和建立早全新世的热带海洋表层水温(SST)记录均取得了较好的结果。

第五节　地震地球化学简介

地震地球化学是研究地震与地壳中地球化学变化关系以实现地震预测的地球化学分支学科。目前，地震地球化学仍处于探索阶段。

一、与地震有关的水文及地球化学变化机理

已有研究表明，岩石圈的岩石孔隙和裂隙中充满水、气及其他流体物质。这些流体在垂向和横向上的化学组分均存在着差异。在地震孕育过程中地壳产生形变，可能迫使不同化学成分流体运移，并造成相应的水文和地球化学变化，尤其是在断层或其他薄弱地区。另一方面，由于各种地质作用，如岩石的破碎或熔融及矿物的溶解或相变，保留在某些矿物或岩石中的一些放射性母体同位素衰变的子体同位素便会大量释放出来。

例如，一些研究发现，许多地震断层带，包括一些隐伏断层上，地下水和空气中的各种气体(氦气、氮气、氢气、汞蒸气、二氧化碳气体)，同位素比值等(King，1986；Ma，1990；King，1996)，均具有明显的异常。这些现象表明地震断层带是深部地下气体向地表运移的通道。

二、地震地球化学研究现状

20 世纪 80 年代，许多研究者从不同角度开展了大量实验研究。例如范树全等

(1980)对 200 多块岩石标本进行重复加压实验,观测到岩石变形、破裂过程中氡射气变化的动态。杨新华等(1984)利用三轴压缩实验,研究了大理岩破坏过程中气体释放现象。实验结果表明,CO_2、H_2S、CH_4 等在岩石破裂过程中气体释放量显著增大。李桂茹等(1984)研究了加压条件下岩石释放出的气体在气相和水中的分配,并提出含水层受压时,岩石中的氡会更多地溶解于水中。王永才(1983)进行了岩石的超声振动实验,认为低频振动具有衰减慢、传递远的性质,因此很可能是产生远场水化学前兆的原因之一。

目前,关于地震的成因仍存在着许多争论,如断层论、相变论、岩浆冲击学说论等。因此详细的地震成因问题仍需要通过地质、地球化学、地球物理等学科的相互配合进行研究,才能从本质上查明地震的成因,并达到减轻地震对人类生存的威胁。

第六节　石油、天然气成因的争论

目前,关于石油、天然气的成因理论仍以生物成因占主导地位。然而,近几年一些研究者开始对其提出挑战(戴金星等,2006;张景廉,2005)。杜建国(1996)总结了以下油气的有机成因和无机成因观点及其主要依据:

一、石油与天然气的有机成因论

有机成因论认为油气系沉积有机质经生物化学与热化学等改造的产物,其主要证据有:

(1) 石油中含有一系列有机分子,这些有机分子是现代生物体中常见的复杂化合物裂解形成的,它们不可能是非生物过程合成的。

(2) 迄今为止,几乎全部工业油气聚集都在沉积岩或与之相接触的岩石中。

(3) 石油常具有旋光性。这是生物物质的特征,非生物成因者不具有旋光性。

(4) 油气在前寒武系-更新统地层中均有发现。年轻地层中的石油常具明显的奇碳优势。这种碳数分布特征与生物成因物质的特征一致,因此很难从其他方面进行解释。

(5) 油气的元素组成与生物有机体相似,而与无机物质相差甚远。其碳同位素组成也与生物物质(尤其是脂类)相近,而与其他含碳无机物相差很大。

(6) 从油田的地质特征看,含油气层位总与富含有机质的层位存在依存关系。

(7) 实验地球化学和热力学研究表明,生物物质经过热降解,特别是当存在某些沉积造岩矿物时,能产生一定量的油气,且所需温度不高。

二、油气的无机成因论

油气无机(非生物)成因论认为烃是由碳和氢在无生物作用条件下合成的,而不是起源于沉积有机质。其主要论据有：

（1）石油和天然气常发现于长的线性或大的弧形构造单元。这些部位有深达下地壳或上地幔的断裂构造。

（2）石油中许多化合物可以在实验室中合成。具有笼状结构的金刚烷可以用双环戊二烯加氢合成。用电火花轰击甲烷可以生成类似石油组分的有机物，如费·托反应可以生成甲烷。实验室内已合成石油中普遍存在的甲基戊烷和甲基己烷，证实它们并非一定是正己烷与正戊烷异构化的产物。

（3）一些温度较高的深层发现了石油，这些部位几乎找不到生物成因的证据，有时原油的旋光性与奇-偶碳数分布特征也不存在。

（4）许多天体中存在碳氢化合物。在地球吸积增生过程中，这些碳氢化合物部分被封存于地球内部，地球后期演化过程碳氢化合重新聚集或分散。

（5）一些生命物质可以由无机（非生物）过程合成。甲烷、水、氨及碳的氧化物可能是蛋白类、氨基酸的起源物。在 $950 \sim 1050\,℃$，有硅胶催化的条件下，甲烷与氨反应可以生成典型的氨基酸，而且产率较高。

（6）在许多不存在生物的地方发现了甲烷。例如，在无沉积物的大洋中脊、岩浆岩和变质岩裂隙以及地球深部、火山喷气中都含有甲烷等含碳挥发分。1932 年苏门答腊 Merapi 火山喷发期间，喷射的火焰高达 500 多米。

（7）在一个大区域内原油的化学成分和同位素组成常与含油气岩系的地质年代及岩性无关。一些天然气的碳同位素组成具有倒序的特征（$\delta^{13}C_1 > \delta^{13}C_2 > \delta^{13}C_3 > \delta^{13}C_4$），反映其是聚合反应造成的。另外，在许多烃类聚集中含有幔源氦。

上述两种观点的证据都是客观存在的，至今两种油气成因理论仍在论战中。最近，自从发现火山岩中的天然气以来，已经有越来越多的证据表明它们应该属于无机成因（戴金星等，2006；郭占谦，2002）。

第七节　勘查地球化学简介

勘查地球化学，又名地球化学探矿或地球化学找矿，简称化探。与地质学和矿物学找矿方法不同，地球化学找矿的显著特点是它不仅适用于盲矿体的寻找，而且经济快速。

一、地球化学找矿的任务和研究方法

地球化学找矿的任务可以概括为如下几方面：评价区域含矿远景，寻找有含矿远景的地段；寻找矿床（矿体），扩大矿区远景；研究地质问题，间接指导找矿；查明区域中元素的分布，为有关学科提供基础数据。

　　勘查地球化学的主要任务是找矿,但其在进行研究中所获得的区域元素分布资料同时也可以为发展农业、畜牧业、防治地方病和环境污染,为发展其他学科,如地球化学、矿床学、岩石学、构造地质学等提供基础资料。

　　地球化学找矿中常用的研究方法主要有:地质观察和样品采集(样品种类见表10-6);样品的分析和测试;地球化学指标的确定(表10-7);数据的统计分析。

表 10-6　　地球化学找矿的取样物质

岩石	新鲜的全岩,蚀变岩石,岩石裂隙壁,风化岩石,造岩矿物及其中的包裹体,副矿物,斑晶与基质,角砾与胶结物
矿石	粉碎的矿石,精选的单矿物(包括金属矿物及脉石矿物),矿石中各组成矿物,单矿物中的气液包裹体及子晶
土壤	表土,心土,母质层,腐殖质,土壤中的重矿物及结核(钙质、锰质、铁质),土壤的各种粒级
水系沉积物	水流中央的活动性沉积物,河床泥炭,河漫滩及洪积物,砾石及其上的铁、锰质被膜,水系沉积物中的重矿物,轻矿物及铁、锰结核,泉华及铁染物质,湖塘中心及边缘的底积物,沼泽物质,冰碛土及冰川终碛物
其他松散沉积物	风成砂,黄土,倒石堆,雪原堆积物,山麓堆积物
水体	泉水,井水,矿坑水,溪水,河水,湖水,雪,冰川水,雨水,渗出水,深层海水
气体	大气,壤中气,水中溶解气体,岩石中的气体,气溶胶,大气中的飘尘
生物体	植物的根、茎、叶、花、果实、种子、嫩枝、褐藻,水生苔藓及陆生苔藓,蚁巢,鱼肝,蜜蜂身上的花粉,食草动物的粪便

　　据阮天健等,1985。

表 10-7　　地球化学指标的种类

化学元素的含量	造矿元素,造岩元素,伴生元素含量的各种分布的统计特征数
特征存在形式	水溶性形式,可交换形式,次生矿物形式,硫化物形式,硅酸盐形式
各种组合关系	简单的比值,各种相关系数,各种多元统计特征数,累加与累乘指数等
同位素特征	$\delta^{18}O, \delta^{34}S, {}^{87}Sr/{}^{86}Sr, {}^{208}Pb/{}^{206}Pb$
物理化学参数	pH, Eh, T, P, f_{O_2}

　　据阮天健等,1985。

二、地球化学找矿的原理和方法

　　地球化学找矿是基于成矿过程中产生的各种元素的地球化学异常而进行的。这些异常可以是矿床的成矿元素,也可以是与其相关的伴生元素。按照研究对象的不同可以有如下不同的地球化学找矿方法:岩石地球化学找矿(亦称为原生晕找矿);土壤地球化学找矿(亦称为次生晕找矿);水系沉积物地球化学找矿;水文地球化学找矿;气体地球化学找矿;生物地球化学找矿。

上述各种方法都需要通过研究确定的地球化学指标进行数据处理和地球化学制图,如地球化学等值线图、地球化学剖面图、综合异常图及解释推断图等。

第八节　构造环境的地球化学研究方法及其问题

构造地球化学的研究内容之一是构造环境的地球化学判别问题。早在 20 世纪 70 年代,Pearce 等(1971)就提出了采用地球化学方法判别构造环境的思路,并针对现代已知构造环境岩石样品的研究提出了判别不同构造环境玄武岩方法。至今,已经有不少研究者提出了许多构造环境判别方法。这里我们仅简要介绍其基本原理及其有关问题。

一、微量元素指示岩浆岩构造环境的地球化学原理

目前,关于岩浆的产生大致可以归结为以下几种环境:洋中脊张裂环境、岛弧和活动大陆边缘环境、板块内部环境。其中洋中脊张裂环境显然与地球深处物质的减压熔融作用有关。岛弧和活动大陆边缘则应当与板片俯冲时的脱水导致上覆岩石熔融作用有关。对于板块内部环境岩浆产生的机制,目前仍有争议。一些研究者认为与深大断裂有关,而另一些研究者则认为可能与来自核-幔边界的地幔柱有关。

尽管有关岩浆产生的认识存在一些问题,但它们显然与其产生及其所处的构造环境有关。这些不同的构造环境必然使所产生的岩浆具有某些明显不同的地球化学特征。例如,岛弧和活动大陆边缘的火山岩具有富集陆壳元素及亏损高场强元素和富集低场强元素等特征。前者与板块俯冲作用将洋壳带入地幔有关;而后者则可能与俯冲洋壳的脱水交代作用以及形成稳定的富高场强元素的副矿物有关。洋中脊玄武岩来自一个不断被提取不相容元素的地幔源区,因此其具有亏损不相容元素的特征(但需要注意,在地球的不同历史期间其亏损程度是不同的)。而洋岛玄武岩具有非常富集不相容元素的特征是由于其来自一个原始的或富集型的地幔。

二、碎屑岩指示构造环境的地球化学原理

我们以 Bhatia(1983)建立的不同构造环境砂岩的化学成分特征进行分析。表 10-8 是他给出的大洋岛弧、大陆岛弧、活动大陆边缘和被动大陆边缘四种构造环境的主要元素比值数据。对于造成这四种不同构造环境的砂岩所具有的地球化学特征,我们可以从沉积岩物质搬运过程的分异程度进行分析。按照大洋岛弧→大陆岛弧→活动大陆边缘→被动大陆边缘的顺序,它们的碎屑物质搬运和分选强度是依次增大的。这种分选

作用将可以反映在碎屑物质的地球化学特征上。例如,大洋岛弧→大陆岛弧→活动大陆边缘→被动大陆边缘的顺序代表着碎屑物质搬运距离的增大,其中砂岩的 Al_2O_3/SiO_2 值降低反映了砂岩由富含长石的杂砂岩向成熟度高的石英砂岩转变;K_2O/Na_2O 和 $Al_2O_3/(CaO+Na_2O)$ 值的增大则反映了长时间和长距离的搬运使碎屑物质中易活动组分发生了流失(其中 K^+ 较 Na^+ 更易于被吸附)。

表 10-8 不同构造环境的砂岩成分特征

	Al_2O_3/SiO_2	Fe_2O_3/MgO	$Al_2O_3/(CaO+Na_2O)$	K_2O/Na_2O
大洋岛弧	0.29	11.73	1.72	0.39
大陆岛弧	0.20	6.79	2.42	0.61
活动大陆边缘	0.18	4.63	2.56	0.99
被动大陆边缘	0.10	2.89	4.15	1.60

据 Bhatia,1983。

三、用地球化学参数判别构造环境应注意的问题

用地球化学数据,如采用二维图解进行构造环境判别时,常常会遇到所研究的样品落在不同构造环境区的边界上。此时需要考虑以下几种可能原因:

(1)区域岩石圈元素分布存在着时间和空间上的不均一性。例如,由美洲某地区玄武岩研究获得的构造环境判别图解就很可能不适用于亚洲的玄武岩。

(2)岩浆岩源区组成随时间的演化。例如,在地球演化历史中,地壳不断从地幔提取不相容元素造成地幔源区不相容元素的亏损以及地幔或地壳岩石部分熔融程度的变化对岩浆岩中元素含量的影响。因此,现代玄武岩的图解可能并不适合太古代玄武岩的构造环境判别。

(3)成岩后变质和热液交代作用对元素活动性的影响(但不影响高场强元素的比值等)。

第九节 农业地球化学问题

除碳、氮、氧来自空气和水以外,农作物生长所需的营养元素和有益元素来自土壤。因此研究农作物生长、产量、品质与土壤中各种元素含量之间的关系,对于提高农作物产量及品质均具有重要意义。

一、区域地球化学特征与植物生长的关系

已有研究表明,植物生长需要 16 种必需元素,即 C、H、O、N、P、K、Ca、Mg、S、B、

Cl、Cu、Fe、Mn、Mo、Zn 等。若这 16 种元素含量在农作物中平衡失调就会使其产生病变,引起产量和质量的问题(林长进,2005)。

例如,硼元素不足,苹果的果实将发生畸形,萝卜缺硼将出现空心或黑心;水稻缺锌则坐蔸,玉米则呈白菌病;缺钙和多钙对榨菜的生长均不利;缺磷则对植物的果实均有影响,若过量也会影响对锌的吸收;钼的多寡对大豆、油菜产量的影响也极为显著。

二、农业地球化学的研究内容

(1) 土壤中元素的含量与其有效量之间的关系研究:某一特定的地球化学背景的区域范围内,通常多数营养元素在土壤中的含量与其有效性呈正相关性。但也存在着地球化学背景相同,其有效性较低的区域。因此需要研究其元素的存在形式及编制区域农业地球化学图,以指导农业生产布局及合理规划。

(2) 元素在土壤中的含量与农作物生长及产量的关系研究:通过编制农业地球化学图,圈定出营养元素及微量元素的正常区、过剩区、缺乏区、潜在缺乏区,为区域农业规划、科学施肥和土壤改良提供重要的地球化学依据。

(3) 区域农业地球化学测量:目标是圈定出有害元素的富集地段和对人体重要的某种元素的缺失地段和贫化趋势的方向,如地下水和风力对元素的搬运方向等,以了解影响农作物生长的环境因素。

拓 展 阅 读

[1] 南京大学. 地球化学[M]. 北京:科学出版社,1979.

[2] 蒋凤亮,等. 地震地球化学[M]. 北京:地震出版社,1989.

[3] 黄瑞华. 大地构造地球化学[M]. 北京:地质出版社,1996.

[4] 杨忠芳,朱立,陈岳龙. 现代环境地球化学[M]. 北京:地质出版社,1999.

[5] 张景廉. 论石油的无机成因[M]. 北京:石油工业出版社,2001.

[6] 高文学,等. 地球化学异常[M]. 北京:地震出版社,2000.

[7] 阮天健,朱有光. 地球化学找矿[M]. 北京:地质出版社,1985.

第十一章　地球化学的思维和研究方法

与其他学科类似,地球化学有着自己的一套理论体系和研究方法。由于篇幅所限以及存在诸多的地球化学分支学科,这里很难系统完整地进行介绍。本章仅简要介绍地球化学的一般思维方法和研究手段。而这些思维方法和研究手段对于解决不同分支地球化学领域的具体科学问题是相通的。

第一节　地球化学的认识论和方法论①

一、地球化学的认识论

在进行地球化学研究时,首先应当树立以下地球化学的观点:

(1)"地球化学系统(体系)"观点:在进行地球化学研究时,需要划分和分析"地球化学系统"。例如,中国的南岭花岗岩常常伴生有大量的 W、Sn 矿床,而在秦岭则主要伴生有 Mo 矿床。这是因为南岭和秦岭的花岗岩分别产自富 W、Sn 和富 Mo 的地壳或岩石圈。它们是完全不同的"地球化学系统(体系)"。

(2)"元素自然历史"观点:自然界中任何物质形式均为特定时间和条件下暂时的存在形式。随着时间和条件的变化,它们又会以另一种形式存在。例如,沉积岩中的成矿元素在热液作用下被带出并在一定条件下形成矿床。地球化学需要研究这些元素在沉淀以前所经历的过程和条件,即需要研究其整个历史。

(3)"元素分配"观点:详细考察地球存在的各个圈层以及元素在不同圈层、不同块体、不同岩石和不同矿物之间元素的分布后,我们可以看到,几乎所有的这些过程和变化都与元素的分配有关。地球上任何化学运动均表现为元素的分配和再分配,如元素在以下两共存相之间的分配:

岩浆——残余固相	岩浆——流体
岩浆——结晶晶体	岩浆——气体
岩浆——岩浆	流体——固体(岩石或矿物)
岩浆——硫化物熔体	等等

所有这些不同相之间元素的分配导致了地球上元素的集中和分散,其产物同时也

---

① 地球化学的认识论和方法论据张本仁院士的授课内容,略有修改。

留下了可用于进行研究的地球化学信息。

二、地球化学的方法论

地球化学有着自己独立的手段和方法。对于其他相关学科的具体问题及其现象，需要将其转化为地球化学的问题、体系的性质及其过程等。其转化方法因具体问题和现象而异。以下是一些具体现象和问题的转化例子。

1. 现象的地球化学体系和过程

即将观察到的现象转化为地球化学体系和过程，如以下地质现象：

(1) 岩浆岩：除挥发组分外，其基本上可以代表该体系的组成，且曾经处于温度高于 800 ℃ 和压力高于 2000 atm 的高温高压和含水的条件下。

(2) 石英脉：虽然该地质体的组成为 SiO_2，但其形成于温度 200～400 ℃，压力约 500 atm 水溶液条件。

(3) 沉积岩：来自一个不同组成的碎屑物源区，其基本上代表堆积时的体系组成。体系曾经历了与大气氧、二氧化碳等平衡的表生环境（压力为 1 atm 和氧分压约为 0.2 atm 等）。

(4) 锰结核：海洋或大洋底环境，其温度为几摄氏度，压力为几十到几百大气压，含约 3.5% 盐度的环境。

2. 现象的地球化学性质

即将观察到的现象转化为地球化学的性质和条件，如以下地质现象：

(1) 断裂：代表具有较畅通的流体运移通道以及开放条件。

(2) 片理化：代表其具有较大的反应面积和可以有较快的化学反应速率。

(3) 岩浆岩：代表其上覆地质体具有热液的动力源（热源）等。

(4) 矿物类型：可指示环境的氧化还原条件，如陨硫铁＋自然铁（强还原），硫化物＋磁铁矿（弱还原），硫酸盐＋硫化物（氧化）。

(5) 围岩热液蚀变：可指示热液体系的酸碱度（pH）变化，如正长石的云英岩化：

$$3KAlSi_3O_8 + 2H^+ \longrightarrow KAl_3Si_3O_{10}(OH)_2 + 2K^+ + 6SiO_2$$

其作用是消耗了热液中的 H^+ 放出 K^+，因此该反应是 pH 增高的过程。

3. 科学问题的地球化学转化

即将生物、环境、地质等科学问题转化为地球化学的问题，例如：

(1) 生物、环境问题：若该问题与元素丰度关系密切，则可以通过调查元素的区域分布与生物或环境问题等关系进行研究，这些元素亦可以具有指示作用（如毒性元素 As、Cd、Hg、Pb，放射性元素 Th、U、Ir 异常等）。

(2) 大地构造环境问题：不同的大地构造环境具有非常不同的地质和地球化学条件及其演化历史，因而可造成元素或同位素（如 Pb、Nd、Sr、^{10}Be）的不均匀分布。地球化学不仅要查明造成这种不均匀分布的原因,而且可以利用元素或同位素的特征作为大地构造环境特征的指示剂。

(3)矿床问题:矿床问题的本质是元素的分布(空间和时间)、分配和集中问题。地球化学就是通过研究成矿元素集中和分散的控制原因,从而达到指导找矿的目的。另一方面,矿床的研究也同样可以提供构造环境及地壳演化等重要信息。

(4)灾害问题:某些灾害的发生常常伴随着地球化学作用。例如,地震发生的前后就常伴随着地下水中某些元素或气体的异常。因此查明这些异常发生的机理便可应用于地震的预测。

第二节　地球化学的室外研究方法

一、宏观地质现象的时空观察

指进行地质体(如地层、岩体)的空间展布、时间顺序、相互关系观察,收集一切有助于地球化学研究的资料,以便进行地球化学演化等方面的研究。

二、现象的地球化学认识和资料收集

野外观察和资料阅读可以获得初步的地球化学资料,例如:

(1)断裂:用地球化学的观点看,它代表着物质迁移的通道,代表体系处于开放或减压的条件,代表体系存在着物质的带进和带出。

(2)矿物类型:可提供体系所处的氧化还原条件和酸碱度变化。其研究的目的是,获得地质地球化学作用的过程及其形成的物理化学条件资料。

(3)接触关系:可提供地球化学演化的第一手资料。

(4)生物特征:如生物生长状态、地方性疾病的分布等可提供元素分布相关信息。

三、地球化学样品采集

地球化学样品的采集必须符合以下原则:

(1)代表性:新鲜或无后期地球化学作用的叠加。

(2)系统性:对于地层,需要由老到新进行系统采样;对于岩体,需要从中心到边缘进行系统采样。若所研究的对象存在蚀变,则需要对蚀变和无蚀变的样品进行系统采样,以便能够获得元素带进带出的定量数据。若所研究的对象是矿床,则需要对矿体至无矿地质体进行系统采样,以便能够获得成矿元素来源的信息。对于地方性疾病,则需要分别采集疾病区和非疾病区人、动物和植物等的样品。

(3)统计性:若样品的代表性可能不好时,需要采集较多的样品以便进行相关规律的研究。

第三节　地球化学的室内研究方法

一、样品的元素含量分析

样品的元素含量分析是地球化学研究中最基础的工作。选择合适的分析方法不仅可以提高工作效率和数据的可靠性,同时也可节约大量资金。

(一)常规分析

常规分析中的仪器分析包括:原子吸收、X 射线荧光光谱、等离子光谱、中子活化、质谱等。表 11-1 列出了各种方法及其适合分析的元素。

1. X 射线荧光分析(XRF)

XRF 分析是较广泛用于岩石的常量和微量元素分析的方法。其分析的元素可达 80 种,测量的含量从 100% 至数个 10^{-6}。该方法可以在较短的时间内分析大量的样品。它的不足之处是不能分析原子序数小于 11(钠)的元素。

XRF 分析方法是建立在样品中元素被 X 射线激发的基础上的,即通过测量 X 射线激发样品时由样品中的元素产生特征的二次 X 射线(荧光)来进行分析。采用波长色散 X 射线光谱仪分析样品产生的二次 X 射线的强度及标准参考物质的强度可以获得元素的含量。图 11-1 是其原理图。另外,元素的 X 射线荧光分析也可采用能量色散法,即所谓的 X 射线能谱方法进行分析。由于能量色散法不需要对 X 射线进行分光,因此具有较高的灵敏度,可以用于进行部分微量元素的分析。

常用于 X 射线荧光分析的样品制备有岩石样品的粉碎压片和熔融玻璃两种方法。前者一般用于微量元素的分析,后者用于常量元素的分析。

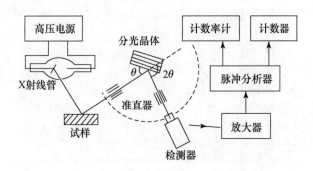

图 11-1　波长色散型 X 射线荧光光谱仪原理

表 11-1　用于进行元素分析的仪器及其适于测量的元素

原子序数	元素符号	元素	XRF	INAA	IDMS	AAS	ICP	ICP-MS
1	H	氢						
2	He	氦						
3	Li	锂				√	√	√
4	Be	铍				√		
5	B	硼						√
6	C	碳						
7	N	氮						
8	O	氧						
9	F	氟						
10	Ne	氖						
11	Na	钠	√			√	√	
12	Mg	镁	√			√	√	
13	Al	铝	√			√	√	
14	Si	硅	√			√	√	
15	P	磷	√				√	
16	S	硫	√					
17	Cl	氯	√					
18	Ar	氩						
19	K	钾	√			√	√	
20	Ca	钙	√			√	√	
21	Sc	钪	√	√			√	
22	Ti	钛	√			√	√	
23	V	钒	√			√	√	
24	Cr	铬	√	√		√	√	
25	Mn	锰	√			√	√	
26	Fe	铁	√			√	√	
27	Co	钴	√	√		√	√	
28	Ni	镍		√		√	√	
29	Cu	铜	√			√	√	
30	Zn	锌	√			√	√	
31	Ga	镓	√					
32	Ge	锗	√					
33	As	砷	√					
34	Se	硒						

续表

原子序数	元素符号	元素	XRF	INAA	IDMS	AAS	ICP	ICP-MS
35	Br	溴						
36	Kr	氪						
37	Rb	铷	√		√	√		√
38	Sr	锶			√	√	√	√
39	Y	钇	√				√	√
40	Zr	锆	√				√	√
41	Nb	铌	√				√	√
42	Mo	钼						
43	Tc	锝						
44	Ru	钌		√				
45	Rh	铑						
46	Pd	钯		√				
47	Ag	银		√				
48	Cd	镉						
49	In	铟						
50	Sn	锡	√					
51	Sb	锑						
52	Te	碲						
53	I	碘						
54	Xe	氙						
55	Cs	铯	√					√
56	Ba	钡	√			√	√	√
57	La	镧	√	√	√		√	√
58	Ce	铈	√	√	√		√	√
59	Pr	镨					√	√
60	Nd	钕	√	√	√		√	√
61	Pm	钷						
62	Sm	钐	√	√	√		√	√
63	Eu	铕		√	√		√	√
64	Gd	钆		√			√	√
65	Tb	铽		√			√	√
66	Dy	镝		√	√		√	√
67	Ho	钬					√	√
68	Er	铒					√	√

续表

原子序数	元素符号	元素	XRF	INAA	IDMS	AAS	ICP	ICP-MS
69	Tm	铥		√				√
70	Yb	镱		√			√	√
71	Lu	镥		√			√	√
72	Hf	铪		√				√
73	Ta	钽		√				√
74	W	钨						
75	Re	铼		√				
76	Os	锇		√				√
77	Ir	铱		√				
78	Pt	铂		√				
79	Au	金		√				
80	Hg	汞						
81	Tl	铊						
82	Pb	铅	√		√	√		√
83	Bi	铋						
84	Po	钋						
85	At	砹						
86	Rn	氡						
87	Fr	钫						
88	Ra	镭						
89	Ac	锕						
90	Th	钍	√	√	√			√
91	Pa	镤						
92	U	铀	√	√	√			√

XRF：X 射线荧光光谱法；INNA：仪器中子活化法；IDMS：同位素稀释质谱法；AAS：原子吸收光谱法；ICP：等离子光谱法；ICP-MS：等离子体-质谱法。据 Rollinson，1993。

2. 中子活化分析（NAA）

NAA 是一种岩石微量元素分析的灵敏且快速的方法。该方法可以同时分析大量元素，且不破坏样品。按照原理的不同，有两种中子活化测量方法：仪器中子活化分析（INAA）和放射中子活化分析（RNAA）。前者可直接用于粉碎的岩石或矿物样品分析，后者需要对所选元素进行化学分离。

进行仪器中子活化分析需要将约 100 g 样品和标准样品置入反应堆中进行约 30 h 的照射。照射后的样品将产生新的、短寿命的且能够发射出 γ 粒子的同位素。通过测量这些 γ 射线的能量和强度，并与标准样品进行比较就可以确定样品的元素含量。该方法对于稀土元素、铂族元素和一些高场强元素具有较高的灵敏度。

若元素的含量低于 2×10^{-6},照射后的样品需要进行化学分离。此方法即为放射化学中子活化法。

3. 等离子(ICP)发射光谱分析

ICP 分析是一种比较新的分析技术。从原理上讲,该方法可分析元素周期表中所有元素,且具有非常低的检测限和很好的精度。另外,该方法可以同时分析许多元素且可以在 2 min 内完成测试,因此是一种非常快的分析方法。

ICP 分析是一种火焰温度达 $6000 \sim 10000$ K 的火焰分析技术。该技术需要将硅酸盐样品先制备成溶液后再进行分析。样品溶液先通过等离子体被激发而产生特征光谱谱线,然后将元素的特征谱线与标准样品谱线进行对比分析。

4. 原子吸收光谱分析(AAS)

AAS 分析是基于元素的蒸气对其共振发射线的吸收而进行定量测定的方法。其吸收机理是原子外层电子能级跃迁,波长在紫外、可见和近红外区。分析用的仪器由以下部分组成:光源(空心阴极灯);原子化器,它的作用是通过高温使样品成为原子蒸气;光谱仪,由单色器和检测器组成(图 11-2)。该方法具有较高的选择性、准确度和灵敏度,可以测定 70 多种金属和部分非金属元素。

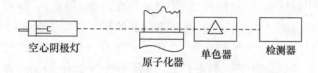

空心阴极灯　　原子化器　单色器　　检测器

图 11-2　原子吸收光谱分析原理图

5. 质谱分析(MS)

质谱分析是通过将样品转化为运动的气态离子,并按质量/电荷比大小进行分离记录的分析方法。质谱分析仪器由以下部分组成:离子源,用于将样品转变为离子;离子加速和质量分离器,即将运动中的离子按质量/电荷比进行分离;检测器(图 11-3)。

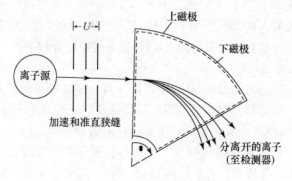

图 11-3　质谱仪器原理图

质谱分析方法的最主要的用途是进行同位素分析。由于质谱分析方法是将元素按质量/电荷比分离并进行强度的测量,因此其具有较高的分辨率和测量精度。

(二)微区分析

包括电子探针、离子探针、同步辐射等分析。

1. 电子探针分析

电子探针分析的原理与 X 射线荧光分析类似。不同的是电子探针分析采用电子束激发样品而不是 X 射线。通过分析电子束激发样品的二次 X 射线的特征谱线,并由其峰面积确定的强度确定其元素的含量。电子探针分析可以是波长色散和能量色散两种方法。与波长色散相比,能量色散方法具有可同时分析各种元素、时间短的特点,但不足之处是不能分析超轻元素,如 Be、B、C、N、O、F、Ne 等。

电子探针方法主要用于矿物的主要元素分析,也可用于熔融岩石的主要元素分析。电子探针的电子束直径为 $1 \sim 2 \, \mu m$,因此其具有较好的空间分辨率。这意味着电子探针可以分析样品中极微小的矿物或物质。采用电子探针分析样品的方法取决于样品中元素的分布情况。当样品中的元素分布不均匀时,可以采用散焦方法进行分析,以得到样品的平均成分。

2. 离子探针分析

商业化的离子探针是 20 世纪 60 年代末发展起来的,但直到 20 世纪 80 年代才对地球化学产生重要影响。离子探针具有质谱分析的精度和电子探针的空间分辨率。它主要用于年代学、稳定同位素地球化学、微量元素等分析以及矿物中元素的扩散研究。离子探针用经过聚焦的氧离子束轰击样品(直径一般为 $20 \sim 30 \, \mu m$)并产生二次离子,然后将二次离子送入质谱进行分析。该方法的优点是可进行微区的同位素分析,因而只有一颗样品(如锆石)即可以获得年龄数据。其缺点是分析技术复杂,费用较高。

3. 同步辐射微束 X 射线荧光分析

同步辐射微束 X 射线荧光分析是在传统的 X 射线荧光分析法基础上发展起来的。即其检测系统与 X 射线荧光分析法完全相同。不同的是其激发光源采用了同步辐射光源,而不是用 X 射线管产生 X 射线。由于同步辐射光源具有高亮度、高极化、高准直等优点,所以与传统的 X 射线荧光分析相比,以同步辐射 X 射线为激发源的荧光分析法具有较高的灵敏度(绝对探测限可达 1 fg)和良好的空间分辨率。

(三)分析方法的选择

地球化学研究中分析方法的选择完全取决于需要解决的问题。重要的是需要知道哪些元素需要分析、样品的元素含量范围以及所需要的分析精度。另外,还需要考虑多少样品需要进行分析以及需要多快的速度获得样品的分析结果。

对于主要元素,可以选择 X 射线荧光分析方法和等离子发射光谱分析方法。对于X 射线荧光分析,需要将样品熔融成玻璃态,而等离子发射光谱分析则需要将样品制备成溶液。X 射线荧光方法精度较高,但等离子发射光谱分析方法却非常快。

对于微量元素等分析,有较多的方法可供选择,例如：XRF、INAA、RNAA、AAS、ICP、IDMS、SSMS、ICP-MS。其中 XRF 和 ICP 方法是许多微量元素最常用的分析方法,它们具有较好的精度和较低的检测限。但原子序数小于 11(Na)的元素不能用 XRF 方法进行分析,只能用 ICP 或 AAS 方法进行分析。对于含量非常低的元素,需要用低检测方法,如 INAA, RNAA, IDMS, SMSS 方法。对于一般含量的稀土元素,尽管 IDMS 方法耗时较多,且并非所有稀土元素都可以进行分析,但该方法最精确。对于极低含量的元素,RNAA 方法非常精确。常用的其他方法需要在测量以前对样品的稀土元素进行分离。

（四）地球化学分析中的误差来源

（1）污染：样品制备过程中的污染是地球化学分析中的一种误差来源。它最可能发生在碎样或磨样过程中,即来自前一次碎样或磨样带来的交叉污染。这种污染可以通过仔细清理碎样或磨样器具的办法减至最小。磨样过程中的污染与所使用的器具性质有关。当需要进行高精度分析时,应该用玛瑙进行磨样。当然,其价格较贵,且也可能会引入一定的污染。另外,常用于磨样的碳化钨也可引入一定含量的钨,大量 Co、Ta、Sc 及微量 Nb 等。含 Cr 的钢磨具会引入一定量的 Cr 和 Fe,中等含量 Mn 及微量 Dy。高碳钢则会引入大量的 Fe、Cr、Cu、Mn、Zn 等。

（2）标准物质：除了某些分析方法外,大多数分析方法都离不开标准物质。采用标准物质构建的工作曲线对于获得高准确性分析数据具有重要意义。因此,标准物质引入的误差将引起分析数据的系统误差。

（3）谱峰重叠：应用于地球化学分析的大多数分析技术很少将有干扰谱峰的元素进行分离。因此,当存在某元素的干扰时,往往会使所分析的元素含量大大偏高。这种干扰一定要进行计算并扣除。

（4）提高元素分析准确性和精度的途径：上述方法可以很好地提高自行进行样品分析的准确性和精度。若将样品送分析部门进行分析,应当采取自插标准样品的方法以供检查其分析数据的准确性和精度。

二、元素结合形式和赋存状态的研究

对于不能形成独立矿物的元素需要研究其赋存状态。例如,采用物相分析、微区分析以及元素在两相之间分配等方法进行研究,以便了解元素在矿物或岩石中的分布以及元素集中或分散的机理。

三、作用物理化学条件的测定和计算

1. 地质温度和压力研究

地质温度和压力是地球化学作用的重要参数。目前可用的方法有以下几种：微量元素地质温度计、矿物对地质温度计和压力计、同位素地质温度计、流体包裹体温度计和压力计。

前三种方法已经在前面章节中进行了介绍。流体包裹体研究是一种较可靠的获得地质温度和压力的方法。其方法是将含有包裹体的矿物样品置于热台中,在显微镜下通过观察升温过程中包裹体相态由两相转变为单一相态(例如,对共存液相和气相的包裹体,通过在热台上加热测量其转变为液相时的温度)时即可获得均一温度。另外,由于流体包裹体捕获了矿物或岩石形成时的熔体或流体样品,因此由包裹体研究可以获得体系组成等方面的数据。

2. 体系物质组成研究

物质组成研究的目的是获得其地球化学作用条件等相关的成因信息。对于岩浆岩,其基本上可以代表岩石的组成,唯一不同的是可能已经丢失了挥发组分。这可以通过其中的岩浆包裹体进行研究。对于沉积岩,由于其经历了表生迁移过程的分选、风化、淋滤作用以及成岩过程中某些元素的再迁移,因此需要针对元素的活动性研究其物源区的特征以及不同元素所具有的意义。对于热液或水溶液中生成的矿物,一般可以通过研究其中的流体包裹体获得其体系的组成。一旦体系的组成确定后,即可确定盐度、离子强度、矿质浓度等,并由组成计算 pH、Eh、f_{O_2} 等参数。

四、实验模拟

实验的主要目的是对所观察到的现象以及所提出的理论进行检验。另一方面,通过实验也可以对所提出的地球化学研究方法和手段进行检验。例如,目前广泛使用的地质温度计和地质压力计以及稳定同位素等均需要进行实验研究。

(一) 实验设备

进行实验研究的设备可分为常温常压和高温高压两种类型。常温常压下的实验一般比较容易,常规的化学分析设备均可进行此类实验研究。高温高压实验则需要专门的设备。目前,常用的高温高压实验设备有如下三种。

1. 压力釜

压力釜亦称高压釜,是一种类似于高压锅的实验装置,一般可进行实验的温度和压力分别为 <800 ℃ 和 <100 MPa。该设备的特点是需要通过加入水或其他液体物质产生压力。其缺点是实验设备较笨重,实验过程较费体力。

压力釜可进行的实验有:高温高压下矿物的溶解度研究;高温高压下同位素在两相之间的分馏和元素在两相之间的分配研究;矿物或岩石的蚀变或变质反应研究;矿物合成研究;有机物稳定性及油气成因方面的研究等。

2. 压力机(如两面顶和六面顶压机)

压力机是通过油压机对样品施加压力并配以加温进行实验的,可进行实验的温度和压力分别为 <2000 ℃ 和 5.5 GPa。该设备的特点是实验的样品较大,可以获得足够进行进

一步测试和研究的实验产物。缺点是设备庞大复杂,需要较多人力和物力进行维护。

压力机可进行的实验有:高温高压下矿物或岩石的电导率、地震波速研究;高温高压下矿物或岩石的熔融研究;高温高压下元素在固相与熔体相之间的分配研究;矿物合成等。

3. 金刚石压腔

金刚石压腔是利用金刚石的高硬度施加在样品上而产生高压的。其压力最高可达到 550 GPa(130 GPa 相当于核-幔边界的压力,550 GPa 相当于地核的压力),实验所需要的高温可以通过电加热或激光加热实现。电加热即在金刚石的周围用一或两个小电炉进行加热,其温度最高可达到 900 ℃;激光加热是利用激光的能量照射金刚石压腔中的样品进行加热的,其最高温度可达到 5000 ℃。

金刚石压腔的特点是可以进行高温高压条件下各种仪器方法的就位(原位)测量。目前已经很成熟的方法有:X 射线衍射分析、红外光谱分析、拉曼光谱分析、荧光光谱分析等。其缺点是样品很小,很难将实验的产物取出再进行其他方面的测试和研究。

另外,常压下的实验也常常用于地球化学的研究中。与高温高压相比,常压下的实验研究较容易实现。

(二)实验内容

(1)矿物合成。

(2)矿物交代反应:由矿物的交代反应实验可以了解热液环境中元素的带进带出。

(3)矿物溶解度:矿物溶解度实验研究的目的是获得矿物在水溶液体系中的稳定性及该矿物中元素的活动性资料。

(4)矿物相变:矿物相变的实验研究目的是获得相变的温度、压力等物理化学条件,以认识地球内部各不连续面的性质,即这些界面是物理的还是化学的。

(5)元素分配:元素分配实验研究的目的是获得元素在不同相之间的行为,以认识元素在地球各圈层或地质体中分布的原因。

拓 展 阅 读

[1]　北京大学化学系仪器分析教学组.仪器分析教程[M].北京:北京大学出版社,1997.
[2]　张承亮,程德兰.地球化学样品分析[M].北京:地质出版社,1991.
[3]　周剑雄.电子探针分析[M].北京:地质出版社,1988.
[4]　杨频,杨斌盛.离子探针方法导论[M].北京:科学出版社,1994.
[5]　刘斌,沈昆.流体包裹体热力学[M].北京:地质出版社,1999.
[6]　曾贻善.实验地球化学[M].北京:北京大学出版社,2003.
[7]　Hugh Rollinson. Using Geochemical Data:Evaluation, Presentation, Interpretation[M]. Longman Scientific and Technical, Copublished in the United States with John Wiley and Sons, Inc, New York,1993.

参 考 文 献

1. 伯恩斯 R G. 晶体场理论的矿物学应用[M]. 北京:科学出版社,1977.

2. 柴之芳,祝汉民. 微量元素化学概论[M]. 北京:原子能出版社,1994.

3. 陈道公. 地球化学[M]. 北京:科学出版社,1994.

4. 陈福. 大气和海水性质的演变史.//第二届全国矿物学、岩石学、地球化学学术会议论文摘要汇集[C]. 1978.

5. 陈福,朱笑青. 太古代海水 pH 值的演化及其和成矿作用的关系[J]. 沉积学报,1985,3(4):1～15.

6. 陈俊,王鹤年. 地球化学[M]. 北京:科学出版社,2004.

7. 戴金星,胡安平,杨春,等. 中国天然气勘探及其地学理论的主要新进展[J]. 天然气工业,2006,26(12):1～6.

8. 邓南圣. 环境化学教程[M]. 武汉:武汉大学出版社,2000.

9. 杜建国. 油气成因理论研究进展[J]. 矿物岩石地球化学通报,1996,15(2):124～127.

10. 关广岳. 地球面临混沌边缘[M]. 沈阳:东北大学出版社,2000.

11. 郭占谦. 火山活动与石油、天然气的生成[J]. 新疆石油地质,2002,23(1):5～12.

12. 国际环境与发展研究所. 世界资源[M]. 中国科学院,国家计划委员会自然资源综合考察委员会,译. 1988～1989,281～282.

13. 国家自然科学基金委员会. 地球化学[M]. 北京:科学出版社,1996.

14. 韩吟文,马振东. 地球化学[M]. 北京:地质出版社,2003.

15. 郝守刚,马学平,董熙平,等. 生命的起源与演化[M]. 北京:高等教育出版社,2000.

16. 亨德森 P. 稀土元素地球化学[M]. 北京:地质出版社,1989.

17. 侯德封,欧阳自远,于津生. 核转变能与地球物质演化[M]. 北京:科学出版社,1974.

18. 侯渭,谢鸿森. 陨石成因与地球起源[M]. 北京:地震出版社,2003.

19. 黄海平,任芳祥,Larter S R. 生物降解作用对原油中苯并咔唑分布的影响[J]. 科学通报,2002,47(16):1271～1275.

20. 黎彤. 化学元素的地球丰度[J]. 地球化学,1976,3:167～174.

21. 黎彤. 地球和地壳的化学元素丰度[M]. 北京:地质出版社,1990.

22. 柳志青. 太阳系化学[M]. 杭州:浙江大学出版社,1987.

23. 林长进. 浅谈区域地球化学特征在农业种植和医疗保健的意义[J]. 漳州师范学院学报,2005,48(2):89～93.

24. 刘大文. 地球化学块体的概念及其研究意义[J]. 地球化学,2002,31(6):239～548.

25. 南京大学地质学系. 地球化学[M]. 北京:科学出版社,1979.

26. 欧阳自远. 天体化学[M]. 北京:科学出版社,1988.

27. 彭安,王文华. 环境生物无机化学[M]. 北京:北京大学出版社,1991.

28. 彭兴芳,李周波.生物标志化合物在石油地质中的应用[J].资源环境与工程,2006,20(3):279～283.

29. 戚长谋,邹祖荣,李鹤年.地球化学通论[M].北京:地质出版社,1987.

30. 祁嘉义.临床元素化学[M].北京:化学工业出版社,2000.

31. 邱家骧.应用岩浆岩岩石学[M].武汉:中国地质大学出版社,1991.

32. 饶纪龙.地球化学中的热力学[M].北京:科学出版社,1979.

33. 阮天健,朱有光.地球化学找矿[M].北京:地质出版社,1985.

34. 沈忠民,周光甲,洪志华.低成熟石油生成环境的生物标志化合物特征[J].成都理工学院学报,1999,(4).

35. 宋岩,徐永昌.天然气成因类型及其鉴别[J].石油勘探与开发,2005,32(4):24～29.

36. 孙作为,李鹏九.物理化学[M].北京:地质出版社,1979.

37. 唐友军,侯读杰,肖中尧.柯克亚油田原油地球化学特征和油源研究[J].矿物岩石地球化学通报,2006,25:160～162.

38. 涂光炽.地球化学[M].北京:科学出版社,1984.

39. 中国科学院地球化学研究所.高等地球化学[M].北京:科学出版社,1998.

40. 王传刚,王铁冠.应用吡咯类化合物探讨彩南油田油气运移——以彩南油田东块侏罗系西山窑组油藏为例[J].石油实验地质,2003,25(6):740～745.

41. 王夔,慈云祥,唐任寰,等.生命科学中的微量元素分析与数据手册[S].北京:中国计量出版社,1998.

42. 王文清.生命的化学进化[M].北京:原子能出版社,1994.

43. 韦刚健,李献华,聂宝符,等.南海北部滨珊瑚高分辨率 Mg/Ca 温度计[J].科学通报,1998,43:1658～1661.

44. 魏菊英.地球化学[M].北京:科学出版社,1986.

45. 伍德 B J,弗雷泽 D G.地质热力学基础[M].北京:地质出版社,1981.

46. 武汉地质学院.地球化学[M].北京:地质出版社,1979.

47. 吴香尧.生物地球化学概论[M].成都:成都科技大学出版社,1993.

48. 谢学锦.用新观念与新技术寻找巨型矿床[J].科学中国人,1995,5:14～16.

49. 易轶.分子有机地球化学在石油勘探中的应用[J].江汉石油职工大学学报,2003,16(2):40～42.

50. 殷辉安.岩石学相平衡[M].北京:地质出版社,1988.

51. 曾贻善.实验地球化学[M].北京:北京大学出版社,2003.

52. 张景廉.关于石油成因理论的争鸣[J].新疆石油地质,2005,26(6):727～731.

53. 张昀.前寒武纪生命演化与化石纪录[M].北京:北京大学出版社,1989.

54. 赵伦山,张本仁.地球化学[M].北京:地质出版社,1988.

55. 赵其渊.海洋地球化学[M].北京:地质出版社,1989.

56. 周国华.地壳元素分布及其生态环境效应[J].物探与化探,1999,23(1):54～63.

57. 周启星,黄国宏.环境生物地球化学及全球环境变化[M].北京:科学出版社,2001.

58. 朱炳泉,常向阳.地球化学省与地球化学边界[J].地球科学进展,2001,16(2):153～162.

59. Anderson D L. Lithsophere, asthenosphere, and perisphere[J]. Rev Geophs,1995, 33: 125~149.

60. Alvarez L W, Alvarez W, Asaro F, *et al*. Extraterrestrial cause for the Cretaceous Tertiary extinction[J]. Science, 1980, 208:1095~1108.

61. Bard E, Hamelin B, Fairbank R G. U-Th ages obtained bymass spectrometry in corals from Barbados: sea level during the past 130000 years[J]. Nature, 1990, 346:456~458.

62. Beck J W, Edwards R L, Ito E, *et al*. Sea-surface temperature from coral skeletal strontium/calcium ratios[J]. Science,1992, 257: 644~647.

63. Berman R G and Brown T H. Heat capacity of minerals in the system Na_2O-K_2O-CaO-MgO-FeO-Fe_2O_3-Al_2O_3-SiO_2-H_2O-CO_2: representation, estimation, and high temperature extrapolation [J]. Contrib Mineral Petrol, 1985,89: 168~183.

64. Bhatia M R. Plate tectonics and geochemical composition of sandstones[J]. The Journal of Geology, 1983, 91(6):611~625.

65. Bottinga Y and Javoy M. Comments on oxygen isotope geothermometry[J]. Earth Planet Sci Lett, 1973,20:250~265.

66. Bougault H, Joron J L and Treuil M. The primordial chondriti nature and large-scale heterogeneities in the mantle: evidence from high and low partition coefficient elements in oceanic basalts[J]. Phil Trans R Soc Lond A, 1980,297: 203~214.

67. Boynton W V. Geochemistry of the rare earth elements: meteorite studies. // Henderson P. Rare Earth Element Geochemistry[M]. Amsterdam: Elsevier, 1984, 63~114.

68. Broecker W S and Oversby V M. Chemical Equilibria in the Earth[M]. New York:McGraw-Hill Book Company, 1971.

69. Chen Chao-Hsia. A method of estimation of standard free energies of formation of silicate minerals at 298.15K[J]. Am J Sci,1975, 275:801~817.

70. Chiba H, Chacko T, Clayton R N, *et al*. Oxygen isotope fractionations involving diopside, forsterite, magnetite and calcite: application to geothemometry[J]. Geochim Cosmochim Acta, 1989, 53: 2985~2995.

71. Chou C L. Fractionation of siderophile elements in the Earth's upper mantle[J]. Proc Lunar Sci Conf,1978, 9:219~230.

72. Clayton R N, O'Neil J R and Mayeda T K. Oxygen isotope exchange between quartz and water [J]. Geophys Res, 1972,77:3057~3067.

73. Clayton R N. Isotopic thermometry. //Newton R C, Navrotsky A and Wood B J. Thermodynamics of Minerals and Melts[M]. New York:Springer-Verlag, 1981.

74. Collerson K D, Campbell L M, Weaver B L, *et al*. Evidence for extreme mantle fractionation in early Archaean ultramafic rocks from northern labrador[J]. Nature, 1991, 349:209~214.

75. Condie K C. Plate Tectonics and Crustal Evolution [M]. 2nd ed. New York: Pergamon Press, 1982.

76. Condie K C and Sloan R E. Origin and Evolution of Earth: Principles of Historical Geology[M].

New Jersey: Prentice-Hall, 1997.

77. Courtillot V, Davaille A, Besse J, *et al*. Three distinct types of hotspots in the Earth's mantle [J]. Earth and Planetary Science Letters,2003,205:295~308.

78. Craig H. Isotopic variations in meteoric waters[J]. Science,1961, 133: 1702~1703.

79. Craig H. Isotopic composition and origin of the Red Sea and Salton Sea geothermal brines[J]. Science,1966,154:1544.

80. Daniela Freyer and Wolfgang Voigt. Crystallization and phase stability of $CaSO_4$ and $CaSO_4$-based salts[J]. Monatshefte fur Chemie, 2003,134:693~719

81. Delaney M L, Linn L J, Druffel E R M. Seasonal cycles of manganese and cadmium in coral from the Galapagos Islands[J]. Geochim Cosmochim Acta, 1993,57: 347~354.

82. Dickin A P. La-Ce dating of lewisian granulites to constrain the ^{138}La β-decay half life[J]. Nature, 1987, 325:337~338.

83. Donggao Zhao, Eric J Essene, Youxue Zhang. An oxygen barometer for rutile-ilmenite assemblages: oxidation state of metasomatic agents in the mantle[J]. Earth Planet Sci Lett, 1999,166: 127~137.

84. Drake M J and Weill D F. Partition of Sr, Ba, Ca, Y, Eu^{2+}, Eu^{3+} and other REE between plagioclase feldspar and magmatic liquid: an experimental study[J]. Geochim Cosmochim Acta, 1975, 39: 689~712.

85. Dreibus G, Wanke H. On the chemical composition of the moon and the eucrite parent body and a comparison with the composition of the Earth, the case of Mn, Cr and V(Abstract) [J]. Lunar Sci Conf, 1979, 10:315~317.

86. Drever J I, Li Y H, Maynard J B. Geochemical cycles: the continental crust and the oceans. // Gregor C B, Garrels R M, Mackenzie F T, *et al*. Chemical Cycles in the Evolution of the Earth [M]. New York:Wiley, 1988.

87. Edwards R L, Chen J H, Wasserburg G J. ^{238}U-^{234}U-^{230}Th-^{232}Th systematics and the precise measurement of time over the past 500000 years[J]. Earth Planet Sci Lett,1986, 81:175~192.

88. Erlank A J, Allsopp H L, Duncan A R, *et al*. Mantle heterogeneity beneath southern Africa: evidence from the volcanic record[J]. Phil Trans R Soc Lond A, 1980,297:295~308.

89. Fang H, Yongchaun S, Sitian L, *et al*. Overpressure retardation of organic matter and petroleum generation: a case study from the Yinggehai and Qwiongdongnan basins, South China Sea[J]. Am Assoc Pet Geol Bull,1995,79:551~562.

90. Friedman I and O'Neil J R. Data of geochemistry, compilation of stable isotope fractionation factors of geochemical interest[C]. U S Geological Survey Professional Paper,1977, 440~KK.

91. Fyfe W S, Price N J and Thompson A B. Fluids in the Earth's Curst[M]. New York: Elsevier Scientific Publishing Company, 1978.

92. Ganapathy R and Anders E. Bulk compositions of the moon and earth, estimated from meteorites [R]. Proc 5th Lunar Sci Conf, 1974,1181~1206.

93. George S C, Boreham C J, Minifie S A, *et al*. The effect of minor to moderate biodegradation on C5 to C9 hydrocarbons in crude oils[J]. Org Geochem, 2002, 33: 1293~1317.

94. Ghiorso M S. Thermodynamic properties of hematite-ilmenite-geikielite solid solutions[J]. Contrib Mineral Petrol, 1990,104: 645~667.

95. Ghiorso M W. Activity/composition relations in the ternary feldspars[J]. Contrib Mineral Petrol, 1984, 87:282~296.

96. Green and Pearson. Effect of pressure on rare earth element partition coefficients in common magmas[J]. Nature, 1983,305:414~416.

97. Hakli T A and Wright T L. The fractionation of nickel between olivine and augite as a geothermometer[J]. Geochim Cosmochim Acta, 1967, 31: 877~884.

98. Harwood J L, Russell N J. Lipids in Plants and Microbes[M]. London: George Allen & Unwin, 1984.

99. Haskin L A, Frey F A and Wildman T R. Relative and absolute terrestrial abundances of the rare earths. //Ahrens L H. Origin and Distribution of the Elements[M]. Vol 1. Oxford:Pergamon, 1968, 889~911.

100. Hayes J M. An introduction to isotopic measurements and terminology[J]. Spectr, 1982, 8: 3~8.

101. Hedges J I, Cowie G L, Ertel J R,*et al*. Degradation of carbohydrates and lignins in buried woods[J]. Geochim Cosmochim Acta, 1985,49: 701~711.

102. Helgeson H C, Delany J, Bird D K. Summary and critique of the thermodynamic properties of rock-forming minerals[J]. Amer Jour Sci, 1978,278A:1~229.

103. Hodell D A, Mead G A, Mueller P A. Variation in the strontium isotopic composition of seawater(8 Ma to present): implications for chemical weathering rates and dissolved fluxes to the oceans[J]. Chem Geol, 1990, 80:291~307.

104. Hutzinger O. The Handbook of Environmental Chemistry[M]. Vol 1, Part A. Berlin Heidelherg: Springer-Verlag, 1980, 117.

105. Jacobsen S B and Wasserburg G J. Sm-Nd isotope evolution of chondrites[J]. Earth Planet Sci Lett, 1980, 50:139~155.

106. Killine A, Carmichael I S E, Rivers M L, *et al*. The ferric-ferrous ratio of natural silicate liquids equilibrated in air[J]. Contrib Mineral Petrol, 1983, 83:136~140.

107. Killops S and Killops V. Introduction to Organic Geochemistry[M]. MA: Blackwell Publishing Company, 2005.

108. Killops S D, Funnel R H, Suggate R P, *et al*. Predicting generation and expulsion of paraffinic oil from vitrinite-rich coals[J]. Org Geochem,1998,29: 1~21.

109. King C Y, King B S, Evans W C, *et al*. Spatial radon anomalies on active faults in California [J]. Appl Geochem, 1996,11: 497~510.

110. King C Y. Gas geochemistry applied to earthquake prediction: an overview[J]. J Geophys Res, 1986, 91: 12269~12281.

111. Kress V C, Carmichael I S E. The compressibility of silicate liquids containing Fe_2O_3 and the effect of composition, temperature, oxygen fugacity and pressure on their redox states[J]. Contrib Mineral Petrol, 1991, 108: 82~92.

112. Landing W M, Bruland K W. The Contrasting Biogeo-chemistry of Iron and Manganese, Cadmium and Lead[D]. MAthesis, Univ California, 1987.

113. Lee R E, Hirota J, Barnett A M. Distribution and importance of wax esters in marine copepods and other zooplankton[J]. Deep-Sea Res, 1971, 18: 1147~1165.

114. Levorsen A I. Geology of Petroleum[M]. San Francisco: Freeman, 1967.

115. Livingstone D A. Chemical composition of rivers and lakes. // Fleischer M. Data of Geochemistry[C]. 6th ed. US Geol Surv Prof Pap, 1963, 440.

116. Loubet M, Sassi R and Donato G Di. Mantle heterogeneities: a combined isotope and trace element approach and evidence for recycled continental crust materials in some OIB sources[J]. Earth Planet Sci Lett, 1988, 89: 299~315.

117. Lugmair G W, Scheinin N B and Marti K. Search for extinct [146] Sm, 1. The isotopic abundance of [142] Nd in the Juvinas meteorite[J]. Earth Planet Sci Lett, 1975, 27: 79~84.

118. Ma Z, Fu Z, Zhang Y, et al. Earthquake Prediction: Nine Major Earthquakes in China (1966~1976)[M]. Beijing: Seismological Press, 1990.

119. Mackenzie A S, Quigley T M. Principles of geochemical prospect appraisal[J]. Am Assoc Pet Geol Bull, 1988, 72: 399~415.

120. Mason B. Handbook of Element Abundances in Meteorite[M]. New York: Gordon and Breach, 1971.

121. Maruyama S. Plume tectonics[J]. Journal of the Geological Society of Japan, 1994, 100(1): 24~49.

122. Masuda A, Nakamura N and Tanaka T. Fine structures of mutually normalized rare-earth patterns of chondrites[J]. Geochim Cosmochim Acta, 1973, 37: 239~248.

123. McCulloch M, Mortimer G, Esat T, et al. High resolution windows into early Holocene climate: Sr/Ca coral records from the Huon Peninsula[J]. Earth and Planetary Science Letters, 1996, 138: 169~178.

124. McCulloch M T and Black L P. Sm-Nd isotopic systematics of Enderby Land granulites and evidence for the redistribution of Sm and Nd during metamorphism[J]. Earth Planet Sci Lett, 1984, 71: 46~58.

125. McCulloch M T and Chappell B W. Nd isotopic characteristics of S-and I-type granites [J]. Earth Planet Sci Lett, 1982, 58: 51~64.

126. McDonough W F, Sun S, Ringwood A E, et al. K, Rb and Cs in the earth and moon and the evolution of the earth's mantle [J]. Geochim Cosmochim Acta, Ross Taylor Symposium volume, 1991.

127. Mitsuguchi T, Matsumoto E, Abe O, et al. Mg/Ca thermometry in coral skeletons[J]. Science,

1996, 274: 961~ 963.

128. Morgan W J. Plate motions and deep mantle convection[J]. Geol Soc Am Mem,1972, 132: 7~ 22.

129. Morgan J W and Anders E. Chemical composition of Earth, Venus, and Mercury[J]. Proceedings of the National Academy of Sciences of the United States of America, 1980,77(12): 6973.

130. Nakai S, Shimizu H and Masuda A. A new geochronometer using lanthanum-138[J]. Nature, 1986, 320:433~435.

131. Nesbitt R W and Sun S S. Geochemical features of some Archaean and post-Archaean high-magnesian-low-alkali liquids[J]. Phil Trans R Soc Lond A, 1980,297: 383~403.

132. Nriagu J O. Thermochemical approximations for clay minerals[J]. Am Mineral, 1975, 60: 834 ~839.

133. Ohmoto H and Lasaga A C. Kinetics of reactions between aqueous sulphates and sulphides in hydrothermal systems[J]. Geochim Cosmchim Acta, 1982,46:1727~1745.

134. Ohmoto H and Rye R O. Isotopes of sulfur and carbon. // Barnes H L. Geochemistry of Hydrothermal Ore Deposits[M]. New York:Wiley, 1979,509~567.

135. Okhulkov A V, Denianets Yu N and Gorbaty Yu E. J Chem Phys, 1994, 100:1578.

136. O'Neil J R and Taylor H P. The oxygen isotope and cation exchange chemistry of feldspars[J]. Amer Mineral, 1967, 52:1414~1437.

137. O'Neil J R, Clayton R N and Mayeda T K. Oxygen isotope fractionation in divalent metal carbonates[J]. Chem Phys, 1969, 51:5547~5558.

138. O'Neil J R, Truesdell A H. Oxygen isotope fractionation studies of solute-water interactions. // Stable isotope geochemistry: a tribute to samuel epstein[J]. Geochem Soci Spec Publ, 1991, 3: 17~25.

139. Ottonello G. Principles of Geochemistry[M]. New York:Columbia University Press, 1997.

140. Patchett P J and Tatsumoto M. Lu-Hf total-rock isochron for eucrite meteorites[J]. Nature, 1980, 288: 571~574.

141. Piccirillo E M, Civetta L, Petrini R, et al. Regional variations within the Parana flood basalts (southern Brazil): evidence for subcontinental mantle heterogeneity and crustal contamination [J]. Chem Geol,1989,75:103~122.

142. Price L C, Wenger L M. The influence of pressure on petroleum generation and maturation as suggested by aqueous pyrolysis[J]. Org Geochem, 1992, 19: 141~159.

143. Raymont J E G. Plankton and Productivity in the Oceans[M]. Oxford:Pergamon, 1983.

144. Richardson S M and McSween H Y. Geochemistry: Pathways and Processes[M]. New Jersey: Prentice Hall, Englewood Cliffs, 1989.

145. Ringwood A F. Constitution and evolution of the mantle[J]. Geol Soc Australia Sp Pub, 1989, 14: 457 ~485.

146. Robie R A, Hemingway B S, Fisher J R. Thermodynamic properties of minerals and related sub-

stances at 298. 15K and 1 bar(10^5 pascals) pressure and at higher temperatures[J]. US Geol Surv Bull, 1978,456: 1452.

147. Rollinson H. Using Geochemical Data: Evaluation, Presentation, Interpretation[M]. Longman Scientific and Technical, Copublished in the United States with John Wiley and Sons, Inc., New York, 1993.

148. Rueter P, Rabus R, Wilkes H, *et al.* Anaerobic oxidation of hydrocarbons in crude oil by new types of sulphate-reducing bacteria[J]. Nature, 1994, 372: 455~458.

149. Sack R O. Spinels as petrogenetic indicators: activity-composition relations at low pressure[J]. Contrib Mineral Petrol,1982, 79: 169~186.

150. Schifano G. Temperature-magnesium relations in the shell carbonate of somemodern marine gastropods[J]. Chem Geol, 1982, 35: 321~332.

151. Scott A C, Fleet A J. Coal and Coal-bearing Strata as Oil-prone Source Rocks[M]? Geol Soc Spec Pubin 77. Oxford: Blackwell Scientific, 1994.

152. Seifert W K and Moldowan J M. Paleoconstruction by biological markers[J]. Geochim Cosmochim Acta, 1981, 45: 783~794.

153. Shackleton N J. The oxygen isotope stratigraphic record of the pleistoccene[J]. Philos Trans R Soc London, Ser B,1977,280:169~182.

154. Shackleton N J, Opdyke N D. Oxygen isotope and palaeomagnetic stratigraphy of equatorial Pacific core V28-238: oxygen isotope temperatures and ice volumes on a 10^5 and 10^6 year scale[J]. Quaternary Research, 1973, 3: 39~55.

155. Shen G T, Boyle E A, Lea D W. Cadmium in corals as tracer of historical upwelling and industrial fallout[J]. Nature, 1987, 328: 794~796.

156. Shen G T, Boyle E A. Lead in corals: reconstruction of historical industrial fluxes to the surface ocean[J]. Earth Planet Sci Lett, 1987,82: 289~340.

157. Stetter K O, Huber R, Blöchl E, *et al.* Hyperthermophilic archaea are thriving in deep North Sea and Alaskan oil reservoirs[J]. Nature, 1993,365:743~745.

158. Sun S S. Chemical heterogeneity of the Archaean mantle, composition of the Earth and mantle evolution[J]. Earth Planet Sci Lett, 1977, 35:429~448.

159. Sun S S. Geochemical characteristics of Archaean ultramafic and mafic volcanic rocks: implications for mantle composition and evolution. // Kroner A, *et al.* Archaean Geochemistry[M]. New York :Springer-Verlag, 1984.

160. Sunda W G, Huntman S A. Effect of sunlight on redox cycles of manganese in the southwestern Sargasso Sea[J]. Deep-Sea Res, 1988,35: 1297~1317.

161. Tardy Y, Garrels R M. Prediction of Gibbs energies of formation: I-relationships among Gibbs energies of formation of hydroxides, oxides and aqueous ions[J]. Geochim Cosmochim Acta, 1976, 40: 1015~1056.

162. Tardy Y, Garrels R M. Prediction of Gibbs energies of formation of compounds from the ele-

ments II, monovalent and divalent metal silicates[J]. Geochim Cosmochim Acta, 1977, 41: 87~92.

163. Tatsumoto M. Isotopic composition of lead in occanic basalt and its implication to mantle evolution[J]. Earth Planet Sci Lett, 1978, 38: 63~87.

164. Taylor S R. Lunar Science: A Post-Apllovies[M]. Oxford: Pergamon Press, 1975.

165. Taylor S R. Planetary Science, A Lunar Perspective[M]. Houston: Lunar and Planetary Institute, 1982, 482.

166. Taylor S R and McClennan S M. The Continental Crust: its Composition and Evolution[M]. London: Blackwell, 1985.

167. Tissot B P, Welte D H. Petroleum Formation and Occurrence [M]. Berlin: Springer-Verlag, 1984.

168. Todheide K. Hydrothermal solutions[J]. Ber Bunsenges Phys Chem, 1982, 86: 1005~1016.

169. Vandenbroucke M, Böhar F, Rudkiewicz J L. Kinetic modeling of petroleum formation and cracking: implications from the high pressure/high temperature Elgin Field (UK, North Sea) [J]. Org Geochem, 1999, 30: 1105~1125.

170. Veizer J, Ala D, Azmy K, et al. $^{87}Sr/^{86}Sr$, $\delta^{13}C$ and $\delta^{18}O$ evolution of Phanerozoic seawater[J]. Chem Geol, 1999, 161: 59~88.

171. Wakita H, Rey P and Schmitt R A. Abundances of the 14 rare-earth elements and 12 other trace elements in Apollo 12 samples: five igneous and one breccia rocks and four soils[C]. Oxford: Pergamon Press, Proc 2nd Lunar Sci Conf, 1971, 1319~1329.

172. Wanke H, Baddenhausen H, Dreibus G, et al. Multeelement analyses of Apollo 15, 16, and 17 samples and the bulk composition of the moon[C]. Proc 4th Lunar Sci Conf, 1973, 1461~1481.

173. Wasserburg G J, Jacobsen S B, Depaolo D J, et al. Precise determinations of Sm/Nd ratios, Sm and Nd isotopic abundances in standard solutions[J]. Geochim Cosmochim Acta, 1981, 45: 2311~2323.

174. Wikon J T. Mantle plumes and plate motions[J]. Tectono-physics, 1973, 19(2): 149~164.

175. Wilkins R W T, Wilmshurst J R, Russell N J, et al. Fluorescence alteration and the suppression of vitrinite reflectance[J]. Org Geochem, 1992, 18: 629~640.

176. Wilson T R S. Salinity and the major elements of sea water[A]. // Rilly J P, Skirrow G. Chemical Oceanography[C]. Volume 1, 2nd ed. London: Academy Press, 1975, 365~414.

177. Zindler A, Hart S R. Chemical geodynamics[J]. Ann Rev Earth Planet Sci, 1986, 14: 493~571.